世界生态人类学译丛

环境人类学

〔韩〕全京秀／著

崔海洋　杨　洋／译

科学出版社

北京

图字：01-2014-6981 号

图书在版编目（CIP）数据

环境人类学／（韩）全京秀著；崔海洋等译 . —北京：科学出版社，
2014. 11

（世界生态人类学译丛）

ISBN 978-7-03-042420-4

Ⅰ.①环…　Ⅱ.①全…②崔…　Ⅲ.①人类环境–研究　Ⅳ.①X21

中国版本图书馆 CIP 数据核字（2014）第 260478 号

责任编辑：侯俊琳　霍羽升　王茜艳／责任校对：张凤琴
责任印制：吴兆东／封面设计：黄华斌　陈　敬

科学出版社 出版
北京东黄城根北街 16 号
邮政编码：100717
http://www.sciencep.com

北京厚诚则铭印刷科技有限公司印刷
科学出版社发行　各地新华书店经销

*

2015 年 1 月第　一　版　开本：720×1000　1/16
2025 年 2 月第八次印刷　印张：16
字数：250 000

定价：79. 00 元
（如有印装质量问题，我社负责调换）

"世界生态人类学译丛" 总序

到了今天，人类学经过一个多世纪的发展，有三大主题备受世人关注：一是文化与生态，二是文化的建构与社会运行，三是族际关系。其中，文化与生态互动共荣关系的探讨已经形成了一门新兴的人类学分支学科，即生态人类学。

生态人类学在国外的发展由来已久。20世纪中期兴起的新进化论学派开始正面涉及特定文化与所处自然及生态系统的互动并存和延续，并将其提升为人类学研究的特定领域，从而开创了生态人类学探讨的先河。尔后，研究者层出不穷，研究机构亦如雨后春笋。相比之下，中国接受这一新兴学科的历程却倍加艰辛和曲折。时至今日，中国学术界对该学科依然缺乏整体性的把握，零星地介绍和研究实践都远远无法满足中国当代生态建设的需要。为了便于我国学人正本清源，从源头及其发展过程中去把握这门学科，我们决定将国外有影响的生态人类学专著陆续翻译出版，以飨我国读者。

建设秀美中华已经历史性地提到了我国未来发展的议事日程，但具体到生态建设中的理论与实践问题，我们尚缺乏可资遵循的指导。就这一意义而言，除了推动我国本土生态人类学的研究以外，规范的翻译和推介国外已有的研究成果自然成了当务之急。针对这一紧迫需要，我们就力量所及，规划出版了这套丛书，希望尽可能地展示生态人类学从发生到发展，再到繁荣的全过程，以推动我国与国外学术研究的接轨，也便于进一步健全与规范我国生态人类学的研究。

作为一门新兴的人类学分支学科，术语的规范自然很难一步到位，即使到了当代，国外对这一学科的名称依然纷繁复杂。除了生态人类学外，生态民族学、人类生态学、环境人类学、生态社会学，乃至医学人类学、健康人类学等都在国外权威期刊中不断出现，以至于中国学人，甚至在国外长期留过学的研究者都感到眼花缭乱、莫衷一是。这是一个亟待规范的现实问题。为了便于中国读者明辨国外有影响的经典名著在该学科发展历程中所处的地位，我们决议在我们所推介的经典名著中，以"题解"的方式对其所用术语和学术思想做原则性的述评，重点提示该著作所用关键术语与相似术语的区别与联系，以利于我国学人的理解。待本丛书初具规模后，我们将尽快推出《生态人类学词典》，为我国生态人类学术语使用的规范化略尽绵薄之力。

　　生态人类学研究的对象涉及面甚广，不同的国外经典名著所探讨的生态系统及相关民族文化各不相同，而其所形成的结论也具有不容忽视的针对性。我国读者如果没有相应的阅历和学科素养，那么就很难把握不同经典名著探讨对象的特异性。为了给我国读者排除阅读和认识上的障碍，本丛书推出的译本将以"注释"或"译后记"的方式，做简明扼要的生态学背景提示，以免我国读者误解和误用。

　　民族文化是生态人类学研究的切入点和独特视角，但在具体的学科发展过程中，人类学的先驱者们所做的民族志工作与生态人类学定型后，基于对"文化生态"的理解所做的民族志工作，其间并不具有必然的重合性，以至于中国的读者单凭一本书去把握书中所讨论的民族文化会遇到很大的困难，甚至在工具书中亦很难查对。为了帮助读者排除这一障碍，本丛书所推介的经典名著也将以"注释"或"译后记"的方式，对该书所涉及的民族文化做简略的说明，尽可能地提示该种民族文化与所处生态系统之间的衔接关系，以利于我国读者真正做到从"文化生态"观念入手，去把握来自国外的经典名著。

　　生态人类学的理论建构也有它自身的发展历程，不同的研究者对文化与所处生态环境之间的关系在认识和理解上也经历了一个不断深入的过程。其间不乏精深的理解，但也肯定存在着过时的偏见。为了帮助读者尽快把握所推介经典名著在世界生态人类学发展历程中的地位与价值，我们推介的每一本经典名著都要辅以编译者的"序言"，重点提示所推介专著的时代及学术背景、所取得的成就与不足，以及在我国当代生态假设中的借鉴价值。由于问题的复杂性，我们的推介当然会存在诸多的问题和不足，仅仅是考虑到有这样的推介总比让读者自己去摸索略胜一等，因而才将这样的做法作为一种规制去加以推行，意在引导读者的阅读并接受读者的批评和指正。

　　随着中国的崛起，生态人类学的中国化也必然要提到议事日程，但这些工作做起来却困难重重，原因在于此前类似工作做得不多，基础薄弱。事实上，生态人类学问世虽然很迟，但文化与生态之间的制衡互动关系在我国却是一个由来已久的思想观。其间的关键问题正在于外语基础好，对生态人类学理论理解精深的学人，往往对中国传统的学术思想认识有所欠缺，甚至对中国的文化生态实践也缺乏了解。这是客观社会背景所使然，短期内万难做得尽善尽美。可是，考虑到对国外思想消化和吸收的紧迫需要，我们在推介每一本经典名著之时，都将尽可能以"注释"的方式给读者一定的提示，希望我们的读者能够在这样的努力下，在关注国外学术成果的同时，不至于忘却中国自己的学术传统，以此避免盲目的机械搬用和模仿。

生态人类学与传统的民族志编写很不相同，它不仅是对文化生态共同体的如实整合和报道，更重要的还在于借以探讨人类社会与生态环境之间的哲理。荷载着不同文化的人群对自然与生态系统进行认识、加工与利用，其行为主体虽然是人类，但生态系统显然不会遵从任何民族自己的理性。它有自己的应对范式，也绝不会遵从人类的意志。这就需要我们将文化与生态都视为具有自组织潜力的并行生命形态去考量。也就是说，生态人类学的核心命题——"文化生态共同体"既相互依存又相互制约，如果不揭示其间的辩证统一关系就很难达到准确把握事实真相的境界。然而，在生态人类学发展的历程中，每一个成功的研究者，哪怕是本学科的权威，就终极意义上来说，也会由于受到时代背景的限制而只能在某一个侧面做出突出贡献，得失利弊也总是互见长短。为了避免对某一名著或某一研究者的过分倚重，我们在推介相应的专著时，都将尽可能对那些具有直接影响的得失，以"注释"的方式做必要的点评，特别是揭示不同研究者在见解上的关键分歧所在。相信通过这样的努力，会更有助于我国生态人类学的健康发展。

生态人类学作为一门新兴的分支学科，自问世以来除了专业的研究者外，还有不少从事其他领域研究的学人也会不同程度地触及生态人类学的研究，其中一些非专业的学人所提供的资料和相应的见解还可能超越专业的生态人类学工作者。为了尽可能地反映国外生态人类学研究的全貌，这套丛书除了全译推介经典名著外，还将选编生态人类学的论文及相关著作的章节，同时以"述评"的方式加以推介，务使我国的学人能准确地把握这门学科的发展历程、学术影响及其现状。

鉴于这是一项至关重要却又极其艰难的工作，我们尽管对整套丛书的规划做了力所能及的努力，但仍然感到力不从心。为此，诚挚吁请海内学人不吝赐教，帮助我们做好此项推介工作，也恳请有实力的学人和我们一起参与到翻译推介工作中。希望在我们的共同努力下，我国学者不再对国外的生态人类学研究感到陌生。这是我们大家共同的事业。

罗康隆

2013 年 11 月 15 日

译 者 序

中国学者对全京秀了解不多，这仅是一个机遇问题，一旦了解了他，中国学者肯定会对他的学识和人品充满崇敬。他于 1949 年生于韩国釜山市，本科和硕士攻读的都是文化人类学，而且都是在首尔大学取得学位。他的早期研究对象集中在韩国西南海岛上，特别是珍岛，因为这里是韩国传统文化保存最好的地带之一。1976 年以后，他进入美国明尼苏达州立大学攻读人类学博士学位，1982 年获得人类学博士学位。在美国期间，他先后接触了美国著名的文化人类学家萨林斯、拉帕波特等，其中与拉帕波特的交往最为密切。同时他还因为在美国的研究成果受到法国著名人类学家列维·施特劳斯的高度重视和赞誉，并与他结为忘年之交。1982 年至今在母校韩国首尔大学担任人类学系教授。全京秀不仅是知名的人类学家，而且精通英语和日语，西方和日本的很多人类学名著往往都是经过全京秀介绍到韩国的。

全京秀的代表作有《粪便是资源》、《韩国人类学百年》、《环境·人类·亲和》，以及新作《粪便也是资源》。此外，他还用多种文字在世界著名期刊上发表过论文 300 多篇，可惜的是，这些有影响的著作还没有来得及翻译、介绍到中国来。本书《环境人类学》是将《环境·人类·亲和》与《粪便也是资源》合并为一本，并以"环境人类学"的书名在国内翻译出版。

《粪便是资源》这本书一发表就立即引起了轰动，但反应却大不相同：有的人感到惊讶，一个知名的学者竟然如此认真地去讨论粪便；当然也有人认为，全京秀的想法会影响韩国的现代化进程；也有人认为，全京秀提出的环境对策缺乏可操作性。然而这本书却打动了韩国的很多民众，他们从这本书中找到了回归传统的理论依据。因而，尽管有人因为这本书的出版将全京秀戏称为"粪便博士"，但韩国著名的人类学家金容汉教授却始终支持全京秀的观点。因而，全京秀本人并不介意别人称他为"粪便博士"，反而觉得这才是真正的环境人类学应当正视的大问题。他的这一立场在 1994 年获得韩国江源大学人类学教授金容汉的支持，并为全京秀的著作，写了一篇热情洋溢的书评，使得该书的影响进一步扩大。同时催生了全京秀的另一本著作《环境·人类·亲和》出版，并激励了全京秀修订《粪便是资源》的决心，结果在 2005 年全京秀推出了另一部新作

《粪便也是资源》。

自 20 世纪 50 年代以来，韩国的现代化进程驶入了快车道，出于应对国际环境压力的需要，韩国政府当局大力从欧美引进了现代化的技术和装备，刺激韩国农业的发展，希望尽快摆脱粮食短缺的困境，其中影响最大的是围海造田。在韩国围海造田最容易操作的区段就是韩国的西南浅海区，而这一地区正好是全京秀长期研究的田野工作基地，因而由此引发的各种生态环境问题，全京秀极为敏感，并及时的在他的著作中得到反映，同时还有针对性地提出了可行的对策。此外，化肥、农药的滥用，外来农作物的引进也是全京秀十分关注的课题。他的很多著作都是来自于韩国传统文化对这些问题做出的回应，有关成果在《环境·人类·亲和》一书中有较为系统的反映。

正当韩国政府盲目引进外来技术，无意中损害了韩国"共同体文化"时，韩国的民众也积极地做出了回应。他们对政府的草率决策表示不满，并组成了很多群众团体，掀起了"亲环境农业运动"。他们要求维护韩国农业的存在价值，同时向都市居民宣传传统农业产品的安全和优质，力图在都市居民和农民之间建立相互支持、相互信任的社会氛围。"亲环境农业运动"在 20 世纪末，已经席卷了韩国全境，而韩国西南部的全罗南道和全罗北道，和韩国东南部的庆尚南道和庆尚北道都成了这个运动的中心。韩国农民的社会实践对全京秀的研究发挥了深远的影响。全京秀的研究不仅配合了他们维护生态的努力，还给他们提供了切实可行的指导性建议，全京秀与韩国农民也成了好朋友。就这个意义上说，全京秀不仅是一个学者，同时也是一个出色的社会工作者。全京秀代表性的专著《粪便是资源》（韩国首尔：桶木出版社，1992）和《粪便也是资源》（韩国首尔：知识社，2005），完全可以视为是"亲环境农业运动"的理论概括和哲学透视。

全京秀从人与生态必须和谐这一立场出发，审视了 20 世纪 50 年代到 80 年代，外来技术引进的副作用。其中，他特别关注由此导致的韩国传统文化的变迁，当然，也更加关注人在这场技术快速引进中的遭遇。他企图通过具体的事例，说明在引进外来技术时，不能够受感情和利益的驱使，使该技术贴上先进的标签，而贬低本民族的传统。他立场鲜明地指出，技术本身是中性的，不存在好坏之分，但对特定的人群而言合适、适用才是好的技术，也是值得引进的技术。在引进外来技术时，绝对不能上推销商的当和外国企业的当，应当先看看我们需不需要，能不能把它用好，这才是决定是否引进技术的关键。否则的话，随着外来技术的疯狂引入，韩国传统文化必然蒙受重大的冲击而发生悲剧性的变迁，最后不仅不能消化和改进这些技术，反而会成为这些技术的奴隶。在这里，全京秀用文化人类学的理论对唯技术论提出了严厉的批评，维护了韩国传统文化的尊严。

悲剧性的文化变迁一旦酿成，受到损害的不仅是文化本身，还会危及当事人的精神文柱，更可怕的还在于将会引发严重的生态恶化。全京秀正是从这一理解出发，列举了大量的事实，意在表明，随着文化的变迁，韩国的生态环境正在极度恶化，土地、水源等都受到了污染，特别是韩国西海岸的传统渔业收成几乎是江河日下，这都是各种外来技术间接种下的祸害，并且都是人祸而不是天灾。

在这一认识的基础上，全京秀将生态的失衡与共同体文化的危机联系起来。生态失衡并不是作者的新创，而是从生态学引进的概念，但"共同体文化"却是作者首次启用的学术术语。作者提出这个术语有他的特殊用意。原来韩国的民族构成十分的单一，全国90%以上的居民都是高丽人，因而，在韩国的现代化进程迅速扩大时，韩国的城市和农村出现了令人震惊的二元结构。城市的都市化水平与其他发达国家的差距越来越小，而农村却能较长时期的保存着本民族的传统，但韩国农村也不是乐土。都市的飞速现代化，诱发了严重的生态失衡，这样的生态失衡也反冲到了农村。更可怕的还在于，伴随着生态失衡而来的是思想的改观，最后使得即使在农村，传统文化也难以为继。韩国的农民也像改革开放后的中国那样，大批地涌进城市，使得农村空壳化。很多传统的生活方式、传统的礼仪乃至传统的观念都面临着延续的危机，这显然不是个人行为导致的结果，而是一个文化群体面对冲击后，被迫做出的选择。

为了揭示韩国农村的这一巨变，同时又得顾及到韩国的城市和农村是同一个民族这一个客观国情，全京秀才有意识地引进了"共同体文化"这一特有术语，意在强调文化的社群属性。要挽救文化的危机，得靠社群的努力。他的这种考虑显然有他的道理，但如果考虑到文化的集体共享性，早已是文化人类学圈子内的共识。强调"共同体文化"，对中国学术圈而言意义并不大，仅是对韩国有其特殊的价值而已。但重要的在于，全京秀并没有把生态失衡孤立起来，做自然科学似的解读，而是把生态失衡与人类的群体行为联系起来，进而认为，如果生态失衡对人类而言是一场灾祸，那么这场灾祸应当是人祸而不是天灾。因为，在他的田野调查点上，观察到的事实正在于，生态失衡与共同体文化危机是相互依存、相互关联的。要确保生态恢复平衡首先该抢救的不是生态环境而是共同体文化，这一点对我们国家当前的生态建设正好具有直接的启迪价值。原生态文化保护，并不是为保护而保护，而是出于生态建设的紧迫需要去采取的保护措施。听任原生态文化的消失，生态建设必将失去来自于集体社会合力的支持与协调，如此生态建设也难以做好。

人类通过文化去占有和改变自然环境的同时，人类自身也在发生改变。但如果人类自身选择的发展方向不同，那么人类的命运也是可以改变的。人类要么选择有序的稳态延续发展模式，要么选择损害子孙利益的发展方式，但后果人类自己应该知道。

崔海洋

2014 年 3 月 10 日

前言：生态主义

我们为什么要做研究？为什么要做学问？做好一门学问必须耗费相当长的时间，付出艰巨的劳动。人类学将人与人在共同生活的过程中构建起来的文化作为自己的研究主题，以至人类学家要回答上述问题，总会感觉答案涉及的范围太广，会出于慎重而不敢轻易作答。那是因为人类学是研究人类以及人类的生活、学习的学科。众所周知，几乎所有的学问都把为人类谋福利作为研究的目标，可是达到这一目标的途径很多，致使围绕方法论的探讨，就必然形成众多的学科。

方法论是一种竞技方式。它要求我们可以找出达到最终目标的可行方案。为此而提出的问题就是如何去做学问，解答"为什么"和"怎么办"等一连串这样的提问。这样的问题就是所谓科学提问的主要内容。每一门学科都在不断地提出和解答类似的问题，这就是科学术语的基本内涵。

在人类的生存环境里，时间和空间始终是决定事件位置的标识性因素。一件事件有可能发生在公元前1000年亚马孙流域的人群中，也有可能发生在公元2000年东部非洲的人群中。有了这样的时空坐标，人在解释和应对环境问题时，所提出的问题和得到的答复就属于科学术语范畴。生活在当代的人们对当代人的生活方式其实很难了解，类似的情况在不同空间的人群中也可以遇到。只有在比较不同时空领域的类似事件后，因时空坐标混乱而导致的误解才可以得到澄清。只有这样，其他人的认识和理解才有望成为审视我们自己的一面镜子。

我们这个时代存在的最大问题就是环境问题，对此，人们并无异议。理解此问题的本质以及摸索对应方案，显然是人类学家的研究使命。受到生态人类学（ecological anthropology）理论熏陶的人类学界人士，应该思考在各种环境下，以各种模式或动态形态发生的文化现象，并基于此形成相应的眼光，进而理解我们的现实问题。《环境人类学》的编写目的在于，研究"如何关注有关环境问题的人类学"课题。除此之外，本书的基本宗旨在于提出方向，以便形成从真正为人类的人类学角度对待环境的态度；排斥膨胀于我们每日生活中的人类中心主义是解决环境问题的正确方法，而且以此观点进行研究的学问最终可以为人类服务。生态学正在努力遵守宏观逻辑，而人类学则是遵循宏观思想的学问。由于两者相逢于观察现象的宏观理念，因此，生态学和人类学的相逢是自然而然的事情。笔者认为，两种领域相逢之后产生的生态人类学将来定会为人类服务。

笔者排斥任何形态的中心主义。以意识形态为核心造成的党同伐异行为害死了多少善良的人！以宗教为核心进行的一些活动也大同小异。另外，以技术为核心席卷人们的活动也是如此。生态中心主义也有过分之处。笔者认为，比起逐一解释其过分之处，不如确立中庸之道和均衡发展理念，反而会为人类带来更多的福音。这就需要摆脱人类中心主义，坚持生态主义的立场。通常认为，生态主义者的思维方式极其浪漫，可是对于只有追求生态主义才可以继续生存的人类来说，有时真正需要的恰恰是浪漫。

研究生态人类学的笔者关注环境问题，并撰写了一些论文，《环境人类学》对这些论文进行了归纳整理。其中不仅包括生态人类学的理论性观点，也包含批判性及指控性的主张。1992 年，听从金容沃兄长的建议，编辑成系列论文，在原木出版社出版了《粪便是资源》一书。之后，笔者的外号成了"粪便博士"。笔者担心读者误会我是为了开玩笑而提出此类问题，于是，在《粪便是资源》一书里增加了"人类学家的环境论"这个副题。可一部分读者仍然认为："啊，又在谈论粪便⁈！"连人类学界人士的反应也与此几乎相同。因此，这次想再出版一本以"粪便也是资源"为题的书，可由于思维形态的差异，考虑到没有深奥理念的人们又会误认为笔者是在开玩笑，故将本书做出进一步的归纳整理，使其具有了相当程度的学术特征。当然，笔者还计划以后续标题出版可供大众阅读的评论集。

这里包含的 11 篇论文中，有几篇论文已经刊登在曾经出版过的书里，而大部分论文是 1992 年之后撰写的文章。笔者始终认为，环境问题源于人类，而可以指出此问题的核心的是，重新认识我们每一个人经常涉及的粪便问题。更具体地讲，我们的腹部一发生问题，就开始出现腹泻现象。由于"腹泻"，粪便排放到腹部外面之后，自然环境将被污染。

依次归纳本书收录的论文如下，其中包括文章的标题及其原先刊登时所在的期刊名、出版社、著者和编辑、出版时间等文献信息内容。本书根据需要，有时简单修改了原先文章的标题，在此加以说明。

1. 环境、文化、人类——生态人类学的众多商议，生态系统危机和韩国的环境问题，邱子健等著，汉城：女儿，1992：153—186

2. 文明论和文明批判论的反生态学，科学和哲学，1991，2：157—177

3. 平均信息量、不等价交换、环境主义——文化和环境的共同进化论，科学思想，1992，3：85—109

4. 在树林生活的人们，在树林外生活的人们——生态人类学观点，韩国林学会志，1990，79（3）：330—342

5. 西南海岛屿地区的风土病——医疗人类学的接近，韩国文化人类学，1983，15：275—280

6. 利用生物气体相关事例研究——以济州岛松堂里为中心，济州岛研究，1994，1：255—291（共著）

7. 桶系和粪尿污水处理厂——环境问题和生态民俗志，韩国文化人类学，1995，28：291—316

8. 生态不均衡和共同体文化的危机——虫灾和农业的生态人类学，第17届国际学术大会论文集，汉城：大韩民国学术院，1989：73—89

9. 用水文化、公共财产及地下水——以济州岛地下水开发的反生态性为中心，济州岛研究，1995，12

10. 有关环保居住模式的探索——通过有机物垃圾再循环实现公寓的生态住宅，环境和住宅问题（报告书），汉城：韩国住宅银行，1995：59—94

11. 环境持续发展和环境约束性未来企业，可以持续的社会和环境，李贞全编，汉城：朴永斯，1995：121—138

从生态人类学的角度所归纳的文化是指对于环境的人类适应模式。将文化作为研究主题的人类学，观察环境主题遵循如上文化的概念，但它并不认为环境可以决定文化。我们也不能否认，大部分的人类学家为了强调文化，观点有些偏颇，即从文化的角度观察文化和环境的关系。因此，他们提出了环境可能论。可是，从为人类的未来着想的角度，公正地观察文化和环境的关系时，我们似乎应该重新回顾环境决定论的意义。

我们不能否认，比起文化影响环境的程度，环境影响文化的程度更深、更广。有的观点认为，由于人类处于优越地位，环境不能支配人类创造的文化。此观点源于人类中心主义。过去一个世纪，人类中心主义风靡一时。此时，人们忽略环境决定论，并非偶然。其结果是，环境向我们做出了耸人听闻的报复。事实上，整个地球村都在担心环境会不会做出更大的报复。这让我们认识到，人类中心主义导致了人类灾难，我们需要重新研究环境决定论。笔者将这种观点称为新环境决定论。

在这里，需要详细说明在本书"前言"中增加"生态主义"副题的原因。观点总包含意识形态。不管它的意识形态的内容是什么，一定要明确指出其意识形态。本书提出了明确的观点，因此将遵循明确的意识形态，即生态主义。历史上很多意识形态，它们在影响人类精神的同时，也束缚了人们的思想。目前我们需要的意识形态不能出现歪曲，并且应该是保证人类未来的第三对策。笔者认为，它就是生态主义。

笔者希望将生态主义明确地区别于生态中心主义。生态中心主义是另一种形态的中心主义。它虽提出了人类所面临的问题，但失去了商讨的可能。我们在任何部分也不能避免人类的问题。笔者认为，生态主义积极创建包含人类问题的条件。生态主义在被发现的历史过程中，可能会商讨新环境决定论。两者虽然存在相同的方面，可新环境决定论涉及方法论，生态主义就是针对此方法论而获得的意识形态。

始终关注生态学的同仁为笔者的研究提供了很多帮助。三年来，笔者与金南斗教授（汉城大学哲学专业）、金永平教授（高丽大学行政学专业）、杨宗熙教授（成均馆大学社会学专业）、李尚惇教授（中央大学法学专业）、李贞全教授（汉城大学环境学硕士）、李贞奎教授（高丽大学经营学专业）、崔石镇博士（教育开发院）等共同商讨环境问题，这恰恰创造了契机，使我们重新明确需要整体管理环境问题的课题。与各位同仁之间的商讨，成了笔者编写工作的重要后盾。

汉城大学人类学科帮助笔者选择了生态人类学的研究历程。借此机会，笔者向创造讲课机会的各位教授和不断出版人类学相关教科书、为人类学的发展奠定坚实基础的一潮阁表示由衷的谢意。除此之外，崔宰友专务还积极促成本书的出版，李应均君则帮助笔者完成了索引工作。在此，笔者表示衷心的感谢。

尽管本书存在不少遗漏之处，可爱人累味和明君、东君全力支持笔者出版本书。对于你们的支持，我表示由衷的感谢！

全京秀
于奥林匹克百周年的三伏在冠岳山下小禾赏

目　　录

第二篇　实　践　篇

第一篇　理　论　篇

第一章 环境、文化、人类
——生态人类学的众多商议

第一节 绪 论

众所周知，事实上，环境和人类的关系通常属于生态学的范畴。在探讨这二者关系的过程中，除了关注人类的生物性之外，还需要探讨人类的精神生活，那么我们就会面对生态学通常无法解决的文化问题。尽管靠捕猎野牛为生的人群和靠放牧牛群为生的人群都处在草原生态系统中，但狩猎和游牧之间的差异却属于文化类型的差异，而文化是极其重要的人类现象。游牧是将野牛根据畜牧需要驯化为家畜而形成的一种文化。游牧文化中人类对于自然的控制能力也包含着协调环境和人类的关系（Godelier，1986）。因此笔者认为，引入文化这一概念后，对环境与人类关系的理解就能摆脱"心灵和肉体"二元对立论这一生物学命题的干扰，将其还原为"心灵即肉体"的一元论文化整体观。

人类和环境紧密相连，无法分割。为了全面地剖析二者之间的关系，我们必须在生态学架构中引入文化这一概念，即以文化的视角剖析环境和人类之间的关系。由此而建构起来的价值观理论，人们称之为生态人类学。因此，笔者编写本书的基本目的在于，围绕环境、文化、人类三者之间的关联性提出一种思考方式，或者提出一种世界观的新视角来介绍人类学，并探讨该学科的正确发展方向。

本章以一般的阐述方式，简单介绍生态人类学中几个基本的概念，如环境、适应、系统，以及环境人类学家的观点。由此而引出四方面的内容：①文化生态学和新进化论；②生态人类学和新功能论；③生态过程论和历史性；④民俗生态学和新民俗志。这些内容标志着生态人类学的主要发展趋势。

生态人类学及其发展的程度比托马斯·库恩应用过的范例低一个阶段（Kuhn，1962）。更准确地讲，可以说是"理论的价值观"（Kaplan and Manners，1972：32）或者是"展拓性的理论"（Bates，1953：701）。斯托金将人类学称为"以往范例的科学"（Stocking，1968）。我们可以认为这一立场与上述观点相似，都隶属于相同的范畴。生态人类学在文化人类学的氛围中产生并成长，且为文化人类学研究中需要进行验证的假设提供了丰富的资源。按照习惯的逻辑，立足于道德性的价值判断，可以将为验证假设需要而收集和提供原始资料的研究阶段称为低级阶段，与此同时，将探索运用于研究人类最终目的的科学方法称为高级阶段。这是因为，做出道德性价值判断之前，必然要以思维过程和逻辑推理为前提，高级与低级之分显然具有相对性。

收集与提供资料的低级阶段和探讨科学方法的高级阶段都深深地渗透进了各自不同的价值和逻辑。此外，得先从两者的角色分担出发，接下来才可能讨论各阶段的排序问题。任何人在只学习方法论或者仅参与特定人类学领域的研究时，即使严格区分了研究的对象，也不可能做出"优秀科学"来。科学方法不管是归纳还是演绎的，都是追求思维和逻辑的一致性。笔者认为，科学的目的在于，遵循一致性的逻辑去追求接近真理的结果。我们主张生态人类学并不是要建构一种新范式。任何企图创建生态人类学新范式的念头，都不能忽视已有的文化人类学观点，如功能性、历史性、进化性以及生态性的观点等，不管是叙述、转换还是说明，从逻辑角度我们都需要前人的这些观点（Kaplan and Manners，1972：25）。

生态人类学必须贯彻文化人类学的文化整体观，引进生态学的研究方法，关注人与生态环境的关系，刺激民俗学、人口统计学、人类生物学、动物生态学、疫病学之间崭新的结合（Voget，1975：696）。现代社会正面临着人口增长和资源短缺之间的尖锐矛盾，生态人类学研究对于关注文化人类学和公共政策的人们来说具有特殊价值。目前，生态学开始关注人类与环境的关系，正在探讨不同系统间的互动，人类社会中多样化的生存战略也随之纳入了研究的视野。收集、整理不同人群关于人与环境相互关系的地方性知识，对生态人类学而言，具有重大意义。生态学研究的对象中还是由同时并存的若干个主体群有序聚合起来的整体。笔者的主张并不是要占据生态学已有的地位，也不是想套用生态学的研究方法，只是为了进一步证实引进生态学的方法更容易达到我们的研究目标。生态人类学的理想是提出明确的模式，做出可以证明的假设以及向官方提出值得信赖的建议。在一个需要进行假设的过程中，假设仅是每一个阶段启动前的想法，在这样的过程中需要强调的不是他的目的，而是在假设引导下呈现的过程。通过调查可以获得新的问题、提出新的假设，也可以使已有的理论获得验证（Kaplan，1964：88）。

验证假设对特殊内容而言，意在提供事实；对普通内容而言，则是要归纳出法则。法则一般化以及进一步的说明并不是事实确立后的静态实体，而是可以起到决定事实的作用（Kaplan，1964：89）。借鉴生态学的方法从事研究，目的在于向各个事件的批判者和拥护者提供不同现象之间的相关性说明。本章强调，按照科学的方法做出努力的过程中不能将手段或目的绝对化，人们看重现象间的相关性说明，是因为他们可以将此理解为达到终极目标的中途休息。当然，找出研究的手段和方法，确定研究的方向，规划研究的战略，甚至解释人类与环境关系网络的内容，会具有更大的价值。具体的研究活动之间可以拉开距离，有的是为了普及的需要，有的是为了探索重复出现的事例之间的规律，有的则是为了终极意义的解答，等等。

第二节　环境、适应、系统——若干个基本概念

本节意在界定支撑生态人类学理论的环境、适应及系统三个基本概念。环境是一种整体性概念，它包括生活其间的生物可以感知和感应的力量以及相关的条件及事物。这一切都是某种刺激引发的运行方向及其运行后果的总和。因此，不能把环境仅局限于自然，目前正在创建的环境新理念范围已经拓展到能够把社会文化、知识、理解有效囊括其中的地步。在整个生态系统中，人类种群只不过是其中的一个因素而已。对人类创建与捍卫的文化应当理解为人类与其他生物种群之间的有机联系，以及人类与气候、土壤、水等无生物因素的相互影响全部纳入到生态系统的关系网络。

人类学家通用的环境概念可以概述为二：第一，仅指自然环境的狭义环境概念，而将环境和人类的关系视为文化，即将人类取得的环境适应机制或适应战略视为文化去加以研究。持有此观点的生态人类学家借助从生物学领域发展而来的生态学的相关概念与价值体系，去说明适应不同自然现象的人类群体的生活模式，在这种观念中"适应"是一个极其重要的概念。第二，是将社会文化的各种要素视为可以对某一人类群体结构产生影响的环境。我们可以将环境的概念拓展到它的最终形式，把认知某种现象的人为思维体系，以及将由这样的思维体系维系起来的人际关系也纳入环境的范畴。这里所谓的某种现象是指人文、社会、自然以及认知它们的过程和结果。

我们可以将属于前一个范畴的环境称为生物物理性环境（或者自然环境），而将后一范畴的环境称为心理社会性环境（或者认知环境），但两者并不是独自拥有或相互排斥的范畴。人类学家若要研究某个特殊的，或有限的人类群体及其

文化，那么对与该类群体发生关系的环境就需要加以明确地界定。

值得注意的是，当前有一些生态学家将自然环境和认知环境整合为一个体系，提出了"社会自然体系"的分析框架（Bennett，1976）。提出此观点的目的在于，可以克服长期以来把人类环境和自然环境对立起来，以至于无法从整体上把握其实质的种种弊端。

适应最大限度地提高了社会生活的机会。这里所讲的最大限度是指文化内部结构和环境外部压力的矢量（Sahlins，1968：369）的均衡。更简单地讲，适应就是环境和文化之间的互惠或者对话。文化或者社会有时为了保持其永续性会根据生产方式、社会对物质的需要以及社会已有的标准去加工环境，使形成的特定的外部环境与其达成稳定的关系。文化与文化开发的环境之间所形成的关系体现这种文化的历史趋势。文化为了提高其生存的机会也可能根据对于该种文化有意义的环境（或者有效环境）持续地改变文化本身。这就是持续环境和文化之间的辩证关系。如果一种重新组成的文化调整了周边环境，那么该种文化反而会为了共同进化走向逆向过程，即对变化了的环境做出新的反应。上述辩证过程很好地阐述了"适应"的概念。因此，适应是对于特定环境的专门化或者特殊化过程，而每一种文化都具有适应程度的差异。因此，无法对这种差异按统一的标准做出优劣的裁决。

笔者认为，如果将文化视为适应系统，我们可以更具体地把适应区别为两种概念，即适应战略和适应过程，并对两者分别定义，从而使我们的立场更为明确。人们为了获得与使用资源或者为了及时解决共同面临的问题而扬弃以往的失误，重新调整人际关系，这就构成了适应战略。适应过程则是指根据已有的适应战略，加以反复使用长期积累后而产生的文化变迁。区别这两种概念可为研究人员提供一个参考框架，以便发现某社会成员凭个人意识做出的决定和该社会群体共有的资源利用类型之间的相关性。

在生态学发展初期，生物学家对生态系统这一现象的立场不太明白，可是随着理论物理学的发展，系统这一概念被引入了研究领域。系统这一概念对研究社会文化现象的人类学家而言，特别是引入生态学观点者而言，产生了巨大的影响。一般系统论的倡导人贝塔朗菲（Ludwing von Bertalanffy）指出，系统是"正在相互起作用的若干因素的复合体"（Bertalanffy，1968），这样的复合体表现为"所有的构成因素与其他所有因素之间互为依存、互为制约地纠缠在一起"（Gerlach and Hine，1973）。连续性指构成一个系统的所有个体或者因素之间结成无法切断的相互连贯关系。反作用则是指负面效应，反作用还可以分成积极的反作用和消极的反作用。消极的反作用是指通过负面效果，使系统保持均衡的属性；积极的反作用指导致系统不均衡的负面效果。

下面通过钟表和学校去阐明系统这一概念。钟表肯定由字盘、时针、齿轮等各种因素组成，它是一个复合体。输入能源时，即充电后所有部件相互发挥作用，使整个钟表系统运行起来。作为另一种能源的输入，用磁铁影响这个钟表系统，那么钟表系统与磁铁相互作用，有时会使钟表停止运行，也就是使该系统发生变化。整体是一种结构性整体，也是一种系统，它使构成其本身相连的若干个部分发生相互作用。从更高阶段的角度来讲，它具有并非整体的部分属性；从结构单元看它又显示出作为组成部分单元的不间断性，它仅是扩展型的一个连接环。另外，学校是由教师、学生及物理条件相连的一个整体，其整体里再融入知识和资金以作为能源，就形成了一个动态系统。

钟表、物理学的子整体粒子和学校都是通过各组成因素之间的连接，并借助流动的能源去确保系统呈现出连续性的特征。流动的能源在特定阶段可以起到反作用，为该系统的持续运行创造条件。学校探讨的理论还原到社会后可以被利用。作为报偿，社会向学校提供还原某种形态的"能源"。根据反作用施加于某一种系统所起到的持续维持效果，并根据此反作用对系统维持平衡状态的成效，所谓平衡状态是指原状稳定性，还可以用热力学的第一定律和第二定律去论证该系统的延续能力，以及反作用的运行机制。

随着系统这一概念的逐步确立，对环境范围而言，也提出了需要重新给予动态定义的要求，以及针对环境范围的运行性概念化过程的要求。如上所述，由于系统具有连续性和反作用，系统必然具有开放性。也就是说，系统是一个开放体系。但由于人类的认知能力有限，通常只能剖析处于动态的封闭体系。在一些情况下，确定系统的界面一直是研究人员面临的难题（通常限定研究的范围会得出理想的结果）。

事实上，如果将适用于分析系统范围的范畴转移到作为人类现象的文化角度，其概念会更加模糊。正因为概念模糊，研究人员之间出现了众多争议。笔者认为，正因为存在这些争议，研究过程才独具趣味。我们无论从自然环境的角度还是从认知环境的角度，将一个人类群体，即包含社会的环境视为一个系统，作为对于该系统的适应机制，从而对文化重新定义，乃是生态人类学的基本立场。

只要在分析中引入系统概念，那么观察适应于该系统的相关文化的立场，就必然受到系统本身固有的开放性和封闭性的双重限制。也就是说，在开放系统和封闭系统的概念对立中，实质上只需要探讨管理封闭系统的概念制定过程就够了。这是因为对概念系统可以进行概念方面的争议，但实际上却不能引导出资料收集及分析过程，分析人员只能在封闭系统中寻求可操作的方案。笔者认为，造成这种现象的根源在于我们人类目前所得到范例有局限，而并不是概念化过程有错误或思维方式的效率不高。评估以环境、文化、人类三要素为主题的研究领域时，出现的观点分歧与"潘多拉"的魔箱十分相似，因为人们不能预测找到正确结论的幸运，会在何时何地，以何种形态出现。

第三节　文化生态学和新进化论

19世纪，生物学家海克尔（Ernst Heinrich Haeckel）首次将生态学作为科学术语使用（Hardesty，1977：7）。亚里士多德将人类和环境加以分别对待，这遭到了人类和环境互动论或环境互惠论的挑战（Anderson，1973：185），正是环境决定论挑起了这场论战。20世纪，亨廷顿进一步发展了孟德斯鸠和人文地理学家拉采尔的环境决定论（Huntington，1945）。他的观点如今成了有关人类和环境关系的支配性思维方式（Netting，1972：2）。孟德斯鸠指出"雅典的不毛之地孕育了民主政治，而斯巴达的沃土萌生了贵族政治"，在当今世界范围内，众多人士步入了孟德斯鸠的后尘，断言生活在热带地区的非洲黑人或者东南亚黑人由于懒惰，不能创造出高级的文明来；而西欧的白种人由于生活在气候比较寒冷的地方，所以有坚强的意志去适应不利的环境，故能创造出辉煌的文明史。环境决定论者认为，气候或地理环境因素是决定文化特殊性的因素。

对地理决定论进行长期修改之后，在20世纪二三十年代，推出了环境可能论，环境可能论仅将环境视为一个限制性因素。在世界范围内掌握了可资比较的丰富文化资料后，人类学家向环境决定论发起了严峻的挑战。由于"局限性"过于明显，环境决定论不得不进行转换。阿尔弗莱德（Alfred Kroeber）为了解释玉米种植的地理分布，曾经通过假设说明了具有局限性的环境所产生的影响（Kroeber，1939）。人类凭借思维和智力克服环境不利因素的众多事例，使环境可能论完成了与实践的充分结合。

有些观点认为环境是文化形成的决定性因素。对此环境可能论者认为过于武断，并指出不同的人类群体在生存的过程中，会形成互有区别的文化。例如，为什么喜马拉雅山高海拔地带的土著居民要从事梯田式水田耕作，而安第斯山同海拔地带的土著民却以美洲驼羊为中心，从事畜牧业和旱田耕作？为什么西伯利亚古亚洲人和北欧拉普人在北极冻土地带或针叶林地带从事驯鹿畜牧业，而在类似气候和环境下生活的因纽特人（爱斯基摩人）却靠狩猎野生驯鹿或捕鱼为生？为什么北美西南部干旱沙漠地区的印第安人用泥砖盖房，而北非或沙特阿拉伯的贝都因人也生活在沙漠地带，但却住在帐篷里？上述各种现象使环境可能论者更具说服力，因而环境因素的限制性功能比决定性功能更突出。

将来有待进一步验证的事实仅在于两种观点出现的时期是否一致：其一是以可能论的面目反驳环境决定论；其二是以特殊进化论的面目（以混合美国历史特殊主义和文化领域说为基础的立场）反对文化传播论（德国、澳大利亚的文化劝诫及英国的太阳巨石文化论）。原因在于弗兰茨·博厄斯从一般传播和一般进化的概念中醒悟，主张历史特殊主义的同时，指出在文化形成的过程中，环境并不是决定性因素，而仅是限制性因素。其后，朱利安·斯图尔德于20世纪30年代为文化人类学输入生态学观点做出了杰出的贡献。他以考古学和民俗志为背景，将本人的立场划定为"文化生态学式方法论"（Steward，1955）。尽管他从上述关系中分离出了文化生态学，可是只有当他的观点与"多线进化论"结合后，他的学术才得到了进一步发展。需要注意的是，通过生态学方法展开研究可以发展成非进化论。然而他的上述研究具有明显的进化论色彩，关于这一点巴斯（Barth，1967）和格尔茨（Geertz，1963）已经明确指出。

斯图尔德在解释文化的过程中，体现出了浓厚的功能主义倾向。他基于博厄斯的历史特殊主义和克娄伯的文化类型论，在衡量一个社会的整合水平时，将其社会的构成因素分成文化内核和次要特征等不同层次。文化内核具有整合其社会文化的核心力量，并适应于环境，依据环境建构生存模式。而次要特征可以认为是比文化内核次要的社会制度和理念系统。由此可见，文化生态学家关注整合在一种文化中的各因素间的等级关系。他们有时将技术视为文化整合的原动力，即强调了支持生存模式的那些技术，社会的组织和理念的形成都受到这些技术的影响。

斯图尔德的方法包含对技术和环境的相互关系的分析、对行动类型和技术之间的相互关系的分析以及对行动类型影响文化其他部分程度的分析等（Steward，1955：40）。他相信文化的某些特定领域与环境的关系十分密切，而其他部分则关系疏远。他还认为，在阐明文化方式的相似性时，生态学方法只适用于分析文化内核。文化内核是指与社会经济制度关系最密切的文化因素的总和（Steward，1955：37）。持有上述观点的人们十分看重"适应"这个概念，将适应视为分析文化变化的重要方面，对适应的相关分析旨在确认处在类似环境下的文化特征，并说明这些特征起源的变量。

斯图尔德文化内核的特征在于，它在因果关系的分析中占据着领先地位。例如，文化内核的某些主要或者相关的特征会孕育出具有特定功能的组织关系来，父系群体就是这样。笔者认为，文化内核与环境的关系是不会由于社会关系或历史关系而受到很大影响的文化产物。斯图尔德凭借肖肖尼人将松子和橡子作为主食的生存模式，进一步阐明母系社会组织延续的生存模式根源以及妇女政治领导力的成因。上述观点与极端唯物论相结合，形成了马文·哈里斯的技术环境决定论，他从文化唯物论角度出发，阐明了印度圣牛的文化价值，算出印度社会拥有牛时可以从中获得的能量，然而哈里斯的观点最终成了以科学的名义改写环境决定论的新版本。弗雷里滋（Freilich）凭借特立尼达与多巴哥的非洲黑人后裔在殖民体系下如何延续与传承固有社会组织和各种理念体系，通过实证挤垮了哈里斯的新决定论。

斯图尔德深受博厄斯历史特殊论的强烈影响。文化生态学主要关注具体文化特征，使得它与生态人类学及社会生态学有明显的差别，后两者致力于探索可以适用于任何文化及环境的一般原则，文化生态学则更趋向于分别探求不同地区的不同文化及人类与环境类型的相关说明（Steward, 1955：30）。因此，文化生态学从一开始就包含局限性和可能性。文化生态学认为，具体人群仅是特定生态系统中具有活力的构成因素，并在这一基础上对文化的价值展开研究（Frake, 1962），但它仅适用于具体的文化或具体的地区。

为了消除经典进化论的弊端，一些富有创建的人类学家将"进化"区分为特殊进化和一般进化两个概念，以便满足分析不同进化形态的需要（Sahline, 1968：367-374）。上述立场是新进化论的代表性观点。特殊进化指各种文化在适应其所处特殊环境的过程中，将呈现进化途径多元并存的现象。特殊进化是在环境压力的选择下，文化自主的产物。特殊进化的核心概念是适应，并以此强调随之发生的适应性进步。上述立场还揭示文化现象是一个历史进程，不同的文化都分别做过适应性修改，因而必然呈现为文化多元并存格局。这样一来，文化相对论随之成了新进化论的坚实后盾。一般进化概念源于生物学的进化论，但文化是通过能动选择适应方法而得到进化的。精致的一般进化目标追求占有更多的能量，更高的利用能量水平以及更强的社会整合使文化获得更高的适应性进步。

不管持有特殊进化观，还是持有一般进化观，我们必然面临的概念都与对环境的适应相关联。换句话说，文化是对环境的适应系统。就宏观的角度而言，多线进化与传统的单线进化角度迥然不同。新进化论的一般进化仅将历史性系统视为进化的一个侧面，从这一角度研究适应，结果表明适应并不是在文化的内在压力下产生的结果，而是要探求文化及其外部环境之间的互动关系。这一角度的转换使研究的领域从传统中解脱出来，对文化进化的传统研究总是局限于社会组织与信仰体系、社会组织与政治过程等文化内部关系的功能分析，而新进化论则将研究领域拓展到文化和自然的关系中。这就使得新进化论成了学术界关注的目标。不过这样一来，自然与文化就形成了对立或者相互排斥的二元体系。随着对二者兼容性的探讨或者对文化外延的扩大，理解文化与自然的相互关系就派生出篇幅更广的新问题来。

文化生态学由斯图尔德（Steward，1955）划定轮廓，并为后来的研究提供了起点以及评估成败的依据。评估民俗生态学、系统生态学、生态人类学的近期成果时，以及着手探讨文化多元并存的价值时，全面整理一下学术界对斯图尔德理论的评论就显得十分必要了。

有人认为，斯图尔德通过不妥当的研究，企图说明许多文化特征的起源（Vayda and Rappaport，1968：477–497）。斯图尔德想说明，文化与环境的特征如何在功能方面相互连接，又要说明上述关系如何在历史上不同地区反复出现。单凭他的研究不能断言环境特征必然导致相应的文化特征。加上其研究对研究样本的提取存有错误，导致归纳出的相互关系错上加错。再者，就统计结果而言，统计上的相关性并不等于因果关系。

斯图尔德的另一种弊端在于，文化似乎只包含了技术。我们不能忘记仪礼和意识形态也同样要与环境发生相互作用。斯图尔德在选择环境特征作为研究对象时也有弊端，他无视疾病的发生或者人群规模等重要变量的存在。近年对文化生态学的研究，为了排除上述弊端，开始越来越多地考虑文化的"社会环境"（Hardesty，1977：10）。研究中越来越倾向于严格区分概念化的环境、可资利用的环境和实际起作用的环境，这样的区分可以使研究的对象概念明确，给研究者提供了很大的帮助（Kaplan and Manners，1972：79）。斯图尔德的最后一个失误在于，他没有注意到文化人类学与生物学研究的相互作用，在后人的工作中充分证明，文化人类学与生物学都需要相互理解，因为它们可以做到互惠。

为了完善斯图尔德的理论，后人的研究工作都做得极其精确，对斯图尔德进行批评的同时还引导出了新的手段。我们不能按当前的标准批评斯图尔德，而是应当按起步时的标准，以起步时的实情评估他的研究结果。目前，按文化生态学方法所做的研究使文化的适应派生出了两种角度的内容：其一是文化针对整个环境所做的系统性适应；其二是针对给定的文化（社会）制度所做的适应。从上述认识出发，我们可以观察到适应如何出现、如何维持以及文化如何重新整合。

斯图尔德早期研究的核心只涉及文化与环境的互惠因果关系，相比之下，格尔茨（Geertz，1963）、本内特（Bennett，1969）以及拉帕波特（Rapparport，1968）的研究应用了更广泛的系统概念。但我们不能认为这些后续的研究是功能主义的新形态。评估特定研究成果时不能按成败定优劣，不能以制定规则的初期断言其后期成果，更不能因研究初期出现的弊端就终止或废除一个有希望的研究方向。我们不仅要追求研究最后的结果，还要关注多样化的研究过程和可行的对策。

第四节　生态人类学和新功能论

尽管文化生态学家引入了"生态学"理念，可是他们几乎不想分析构成生态学概念核心的生物物理因素。人类生态学家对此感到厌烦，并于 20 世纪后期开始形成一个学派，创建了新功能主义。他们将自己的理论从英国社会人类学家的传统功能主义中剥离出来，引入了当代物理学、生物学、一般生态学为基础的一般系统论，提出了将人类和环境并存的聚合视为一系统的概念，创建了采用整体系统方式研究的新方法。提出此项动态研究的代表人物有美国密歇根大学的拉帕波特（Rapparport）教授和哥伦比亚大学的唯达（Vayda）教授。

拉帕波特教授以巴布亚几内亚的桑巴哥玛凌人（Tsembaga Marings）的开科（Kaiko）礼仪为研究对象，系统分析了文化与环境的整合关系。在给定的空间内，人和猪的数量同步增长时，猪和人之间围绕耕地及其生物产物将产生尖锐的矛盾和竞争，为了解决上述矛盾就需要举办开科仪礼。为此要选拔司礼的要人，发动部落间的战争，以便调整系统内的矛盾、缓解对环境的压力、化解对资源的竞争。在当地，饲养猪是重要的生存手段，猪为当地居民提供了非常重要的生存资源，保证了他们食品中的蛋白质供应。可是随着养猪水平的提高，猪的饲养量也迅速增加，于是猪饲料的供应逐日紧张。在饲料用地扩张的同时，猪开始侵犯相邻部落的耕地，从而导致了部落间的冲突。原先均衡的生态系统变得不再均衡。还有人补充说养猪要靠女人，猪多了，女人的劳动就过于繁重，这又导致了女人劳力缺乏的压力。于是从控制论角度看，举办开科仪礼就变得必不可少。

按照系统自动调整功能的机制举办开科仪礼，不仅是为了准备战争，也是为了消费多余的猪。猪肉为战士们提供了所需的高蛋白食品，其结果是猪的数量减少。这种具有反作用属性的控制机制使生态系统重新归于均衡。也就是说，开科仪礼及其相关的制度环节，以消极反作用的方式对生态系统的维持产生良性影响，从而为整个系统的均衡做出贡献。如上所述，新功能论根据系统思维方式，分析了构成文化的政治、仪礼、社会组织等各个部分之间的相互连接，以及它们共同发挥平衡作用的现象。

桑巴哥玛凌人的开科仪礼所发挥的作用很多：抑制了战争而不威胁当地的人口；妥当地维持人口和土地的比例；促进贸易；为该地区所有人口分配猪肉是一种地区性福利，而且所提供的蛋白食品正当其时（Rapparport，1968：224）。此项研究还包含很多其他内容，如食物含热量（卡路里）的计算和蛋白质的消耗计算、个人生理性压力、个人接受能力、限制因素、人口的统计、生存活动中消耗的能量等一系列精确的量化资料。按研究规则需要从满足"科学性"的要求着眼。上述研究在理论上算不上精彩，但却是一项富有个性的叙述性研究。其后内亭（Netting，1968）对尼日利亚的 Kofyar 人所做的相关研究，以及斯卡库德（Scudder，1962）对澳洲汤加地区同类事例的研究所得出的结论与拉帕波特相似。

为了更方便地进行量化分析，拉帕波特选取了一个小规模地区社群作为研究对象，这一做法遭到了安德森（Anderson，1973：199）的批评。拉帕波特从短时段的小样本出发，引导出来的人类营养学资料，以及据此得出的营养缺乏结论也受到了众多营养学家或生理学家的批评。笔者认为，拉帕波特的研究确有上述不足，但不能就此否定拉帕波特的成就。他的工作虽然不能使自然科学家满意，但他在研究工作中表现出来的洞察能力却堪称一流。

从上述角度出发，我们可以看到依靠演绎式资料所构建的精神及实际操作验证方法和以依靠归纳式资料所建构的实证方法之间出现了矛盾。我们很难将人类现有的两种认识办法结合起来。这足以表明现有的方法论确实存在着弊端，两种方法论之间有一道深深的鸿沟。我们应当认识到，二元论仍然深深地干扰着我们的方法论。

安德森批评拉帕波特的量化资料，认为这些资料与理论不相衔接。尽管拉帕波特的资料在叙述方面很有价值，但要作为研究模式去处理有关人类历史过程的问题似乎并不妥当。弗里德曼（Friedman，1974）直截了当地批评拉帕波特有关环境均衡性的说明，认为这是循环性功能主义的代表。我们应当注意，拉帕波特的研究对象在其研究规划中已经做了明确的规定，其研究的目的旨在说明当地的生态系统和桑巴哥人生存适应系统之间的循环性因果关系。这仅是结构性的分析，因此，他没有必要比较桑巴哥人和高山地区的其他部落遵循的仪礼，也无须探讨各自礼仪的周期（Brown，1978）。

无论拉帕波特如何为自己辩护，上述批评无一不具有充分的依据。拉帕波特以比较局限的观点阐明了文化、生态系统和人类活动的动物行为学过程。他想通过生态过程调整的计划和目的去做出目的论式的说明。他的致命弊端在于，几乎没有提出被研究的动态系统的范畴。尽管他也提到位于桑巴哥人的下游的也有自己独立的生态系统，可是不应当忽略整个巴布亚新几内亚每个小规模地区互有区别，期间存在外部压力和内部分裂的猛烈膨胀与竞争关系。

近来，人类学家又发展了新理念，指出生态方面的研究不能仅仅满足于对功能主义的追随。拉帕波特的研究尽管有许多弊端，但他强调了量化的信息收集，他仅仅是在制定精确的理论时遭到了失败，使他的努力成果欠佳。此外，他为了建构精深的理论，强调了量化资料的收集，却没有对这样的资料进行合理的权衡。素布如（Zubrow，1975）对先史时代居民接收能力方面的考古学研究也同样表现出了类似的局限性。素布如慎重制定了自己的方法论，并引导出了一系列假设，可是在交换率的计算方面犯了错误（Dumond，1976），致使有关交换率的计算成了有争议的方法论。

与此相比，我们应当关注一下普利斯顿（Puleston，1971）对玛雅文明的生态学方法研究。此项研究以翔实的口述资料为依据，展示了文化变迁与适应重构的全过程。这些玛雅人早年靠滨水的农渔牧兼营为生，其后转入山林地带通过森林的培植改变环境，建构起了狩猎生计方式，其后又发育出了靠采集粮食为生的文化。在这项研究中，收集量化资料的目的并不仅是追求精确与规范，更是恰如其分地将营养学理论与研究假设相结合的成功范例。

生态人类学家致力于借用一般生态学的目的和方法。他们试图建构既适用于热力学法则又适用于生态系统食物链运行的能量学理论。他们要为生态系统内的能量和物质的循环建立模式，他们将生产、分配、利用等所有经济过程转化为有效的能量流去加以表述。人类是该生态系统的一个部分，仅起到连接物质循环过程的作用；文化则是该生态系统内的适应形式。图 1-1 表示的对象是安第斯高山地区，操盖丘亚语的嫩若阿（Nunoa）群体。

一般生态学采用的既定符号和图示，已经成了表现生态系统和能量学的共同语言。图 1-1 左端的圆圈表示能源；横向半椭圆形是相应于食物链中原始生产者的绿色食物；重叠的箭头表示工作种类；竖向半椭圆形上戴斗笠的部分是存储形态的名称。另外，六角形是相应于食物链中一次消费者（草食动物）和二次消费者（肉食动物）的自动管理单位系统。以单一回路在模型上出现的数字是量化能量的生产和利用的部分，哪怕是一部分，也会成为检测能量效率的材料。图1-1 比较了从嫩若阿印第安住户的生态经营中能观察到的农业能源的效率性和畜

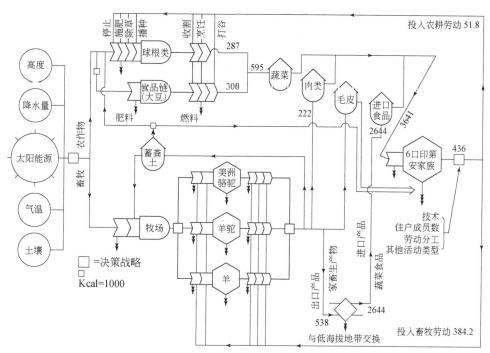

图 1-1　嫩若阿印第安住户的能源流动（Little and Morren，1976：66）

牧能源效率（Little and Morren，1976：67）。

农业能量

$$效率性 = \frac{生产的粮食}{农业劳动量} = \frac{595\ 000 \text{Kcal}}{51\ 800 \text{Kcal}} = 11.5$$

纯畜牧能量

$$效率性 = \frac{生产的粮食 + 进口量}{畜牧劳动量} = \frac{222\ 000 + 2\ 664\ 000 \text{Kcal}}{384\ 200 \text{Kcal}} = 7.5$$

总畜牧能量

$$效率性 = \frac{生产的粮食 + 出口量}{畜牧劳动量} = \frac{222\ 000 + 538\ 000 \text{Kcal}}{384\ 200 \text{Kcal}} = 2.0$$

　　农业能量的效率是 11.5，总畜牧能量的效率是 2.0。嫩若阿地区生产的美洲骆驼、羊驼、羊等畜牧的毛可以与低海拔地区去交换食品，主要是蔬菜。因此，嫩若阿的生态系统及其能量回路并不是封闭的。按照以往经验，畜牧的效率比农业低，如果按照比较优势论的观点彻底追求效益而淘汰畜牧业，那么蛋白质类的营养食品就无法得到供应，还会失去制作衣料的动物纤维，更没有畜牧粪便供燃料使用。这样一来，嫩若阿印第安人就无法以一种自动调剂的单位独立生存。高山地区的畜牧业效率低，因此畜牧业在当地的存在只能理解为当地人创造的适应战略。

鉴于此，我们应当重新审视效益的真实价值，揭示效益隐含的虚构性。进而，我们还可以这样说，从西欧发端并通过经济学方法占据优势地位的视角去观察其他民族而得出的结论，被判定为不合理的生产行业其实并不是不适应的生计方式。尽管效率性的衡量准绳确实是西欧社会创建，并以文化方法的经济学依靠为后盾，可这样的标准不能作衡量嫩若阿印第安人生存方式的绝对价值依据。非合理性和非效率性就是非适应性的等式不能绝对化。在这里我们会发现"合理性"① 和 "相对性"② 之间发生了矛盾。对于嫩若阿问题，笔者认为，以相对论为前提的合理性可能会完整地体现合理性的真正含义。

能量学方法创建的回路模式优点在于，可以将一种生态系统确定为形象的模型。可是事实上，为了构成上述模型，在收集资料和整理资料的过程中，也出现不少弊端。资料量化的基本精神不会构成问题，可是不能忽略的是，为了达到量化目的，收集资料的过程中肯定会出现可靠度和准确度的差异。

第五节　生态过程论和历史性

新功能主义的理论核心在于，强化对维持以往生态系统与构成整体的因素之间的纯功能分析。新功能主义的 "以推测蛋白质消费为核心的若干分析"，在追求系统变化分析的过程论面前遭到了彻底的失败。过程论者要求通过生态位分析和生态位替换去解释文化，要求将人或文化本身纳入时间概念中去加以研究。始终强调环境因素的大部分生态人类学家有理由反对过分紧张的自然科学性，而重视文化变化的时间过程和个人意志。另外还需要提醒一句，过于偏向自然科学性会导致生态人类学家为了追求科学性而假扮科学态度，可是生态人类学的本质却在于将人类和文化过程视为研究的目标。

上述观点不仅向将环境和人类的关系还原为循环模型的功能主义提出了警戒，而且触及了文化生态学家的内心问题，这些学者强调对技术、社会组织以及生存活动的研究，提倡关注、引导和再次评估人类自身。可是在上述观点面前，他们的传统工作失去了容身之地。最后，有一点希望铭记，向文化中心引入生态

---

① 此处指西欧人制定的合理标准。——译者注
② 此处指文化人类学所倡导的文化相对主义。——译者注

学所涉及的前提正在于，必须尊重文化自身的属性。只要接受了这一前提，我们就不应当忽略形成文化的时间特性，即历史问题。我们可以认为，过程论者的基本观点是生态学方面也应当观注文化形成的历史过程，也就是应该在历史关系中理解人类和环境之间的关系。

巴斯（Barth，1956）对巴基斯坦北部斯巴特地区的研究证明了上述观点。定居的农耕民巴坦族和农牧兼营的（原先叫 Pukthun，巴坦是英语和北印度语之间出现的错误单词）科希斯坦人（Kohistanis）以及典型的游牧民族古加斯族（Gujars）这三个部落生活在相同的地区，通过不同的生存战略而相互适应。巴坦族占据一年二熟制的耕地之后，用武力将科希斯坦人赶走，迫使他们迁徙到了高山地区。古加斯族只会游牧业，因而无法与其他两个部落竞争。于是农忙季节，古加斯族人成了巴坦族的农奴或佃农。这样一来，在斯巴特地区，生态位各不相同的三个部落，通过各自的适应战略都可以在当地生存下来。我们可以认为，这就是文化。从适应战略看到的文化是指，在复杂的种族关系中达成资源和土地共享的环境效果。

当然，种群的生态位并不局限于资源的开发。巴斯指出，斯巴特地区的三个部落通过族群间的竞争，调整了资源的占有，各方都获得了满意的分界。巴斯在整体环境中引入了起到族群作用的"生态位"这一概念，借以说明竞争者之间的资源占有关系（Barth，1956：1079）。巴斯假定应当根据空间位置去理解竞争者之间的关系，进而说明政治集团的形成，为了维持其集团，也应该考虑资源的因素（Canfiele，1972）。他还延伸上述方法去分析了阿富汗的部落分布。文化的生态适应对族群的分布是具有影响力的因素之一，可是在从事分析时也需要考虑区域外的因素，对族群分布关系的分析还需要评估相邻程度和孤立程度（Barth，1956：1058）。巴斯的研究并没有给生态结构留下重要的位置，他也没有说明在自己的研究中广泛使用文化因素的必要性。甚至，他的研究中也没有强调其高度重视的分界联系的重要性。

约翰·本内特对北美大平原地区的研究，应用了生态学的理论基础（Bennett，1969），研究了价值、物质限制条件以及占据优势地位的适应战略三者之间的相互影响。大平原以草原生态系统为主体，在这里曾居住着生态位各不相同的若干个族群。牧场主排他性地大面积占有土地，他们的生存方式在这个地区起到了关键作用。牧场主的经营活动似乎不允许在该地区生活的人们拥有闲暇时间。这是因为，为了生产的稳定，牧场主会将仓库和农场配置在附近，使人们始终处于生产现场，致使闲暇时间变得很少。

资本主义生产经营体系和生态系统对产出量的限制反映到牧场主的身上，是他们不得不付出高额代价去换取对区域的稳定性连片占有（Bennett，1969：185）。确立这一变量，会涉及文化规约下的人类需求和技术之间的关系，因而这一研究颇具价值。此外，本内特的研究还有意识地揭示了生态领域的多元并存，这也是一项重要的贡献（Netting，1974）。根据本内特的论证，土地生态系统对物质产出量的限制，与参与生产的族群固有的生产价值体系密切相关。对当地民俗志资料所做研究的结果表明，相关的生产价值体系与日常生活所需要的价值其间形成了竞争关系。

哈里斯对印度有关圣牛的研究，阐述了宗教体系的不合理因素（Harris，1966）。哈里斯认为对牛应当考虑它的多种用途，如提供畜力、牛肉、牛皮，此外牛的分泌物对生态系统也有贡献。可是由于哈里斯主张维护理想的平衡体系（Bannett，1976）和国家经济政策的反作用（Heston，1971），受到了学术界的批评。哈里斯的工作将研究产物单纯依赖理性说明引向实证的角度颇具原创性。哈里斯研究的优点在于，使人们在分析适应战略、适应机制，即分析政策时，足以提供有关潜价值的信息（Benntt，1976）。

立足于生态学方法的研究可以应用于农耕和生态文化方面的探讨（Bennett et al.，1975）也可以为新的区域性开发（Pelto，1972）或游牧民（Spooner，1973）的研究提供研究方向，甚至可以尝试生态学和结构主义的（Levi-Strauss，1973）有机结合，这些新展拓的领域备受瞩目。这样一来，引进的生态学的研究方法接收了历史观、价值观以及个人问题等，因而能够试图从文化角度叙述本质上不可逆的人类社会现象。但笔者认为，这种试图仍然处于试验阶段。

第六节　民俗生态学和新民俗志

康克林凭借自己接受过语言学训练的优势立足于民俗生态学，论述了文化生态学和新民俗志的关系（Conklin，1969）。依据内亭的转述，我们可以将精力聚焦于"知识"和"植物的潜在力和动物的特征等现象"做出新的理解。然后，我们就可以知道如何对知识和人类的理解划定范围和制定规范。内亭的操作模式区别了整体环境和实际环境两个概念的差异。直接与环境接触的人类活动领域是生产技术和知识。除了技术之外，还需要考虑自然界对生产活动容忍的变化，也就是理解植物的潜在力和动物特征等现象（Netting，1974：85）。由于生活在世界的人类要按照所属的族群，对于以自身为中心的环境，分别以独特的方法去确立认知系统。因此，通过其认知体系，可以探定特定族群所理解的环境。

评价采用民俗志的生态人类学时，他们编写生产性民俗志的战略是一项重大的成就，这一工作有助于人们理解信息提供者的认知世界（Frake，1962：54）。因此，探明被研究对象的文化陈述与其文化相吻合的规则之后，才可以把有特征的事例编写成民俗志。民俗志学家不能局限于单纯的西欧科学范畴，去对相关文化的生态系统因素做出分类。正确的做法只能以当地居民的传统分类为依据，阐述当地居民自己所理解的环境（Frake，1962：55）。在这种背景下，我们可以找到生态人类学和民俗科学的共同基础，即所谓的民俗生态学。

生态人类学家拉帕波特将环境分成运行式环境和认知式环境。这种分类表明使用生态学方法做研究应当特别关注认知式环境。认知式环境是关键的研究对象，我们可以将它理解为特定族群按其含义有序排列的整体，该整体由具有分类范畴的现象组成（Rapparport，1979：99）。我们可以从康克林（Conklin，1969）和弗雷克（Frake，1962）的研究中找到优秀的个案。弗雷克根据民俗志解释了菲律宾苏巴农人的地方性知识结果。弗雷克的研究表明了生态因素如何决定当地居住模式，这表明苏巴农人在生活适应方面的一般性特征，可以为文化的全方位比较研究提供有意义的内容。

当然，启用这种方法论的目的并不是要替代西方的生物科学所提供的生态系统分析方法。康克林的目的是根据民俗志资料去分析哈鲁嗦文化及其族群与所处自然环境之间的关系。因此，他详细研究了哈鲁嗦族对亚古（Yagaw）地区生态系统的理解和哈鲁嗦人的花卉农业方法。哈鲁嗦人将众多自然及人工因素视为影响花卉业发展的变量。按照他们的传统分类体系，可以区分450种以上的动物和1600种以上的植物。因此，民俗生态学作为民俗志生态学的方法论的发展结果，是一种包容面广又颇具整体性的民俗科学中的一个新领域。因此，民俗生态学可以理解成叙述语言学和系统论相结合的产物（Fowler，1977）。

如上所述，我们了解了民俗生态学的若干特征及其合适的派生分类法。这就意味着生态人类学和新民俗志在认识上具有其共同基础。我们期待着上述领域能取得更具体的分类开发。民俗生态学家力图在特定环境中将文化从行为中剥离出来，使文化成为更具自主性的部分，因而他们非常赏识生态人类学（Johnson，1974）。总之，民俗学家需要了解人类学方法，因为人类学方法竭尽全力关注正在生活着的人们的行为。此外，深入理解以认知系统为基础的环境概念，就可以为宏观环境（上述有效环境等）概念的具体化做出贡献。

第七节 结 论

笔者认为，生态人类学的出现和发展并非偶然。人类学传统一直包含着自然科学的内容（如体质人类学或者称为使用生物学方法的人类学），这是人类学家能与普通生态学保持密切关系的原因。人类学家认为，环境和人类的关系即文化属性。由于人类学十分关注研究对象也就是环境变量和人类变量的自然科学特性，使得人类学更有体系地接近生态学。随着人类学越来越关注实体之间的关系，并将这种关系确定为研究主题，有机体和以有机体为中心的环境之间关系因此成了研究的核心，这就推动了人类学逐渐关注生态学。据分析，生态人类学是研究人类有机体和环境之间关系的科学，这里所说的环境不仅主要包含有机体而且对人类具有重大影响。

采用生态学方法取得的研究成果，表现出有如下弊端：有时过于强调能量分析，片面强调保持静态平衡的观念。然而在事实上，即使为分析单位提供明确说明的过程中，也没有取得显著的成果。凭借接收上述认识的新动态，可以预测未来的发展将会从过去的错误中汲取经验教训（Vayda and McCay，1975）。

生态学的分支学科和追求的方向非常多。特别是适应这一概念的定义及其研究中隐含的进化论特征，使得它的功能形态也很多。对于从一般生态学到文化生态学的分离（Vayda and Rappaport，1968），以及两者之间在术语、概念、理论等方面（Richerson，1977）至今存在着各种争议。有鉴于此，本内特正依据西欧对自然的观念准备做出崭新的评价。开发本内特所追求的领域其目的在于满足人类的需求，同时可以作为推动人类发展的工具。

在实际工作中应当从行动的具体方面，着手研究人们对环境采用的适应机制。以此为基础的研究过程可以直接适用于重要的政策参考。如果以生态学方法所做的研究要做出神奇与崭新的发现，人类学应该直接面对过于注重文化与自然二元对立论的如下两种弊端，并为之探索妥当的对应方案。

第一，人类学应当摆脱过于注重文化与自然二元对立论的思维方式。这是因为，文化与自然的二元对立思维方式从根本上干扰了体系思维，从而使人类学失去了整合力，也失去了从整体把握人类与环境相互作用的手段。第二，长期以来人们总是在文化、种群、种族之间引入民族中心主义立场，并将这种引起争议的立场介入人类和环境之间，从而使比环境次要的观念和道德占据优势。每个族群应当将上述观念和道德仅仅视为在生态系统的循环过程中，直接或间接地连接整个系统的一个环节。本民族中心主义还将形成其他形态，也就是人类中心主义，从而将上述族群视为生态系统的中心或者顶点。如不排斥本民族中心主义，则会摧毁人类社会；如果不排斥人类中心主义，则会破坏生态系统的均衡和稳定。

笔者认为，只有彻底摆脱二元论和人类中心主义所形成的人与自然观，才可以使我们获得协调环境与人类的未来眼光。可是，人类课题作为一个重大课题，尽管发现了它的答案，但研究的核心仍然会限定在人类中，这是生活在当代的我们具有的局限性，也是时代的典型现象。

我们面临的这个领域至少要制定两个研究方向。第一，生态系统方法进一步加快研究特定地区的生态特点。所谓特定地区是指，按传统地理、气象分类法里圈定的区段（如冻土地带、热带雨林、针叶树林地带、沙漠等）。从事这类动态研究者应具有立足于当地生态系统的宏观分析能力。第二，通过生物文化方法展开研究，要利用人类的生理或生物化学相关信息，明确人类适应特殊环境因素的过程和结果，如人们根据习惯，逃避或喜欢特定食物。笔者认为，根据上述内容，有待于探明文化现象和生物现象之间失去的环节，这也需要比较细致的工作。另外，生态人类学始终在各种不同环境中提出了人类的生存问题，其研究的目的和成果必然为未来人类提供充满智慧的生存战略。

第二章　文明论和文明批判论的反生态学

第一节　绪论：提出问题

"进步"和"启蒙"两个概念源于西欧。如今，谁都不能否认这两个概念已经成了支撑世界的文明论，以及世人每时每刻生活的支柱。谁也不能否认，世人是从文明论的角度将还没进步的状态和应该启蒙的对象视为不文明，这就产生"野蛮"概念。15世纪以来，世界众多不同的生活模式及其文化都被分别划归到文明和野蛮两个对立的范畴中去，并将从野蛮状态"提升"到文明状态的过程称作进步和启蒙。显然，正是靠这样的划分建构了当代的世界秩序。从经济制度的角度去观察上述问题时，世人又创造了"发展"这个概念。我们不否认，发展这一概念从另一个角度又必然创建出中心与边缘两个从属理论。因此，诚实的文明论者和残忍的稳定主义者共同创建了世界秩序，而他们的创建只能借助于笛卡尔式的文明和野蛮二分法。按这种二分法思维模式的需要，世界就必须长期保存相对的野蛮状态，以便衬托出在新帝国主义秩序下的"现代人"形象。

文明论将世界分成"文明"和"野蛮"两大类，其依据就是从"二分"的功能角度去观察所有现象的认识论。构成文明论的主要内容很容易被分成技术经济和理念政治两大类。通过机械运行制作的衣物成为文明的象征。假如人生过程中"不存在"可以视为文明象征的因素，那就得赐予野蛮象征的恶名。文明论的内涵在于以建设王朝和国家的名义，建设各种神殿等，这一切就构成了文明的象征。为了所谓文明的象征，被牺牲的各种生活模式则被视为野蛮的象征。我们不能不指出，那些将人类的行为和思维归纳成理念，并进而创造出来的理论，特别是历史学和人类学的理论，正在忽略同一过程中具有破坏性的那一面。

在通常状况下，"没有历史的民族"（Wolf，1982）这个熟语被广泛地使用。"文明"的历史学家几乎不关注这些民族的历史，他只拥护基于典型文明论的世界观，从而制造出了完全忽略"贫穷"民族和被牺牲人们的所谓历史，这样的"文明史"是既"没有人性"又"没有文化"的野蛮史（此处野蛮一词的含义与上述野蛮不相同）。也就是说，我们不能无视在制造"文明"的过程中必然忽视或忘却必然遭到破坏的"野蛮"的思维,在此基础上制造出来的历史观不仅隐藏了上述事实也隐藏了真实的历史,这样的的历史观构成了文明论历史学的主要内容。文明论的另一种表现方式在于,虽然制造文明的过程在原则上是以破坏为前提,但文明本身却是"制造"过程和"破坏"过程的矛盾结合体,可是主张文明论的历史学却以人类的生存为幌子把自己的制造过程包装起来。

如果将上述分析的内容置于世界地图上,那么以西欧为中心的生活模式和思维方式就几乎打扮成了全人类的历史,我们将这种现象称为"西欧中心主义"。其结果只能是,文明论仅是地图上出现的一个坐标,把这个坐标的原点归结为"西欧中心主义"也不会感到言过其实。总之,对这个矛盾结合体发挥动力,起作用的是真实历史,正在期盼出现至少可以赤裸裸地揭露其矛盾性的历史学。

历史学由于有本民族中心主义文明论的支持而得到了发展。人类学文化理论指出了历史学的弊端后,却将满足人类需求或者将"万物主宰"理念确定为基本前提,从而建构了自己的问题意识。正如西欧人靠破坏其他民族及其生活去制造的文明一样,人类的文化也在追求人类生存和文明的名义下,以破坏生态系统为前提去制造发展模式。人类中心主义思维方式成了破坏热带雨林、掠杀野生动物,以及污染土壤、水和空气等人类行为的根源。我们可以认为,人类中心主义是西欧中心主义延伸的产物,它根源于文明论,凭借对制造与破坏矛盾集合体的扩张而转用到生态系统中。这样的矛盾集合体一方面威胁着整个生态圈的安全,另一方面却在强烈要求"我们时代的生态危机要成为我们社会和人类学理论的一面镜子"(Bennett, 1976: 15)。

历史学的文明论和人类学的文化理论是否已经发展到了这样一个阶段,它们开始有意放弃上述不光彩的藏匿。它们始终在追求"创建"的含义,而如今却要发现曾经被忽视的破坏含义,并认识到发掘工作可以拯救我们的时代危机,这一进步颇具意义。

为了发现被破坏的含义,有的学者推出了"文明批判论",如施本格勒的《西欧的毁灭》奥威尔的《动物农场》和《1984年》等。文明批判论的核心在于,以实证和会话的方式揭露技术文明造成的人性丧失,以及人类因为担心被机械和组织所驱逐而产生的忧虑。文明批判论者希望通过对文明论的严厉谴责,去揭露技术经济和理念政治的残忍以便使人类惊醒。这样的观点在逻辑上是否妥当?是否具有说服力呢?鉴于文明至上主义已经失去方向感和速度感,文明批判论者发出的警告,难道能通过正确程序的检验吗?我们不应否认他们担心的现象已经开始露头,可是他们认定引起非人性的元凶是技术文明和理念文明,这样的观点靠得住吗？笔者尽管完全同意文明批判论者的担心，可是对他们指斥的元凶，持有异议。批判论者批评的文明确实可以成为直接的批评目标吗？文明由技术、理念以及两者共同形成的组织构成，在其构成的过程中，到底是哪些因素排斥人类的思维和意志呢？

从本质上讲，技术具有中立禀赋（Blackstone，1974：41）。技术并不是一开始就有好技术与坏技术的分别。技术本身不包含善与恶，因而将技术纳入"好与坏"的价值判断时，只能认为期间介入了人类的意志，才使得技术带上了善与恶的面具，只有剥去这些面具，才可以避免曲解技术的本质。

从功能角度来讲，我们可以继续讨论好斧子和坏斧子的存在。可是，从价值角度讲，斧子只能保持中立。只有依据人们在何种状况下如何使用斧子，才可能介入斧子的使用质量，也才可能就使用质量做出好与坏的价值判断。也就是说，虽然客观存在着通常概念的技术，可是在介入了价值判断的部分时，并不涉及技术本身，而取决于使用技术的人类。

理念同样可以按相同的方式进行讨论。理念也是价值中立的概念，仅仅由于对理念的包装不同，才会出现好理念与坏理念之别。好理念与坏理念的分类在本质上具有相对性，不存在某种理念绝对好，某种理念绝对坏，绝对性的理念无从体现。当然，从上述相对观派生的理念善恶问题，不同于理念的本质问题。根据相对观做出的善恶区分与从功能角度所做的讨论相同。例如，"碗"是一个理念，根据状况，在这个碗里可以按不同的方法装上各不相同的理念。不管人类的意志想构成何种形态，理念都必然存在。同样的道理，尽管宗教里要涉及各种"神"的理念，如果无法与人类的意志连接，这些理念必然失去其意义和权力。从功能角度来讲，包含有社会主义内容的理念可以被视为好理念，也可以被视为坏理念。理念在本质上，无法成为善与恶的判断对象。

和有关技术和理念的讨论相同，组织在本质上同样也具备了相同的内容。也就是说，文明在本质上，无法成为区分善与恶的对象，只有介入人类的意志，才可以做出善与恶的分类。

尽管文明批判论者认为由技术、理念及组织构成的文明是导致世间众多是非的元凶。通过论证，可以确定文明本身不能成为善恶区分的对象，而导致非人性的责任正在于人类的意志。那么，文明为什么成了批评的对象？笔者认为，文明批判论出于回避责任战略的需要，有意安排替罪羊，其观点是另一种人类意识的产物。由于不理解创造与破坏并存的矛盾集合体，引发了理论的错误，进而导致了历史观的错误，这些都源自于人类意志。认识到这一点后，就可以将这些错误与偷吃"禁果"、从"伊甸园"被驱逐的神话联系起来，它们都属于"集体无意识"造成的结果。由于担心发生第二次被驱逐的事态重演，人类为自己意志的错误安排了代替受罚的替罪羊，这就是文明。为了防止发生第二次被驱逐，文明批判论将文明作为祭品加以批评。

文明批判论是讴歌文明、依靠文明的人类对于文明犯下的一种背叛行为。支撑文明批判论的理论逻辑结构的基础是单纯的背叛行为和替罪羊的确定手段，因而明显具有蒙住问题本质的趋势。笔者认为，只有澄清文明论矛盾结构的实质，揭露人类意志在文明论中所起的核心作用，我们才能判断这个时代的危机，并进行展望未来的讨论。

第二节　文明过程和生态危机

为了确实证明上述问题，笔者要简单介绍一下历史上实际发生过的几个重要事件。如下事例并非罕见，它们是从不同类型的事件中选出的典型。

一、北美东南部的流浪鸽群

目前美国东南部海岸地区布满了浓郁的温带丛林，堪称"橡树地带"的典型。16 世纪、17 世纪之交，由于欧洲移民的涌入，这一地区的环境逐步地发生了改变。早期的欧洲移民留下的童话或童谣里经常提到当地的流浪鸽群。笔者将以这些流浪鸽群栖息地的生态系统问题作为一个事例来介绍。现代化技术发展以来，由于人类对环境的破坏引发了生态问题，引用这个事例的目的是向世人敲响警钟。笔者为了介绍这个事例，主要引用托马斯·纽曼（Neumann，1979）《文化、能量以及生存》一书中的主要内容。

据考古学资料证明，从公元 500 年至公元 1600 年，此地土著人（印第安人）一直过着安稳、其乐融融的日子。土著人在耕种少许田地的同时，偶尔也会打猎。正如人类学家所述，他们采用了打猎采摘和原始农耕相结合的复合型生产模式。他们可以从繁茂的温带阔叶树林获取所需的粮食和其他资源。构成温带阔叶林的主要树种是多种栎树和枫树。当然，至今仍可以清晰地观察到这种景观。土著人从树上采摘橡子当做粮食使用，并从枫树树干割取糖浆佐食（在美国人食用薄烤饼时涂抹的糖浆中，从枫树采集的糖浆口感最佳）。他们捕获栖息在树林中的松鼠，把它们当做主要的蛋白质供应源。据文献记载，由于猛兽也把松鼠当成捕获目标，初期的欧洲移民害怕猛兽的袭击，因而极少捕猎松鼠。对古坟和居住遗址的考古发掘资料证明，其中古代地层中残留的松鼠的骨头极多，而且留下人类齿痕，足以论证当地的土著人喜欢食用松鼠。

流浪鸽群也栖息在阔叶林中，并靠橡子为生。考古资料显示，人、松鼠、鸽子以这里的阔叶林植被为中心形成了一种食物链。欧洲移民进入之前，这里的生态系统显示出各构成因素之间的良好平衡。当时的童谣极好地描绘了流浪鸽群的大量存在。即使在晴亮的白昼，只要鸽子成帮结队地在天空飞翔，天空就会像夜幕一样，一片漆黑。只有生态系统良性平衡时，才可能出现如此壮丽的景观。这是因为，人们主要捕获松鼠，并没有大量捕食鸽子。而且，松鼠有一种习性，要把食物加工成方便食用的状态加以储存。每到橡子收获的季节，松鼠会收集尽可能多的橡子，剥开硬壳后，储藏起来。与此相反，鸽子很难用嘴剥开又厚又硬的橡子壳。

另外，由于人们主要捕食松鼠，相对会留下很多松鼠储藏的橡子，这些橡子自然而然成了鸽子最好的食物。由于这里的鸽子有充足的食物，它们迅速繁殖，数量急剧增加。后来，随着土著人与白种人的接触日益频繁，这里的生态系统发生了很大的变化。考古研究结果证实了上述变化。

从17世纪前半期开始，欧洲移居带来了不同于土著人的生活模式。他们毁掉原始林后，把开发出来的土地全部建设成农田，并按照欧洲的方式进行耕种。欧洲移民登岸的同时，也带来了各种传染病，这就导致了土著人大量死亡。到18世纪末，这里的土著人口数只有接触白种人之前的20%～30%。在这里，土著人的消失速度比原始林的消失速度还要快。土著人人口数的急剧减少，即抑制松鼠的主要天敌也在减少。因此，松鼠的数量相对大幅度增加。

白种人为了得到土地，大面积砍伐森林，直接导致了原始林的缩小。采集枫树糖浆地具有企业规模（甚至出口到欧洲）之后，枫树活立木的数量也在减少。另外，随着松鼠数量的暂时增加，可供鸽子食用的橡子越来越少。当然，橡子数量的减少，根本原因是原始林的缩小。结果，鸽子的数量急剧减少。曾经是美国东南部一大奇观的流浪鸽群，终于面临了灭绝的厄运。最后一只流浪鸽子于1913年，在美国辛辛那提动物园死去。经过300余年的风风雨雨，人类的行为直接导致了流浪鸽子的灭绝，地球生物圈中又失去了一个物种。

从考古事件中，我们可以分析由阔叶林、松鼠、流浪鸽群以及人类组成的美国东南部生态系统。最值得我们注意的现象是，不管是变化之前的状态，还是介入了变化过程之后，生态系统的主要掠夺者都是人类。考古研究资料表明，根据出现在某地区的主要掠夺者的数量和种类，就可以推测生态系统受到影响的程度。从上述事例，我们应当注意到环境破坏和生态危机的根源并不一定来源于所谓的高度文明，而是源于人类的行为。当然，我们可以认为，特定人类的行为属于文明的范畴。与生态系统构成抵触的人类行为，只不过是在陌生的地方由新出现的人群带入，为了农耕大量伐木。综上所述，笔者认为，在将上述的原因归咎于文明之前，我们至少应该努力从人类本身发现问题，避免虚伪。

二、北极地区的雪车革命

在地球北纬65°以上地区生活的人类中，我们最熟悉的土著人是芬兰和苏联北部的拉普人，以及阿拉斯加、加拿大北部和格陵兰的因纽特人（统称为爱斯基摩人，爱斯基摩一词在加拿大的印第安语中，意为"吃生肉的人"）。拉普人按传统饲养驯鹿，而驯鹿成了他们的交通工具。因纽特人按照种族差异可分成五个支系，也可以按照生计方式和主要栖息地区，分为纽玛纳特人（Nunamiut，居住在内陆地区的因纽特人）和他日纽特人（Taremiut，居住在海岸的因纽特人）两大类（Spencer，1959）。他们的主要交通工具是狗拉雪橇。因此可以认为，拉普人的驯鹿雪橇和因纽特人的狗拉雪橇是北极地区的传统交通工具。

随后，此地发生变化，出现了雪车。这种雪车通常被称作雪地摩托（ski-doo），从20世纪60年代初期开始，在上述两个地区广泛应用。雪车性能极佳，通常被称为"文明的利器"。以下，笔者要通过观察引进这种"文明的利器"后，北极地区土著人在生活和生态系统方面发生的变化，揭示文明和人类的关系（Pertti and Ludger，1972）。

从生态学的角度观察北极地区时，可以发现多样性指数非常低。如果这里居住的人类只定居在小规模地区，对生计相对不利。因此，他们只能在很大范围内不断地流动到较远的地方谋生。在这个地区，自由流动非常重要。于是，居住在这里的人们极其重视交通工具。我们可以从因纽特人对狗的态度，注意到交通工具对于他们的生活是多么重要。因纽特人有一种信仰，认为动物的灵魂比人类的灵魂还要高贵，并统治着人类社会。然而，因纽特人唯独不把狗放在其动物的范畴之内，并为狗划定了独立的范畴。由此可知，因纽特人对狗的态度与我们对于汽车的态度相同，他们把狗当做一种交通工具。

为了确保一直有这种交通工具使用，喂养狗，促使其繁殖，竭尽全力训练狗便是因纽特人最重要的工作内容之一。拉普人畜养驯鹿也与此相同。做好这样的工作需要耗费大量的时间和智慧。能够轻松地做好此项工作的人在他们社会中享有崇高的政治地位。此项工作并不是任何人都可以完成的，因而做好这样的工作成为所有年轻人梦寐以求的事。

处于如上状况的北极地区土著人开始引进雪车。这种机器不需要喂饱食物也可以随时使用，也不需要想方设法促使其繁殖，加上体积也小，使用方便，因而对土著人很有吸引力。美国因纽特人习惯于"在寒冷的雪地，让狗睡在野外"，这一做法始终受到动物爱好者团体的谴责。他们认为，用雪车代替狗拉雪橇，具有多重优点。

1968～1969 年，在芬兰，一台雪车的价格约 3800 芬兰马克（约 1000 美元），再加上一年的运营费用，拥有一台雪车，每年大约需要支付 5400 芬兰马克。根据土著人的传统使用驯鹿雪橇时，每台雪橇要用驯鹿 29～35 头。可是，要终年维持一台雪橇所用的畜力，就得畜养 260～300 头驯鹿备用。引进雪车后，拉普人为了购买雪车，开始不得不出售他们的驯鹿。有了雪车，拉普人不仅节省了驯养驯鹿消耗的大量时间，还节约了用地面积，因为雪车保管场比驯鹿畜养场小得多。除此之外，雪车的行驶速度比驯鹿雪橇快得多，于是雪车越来越多，驯鹿越来越少。在因纽特人中也发生了与拉普人相同的情况。

拉普人和因纽特人购买雪车的同时，还要购买可以运行雪车的燃料。紧接着，北极地区开通了有组织的汽油运输通道。北极地区的生态系统由此发生了变化。苔藓类植物是北极地区的主要植物类型之一。这些苔藓类植物比其他高等植物更脆弱，因而化石燃料产生的污染物能将大面苔藓类植物置于死地。苔藓类植物没有分解化石燃料污染物质的生理结构，污染物会积累在植物体内，并将这样的污染物质直接传送食物链中的下一个草食动物，结果给整个北极地区的生态系统造成了连锁污染。北极地区的生态系统比其他地方更脆弱的原因就在于此。

问题并不仅仅停留在生物学方面的物质循环过程中，同时还会诱发多方面的社会问题。拉普人和因纽特人从来没有体验过资本主义的货币经济体系。应用雪车作交通工具后，他们需要用货币支付燃料费用。驯鹿畜养人和雪原猎人为了得到货币，不得不成为雇工，他们的整个生活模式必须彻底改变。在这一过程中，传统的价值和社会结构不得不被动地接受不均衡的变化。由于上述契机，畜养驯鹿的拉普人共同体、将狗拉雪橇作为交通工具的因纽特人共同体，连同他们的文化一并遭到了破坏。而且，他们脚下的土地也逐渐被雪车产生的化石燃料垃圾所覆盖。

观察上述现象和过程后，人们经常谈到文明的私欲使人类失去了原始性（列维·施特劳斯使用的含义）。笔者反对这种观点，造成上述结果的原因并不能归咎于文明。虽然雪车在上述状况下介入，并引起文明的私欲，但它只不过是原因和结果之间的机制。在其中间介入机制的恰恰是人类本身。我们不能否认，人类的行为（追求便利性的拉普人或因纽特人的行为和思维，或者为了赚钱将雪车出口到北极地区的企业运营商的行为和思维等）恰恰是造成上述不幸的原因。

环境的破坏造成了生态学方面的不均衡，由此发生的不幸不会只停留在生物及物理方面。拉普人再也不需要为驯鹿和畜养驯鹿的共同牧场费尽心机，而因纽特人也不需要为繁殖良种狗采用共同战略。拉普人和因纽特人在用雪车代替雪橇的过程中（或者被代替的过程中），将失去他们的共同生活。这些变化，在此之前，他们并没有预料到。在运营雪车的体系中，共同牧场的运营和共同打猎的战略等逐渐变得无用武之地。结果，随着雪车文明地引进，土著人失去了共同体及其相关的社会机制。拉普人和因纽特人体验到"种族灭绝"危机，这直接导致了"共同体的解体"。

文明批判论的核心在于，由于出现可以保障便利性的文明，在驯鹿和狗消失的同时，文明排放的垃圾使北极地区海洋及陆地植物的生态系统面临了严重的公害危机。无情践踏植物和动物的野蛮行为与文明提供便利必须支付的代价达成了交换。事实上，目前众多观点认为，文明在发挥其本身威力的同时，正在威胁着创造文明的人类。以下，笔者将指出上述逻辑中隐藏的本质。第一，文明本质上包含着野蛮性问题；第二，被文明批判遮挡的人类虚伪性问题。毋庸置疑，文明的野蛮性与文明批判的虚伪性最终将威胁生态系统。

有人可能会这样认为，由于"雪车革命"，即文明的私欲最终导致的共同体解体和种族灭绝危机源于雪车。由这一逻辑出发很容易延伸到文明批判论。可是，我们不能忽略造成雪车运行体系的人类问题。如果考虑人类问题，就不能忽视人类把文明当做替罪羊，为自身创造虚伪政治，免去受批评的责任。

三、社会主义革命和阿拉海

社会主义社会创建的目的在于，清除资本主义社会的矛盾和非道德性。我们则需要避免我们谈论的主题被某种特种意识形态所左右，或者被某种意识形态所曲解。我们可以认为，雪车革命问题确实来源于资本主义社会的商业运行及其与此相关的资本逻辑。苏联曾经为了完成社会主义革命和建设事业进行了改革。如今，苏联处于什么样的状况呢？这里将以埃利斯于1990年发表的论文《阿拉海：苏联的大海正在走向死亡》为基本资料来源，去探讨与此相关的问题。

苏联开发了产业化的农业生产过程模式，从而能在满足本国所需原材料的同时，成功地向国际市场出口廉价的原材料。在这一过程中，中亚的棉花生产基地发挥了重要作用。早年这一地区是克孜尔库姆沙漠和卡拉库姆沙漠的中心地带，气候干燥。在植物成长的季节，夏天的白昼气温高达 40℃。莫斯科中央政府认为，这里的气候条件非常适合种植棉花，并于 1918 年宣布将利用流入阿拉海的夏河和妫河提供灌溉，把这一地区建设成棉花生产基地。

夏河（总长 1370 英里）发源于天山山脉，经过哈萨克和克孜尔库姆沙漠，流入阿拉海。而妫河（总长 1578 英里）发源于帕米尔高原，经过乌兹别克斯坦和卡拉库姆沙漠，流入阿拉海。苏联中央政府按照计划兴建了宏伟的灌溉工程，令夏河为克孜尔库姆沙漠提供水源，妫河为卡拉库姆沙漠提供水源。灌溉水渠总长分别为 500 英里和 850 英里，水渠宽度超过高速公路。由于在两河流岸修建了灌溉设施，这里棉花产量超过了全苏联总产量的 90%，当地的棉花甚至被称为"白金"（Ellis，1990：76）。

20 世纪 60 年代之后，阿拉海及其邻近地区开始出现了严重的生态问题。苏联发射的人造卫星所拍摄的照片充分地揭示了这种灾变。比较 1973 年和 1989 年的照片，阿拉海的面积严重缩小。将 1989 年拍摄的照片与 20 世纪 60 年代的地图进行比较，期间阿拉海大约损失了整体面积的 40%。阿拉海所处的中亚地区，特别是卡拉卡尔帕克自治共和国，农田变成了荒漠盐碱地。这一地区乃至周边地区的空气中，含有毒性很强的氯化钠和硫酸钠粉尘，严重损害了人类的健康。结果，很多居民患上了喉癌。更让人吃惊的是，卡拉卡尔帕克和乌兹别克斯坦的婴儿死亡率在全苏联占据首位。由于农田中以上两种钠盐含量太高，土地上只能生长称作 solianka 的杂草，而农作物却无法生长（Ellis，1990：84）。竞相开放的 solianka 植物，浅红色丝状花，成了象征荒废农田的中亚新景观。笔者看来，中亚地区美丽的 solianka 花是吸收盐分之后，在阳光下盛开的罪恶之花。

由于阿拉海缩小，过去的穆伊纳克（Muynak）渔村成了内陆地带，而今距离海边已达 20 英里之遥，渔民们失去了赖以生存的资源。这也是大约 25 年期间发生的事情（Ellis，1990：81）。据有关资料显示，阿拉海的含盐量正在逐年增高。对于其命运，苏联科学家预测，21 世纪的阿拉海将成为另一个"死海"。据气象学家提供的资料显示，由于阿拉海的海平面逐渐降低，盐度升高，直接导致了中亚地区的气候更为干燥。

中亚生态环境的严重灾变，直接源于苏联的最高苏维埃政府于 1918 年的决定。若干个共和国组成苏联后，苏联政府推行了功能分工制。中亚地区承担起生产棉花的重任。为了供应水源，通过灌溉水渠，将夏河和妫河的河水引入建在沙漠中的棉花生产基地。随着本应流入阿拉海的淡水量减少，生态系统迅速蜕变，阿拉海踏上了死亡之旅。这种生态系统的不均衡现象，无情地驱逐了阿拉海岸边的居民，使他们失去了生存资源。再加上生产棉花的国营农场和集体农场采用的是"工业化农场"模式，需要大量使用杀虫剂和化肥，于是流入阿拉海的水源受到了严重污染。

之后，苏联意识到环境问题的严重性。1989年11月27日，当时苏联的最高苏维埃政府主席戈尔巴乔夫发表《有关完善国家生态系统的紧急措施》政府报告，将阿拉海确定为生态系统重灾区（列宁旗帜，1989.12.6）。1990年4月，濒临阿拉海的城市阿拉尔斯克（Aralsk）以"如何救助阿拉海？"为主题，召开了联合国教科文主办的国际会议。该会议发出"请帮助阿拉海"的呼吁，同时指出，苏联的阿拉海问题是充满矛盾的现实问题，而生态学家揭露这个问题源于指令性行政体系的弊端。另外，提倡改革的众多人士也嘲讽，"圣贤人士"将阿拉海的问题公布为"自然的错误"，并质问所谓的"圣贤人士"到底在想些什么？（列宁旗帜，1990.6.22）。

在美国或日本等资本主义国家也频繁发生与前苏联类似的生态环境问题。这就证明了生态系统问题是超乎意识形态的现代人问题。不管在资本主义社会，还是在社会主义社会，都是人类创造的文明，这些文明又束缚着人们。阿拉海问题确实源自建立大规模棉花种植园的生产战略。谁，为什么制定了这种生产战略？这就是最应该从文明和文明批判两个角度反思的问题。

有一段时间，前苏联政府为了欺骗居民，将阿拉海的问题归咎于天灾。而事实证明，这场生态系统灾难的被害人非常明白引发这场灾难的祸首是谁。可以将"人祸"伪装成天灾，这足以从另一个侧面证明人类和人类意志有多么可怕。

第三节　结论和提议

文明批判论者将我们时代面临的危机归咎于文明。为了揭露这一过程的残忍性和私欲性，按生态学方法分析了文明过程的矛盾结构，笔者简单论述了生态灾变的三个现场个案。三个个案的共同点在于，引起生态灾变的最终根源是人类，而提供根源行为的人类意志就是现代人正在面临的严重问题。

目前，由于"水质污染"而酿成的"生态危机"已经引起了韩国上下的一致关注。政府和相关机构认定导致水质污染的根源主要来自家用洗涤剂，因为家用洗涤剂造成的污染量占总水体污染量的60%以上。笔者不想细究数据是否精确，只是想追问一下，引起生态问题的主要根源到底是不是家用洗涤剂。

家用洗涤剂是人类技术创造的结果。显然，技术不存在任何意志。笔者认为，在这种情况下提出将引起水质污染的根源归咎于家用洗涤剂，别有用心，是把责任全部转嫁到洗涤剂的用户头上，这里明确介入了强烈的人类意志。如今，韩国社会绕开了文明利器的判断标准，强烈批评家用洗涤剂，这样做仅仅反映出善于转移问题的社会风貌。能用超越文明批判标准的尺度，提出人类存在的本质问题，表明韩国对生态危机的认识有了相当程度的提高。可是，把批判矛头指向消费者时，却存在另一种严重问题。因为具体分析消费者群体的特定属性后，不难发现家用洗涤剂的主要消费者是家庭主妇。

如上所述，水质污染是现代韩国社会最严重的社会问题，而引起水质污染的主要责任人是家庭主妇。难道生产商可以逃避罪责吗？分析其行为的原因，家用洗涤剂的问题源于生产商。可是政府的环境政策曲意开脱生产商的责任，为的是奉行资本主义逻辑，将家庭主妇当成了替罪羊。

鉴于生态问题直接与环境政策相关联，任何意识形态都要触及这个根本性问题，而任何环境政策都很容易证明自己的合理性。缺乏上述基本认识的政府官员屈从于资本主义，被资本迷惑，丧失澄清问题实质的洞察力。如果将观察的方向转移到生产商和政府官员，我们会必然触及介入矛盾中的结构性问题。笔者认为，提出结构性问题能彻底地揭露问题的关键。这样一来，上述问题只存在一个实践过程，但却脱离了追究责任的逻辑。另外，意志是否可以实践，这里指的是另一方面的人类意志，是否可以按我们的操作去实践①。

最后，笔者要指出在脱离结构性观点的情况下，是否可以暂时忽略对逻辑关系的追问，仅揭示结构性的问题。这样做对上述问题的讨论是不是可以为追求真理增添一点勇气呢？为此，笔者将观察问题的角度重新转移到非特定多数的消费者头上，去探讨与文明相关的人类问题。也就是掌握文明利器的人们，通过什么样的手段，巧妙地将上述恶性循环的关键环节连通？

笔者认为，在文明论和文化理论的驱使下，贪图便宜的意识，已经成了世人追求的终极价值之一。贪图便宜正是建构特定组织，为某种目的去开发技术的文明过程服务所利用的对象之一。保卫国家最便利的方法是组建军队，制造飞机的目的是便于飞跃险峻山区。同理，使用家用洗涤剂的家庭主妇不可能不喜欢这种易于使用的好东西。

---

① 按全博士此处的意思，即不贪图便宜，没有私欲的人类意志能不能在实践中加以验证。——译者注

　　文明过程不断地表现为制造与破坏的交替过程，它源于贪图便利的人类意志。我们不得不再次回顾文明和人类的结构关系。笔者认为，通常使用的文明一词仅指便利性。文明批判论者之所以可以大胆地指出文明的虚伪性，也源自缺乏对于文明本质的认识。对世人曾经珍惜过的文明实体做了实质的澄清，对追求文明的人类意志做了深刻的揭示，其结果表明它们全是追求便利的代名词。这就使得它们既不神圣，也不宏伟。这样一来，世人都感到了失望。因此，文明批判论者可以那么轻易地宣布放弃文明。

　　笔者曾用16座有篷货车搭乘美籍同事，单程驾驶大约400千米的距离。其实，在同行者中，笔者的驾龄最短，技术最差。可由于特殊原因，笔者不得不驾起了车（使用大学的车辆，驾驶员必须是本校的员工，而且按照劳资合同的规定，驾驶员在校工作的时间必须达到总工作时间的50%。同行的16人中，只有笔者符合上述规定）。因此，笔者无法推卸往返大约800千米路程的驾驶重任。在驾驶路程中，大约1/4是砂石路。由于驾驶技术差，坐在后排的同学严重晕车。在砂石路上晕车变得更严重。最后，终于穿过100千米以上的砂石路面，进入了柏油路面。这时，所有的乘客同声呼喊："原来这才叫文明!"颠簸造成的痛苦一下子消失得无影无踪，觉得极其便利与舒适。笔者认为，这就是文明的实质含义。

　　我们需要进一步讨论便利的概念。信奉文明的魅力，被文明的魔力所迷惑，而盲目崇拜文明的人们，当然不会认同这样的观点，即文明只是追求便利的人类意志的代名词。然而，文明只不过是如此。否则，文明就不会在充满矛盾的结构中无休止地幻想，并自己束缚自己。笔者认为，文明批判论者非常正确地观察到了文明的上述特性，并揭露了文明的虚伪性。

　　不言而喻，追求便利的人类天性是我们时代生态危机的总根源。为了创造便利性，人们破坏了其他人的生存环境。作为创造便利性派生产品的垃圾，挤占了其他生物物种和其他人的生态位，表现为无法挽回的位置替换。文明的实质正在于，为了制造便利性而牺牲其他生物物种和其他人的生存环境。为了把文明的虚伪性遮掩得更合理，人们炮制了文明论和文化理论。如今，人类社会所面临的生态危机其本质在于，人们为了追求便利性，破坏了生态系统。换言之，崇尚人类中心主义的人们，以全部生态系统为交换条件，为自己追求便利。文明批判论的忏悔赎罪圣礼，只不过是"把最后一支箭射向毫不相干的靶子"罢了。其实，那最后一支箭，应该射向人类的天性。

　　综上所述，笔者认为，我们需要有研究便利性的问题意识，需要通过哲学方法去探讨受到人类天性摆布的那种便利性。笔者所讨论的便利性是已经介入某种特定文化影响的概念。笔者认为，应当从受人类天性摆布的便利性概念出发，分普及和特殊两个角度去探讨文明的本质，这可以使我们对文明的理解提升到一个更高的层次，还能获得一个从根本上理解目前生态危机实质的认识框架。

第三章 平均信息量、不等价交换、环境主义
——文化和环境的共同进化论

第一节 现代人的悲剧

心理学家和精神分析学家坚信，杀父娶母的心理情节存在于人类的本性之中。他们立论的核心依据是俄狄浦斯神话那令人震撼的结尾，特别是结尾中对人性丑恶面的掩饰。由于这个神话大胆地揭露了任何人都难以启齿的人性丑恶面，为人类捍卫了人性的善恶协调，使该隐藏的部分永远隐藏，只揭露可以揭露的部分，这就导致了二分法将人性永远剖分为明和暗两部分。将人生理解成一个明与暗结构的整体，十分合适，这并不是根据二分法区分明与暗的过程，因为人生是明与暗的整合，即明与暗交叉出现的过程。只有在这时，人生的动力才可能出现。因此，神话能深深地扎根在人类的生活中，而人生又得由意志、经验及实践去表现。笔者关注人生的整体观，并据此解读俄狄浦斯神话。神话揭示的人生哲理对那些想要理解人生过程的人们，能提供不少帮助。

在俄狄浦斯杀父娶母的人生过程中，他曾经有过想杀掉父亲的念头吗？他有过要迎娶母亲的念头吗？从日常行为的角度来讲，当事人对意图与后果是否一致无从预测。可是，从杀人和结婚的角度来讲，当事人的意图没有任何疑问。在"杀人"的行为中，当事人通过"杀人"的行为，试验了自身的意志，而且，在选择要杀的人时，也要受到意志的检验。俄狄浦斯杀掉了伤害过自己人民的公敌（一位国王），并迎娶了美丽的王妃。他的行为并不是索福克勒斯要创作的悲剧，而是英雄剧。在分析杀父娶母的行为时，与其说是悲剧，不如说这一行为是万民共怒的乱伦惨剧。

由于在日常的伦理观念中，悲剧中"潜含"着悲剧，这个神话才更具悲剧性。"父亲不该杀，母亲更不应该成为结婚的对象"是通常的伦理规范，这一规范的崩溃才使得俄狄浦斯成为悲剧的主人公。根据上述日常规范分析俄狄浦斯的行为，就可以得出"俄狄浦斯不想杀掉父亲"和"俄狄浦斯不想与母亲结婚"两个命题。把日常规范和神话的内容联系起来，再次分析俄狄浦斯的行为时，则

为"俄狄浦斯不想杀掉父亲，可还是杀了"和"俄狄浦斯不想与母亲结婚，可还是结了"。这就是索福克勒斯要达到的英雄剧和惨剧的悲剧化手法，同时隔不久也是增强俄狄浦斯神话悲剧效果的核心。

这个神话表现了出人意料的后果对当事人的冲击。虽然事先没有明确计划，但成了一种事实。笔者将此现象称为俄狄浦斯综合征。追究上述现象的根源，我们会感到人生过程就是这样一种神话。换言之，根据对俄狄浦斯神话的过程分析，我们可以认识到越是探究人生过程的本质，俄狄浦斯综合征的适用范围可能也就越广。

我们可以提出如下一些设问，"原本不想杀掉父亲的人，为什么杀死了父亲？""不想与母亲结婚的人，为什么与母亲结了婚？"等。如果设问成立的话，不管在东方，还是在西方，俄狄浦斯将成为史无前例的骗子，索福克勒斯的悲剧也就不能成其为悲剧，而是蜕变成让人哭笑不得的喜剧。为了使索福克勒斯的悲剧成为一场悲剧，这个悲剧的主人公就不允许成为前所未有的骗子。

从心理学的角度看，如果俄狄浦斯综合征适用于索福克勒斯的悲剧，那么从生态系统的角度看，这种综合征一旦适用就会成为现代人的悲剧。如果说俄狄浦斯的神话表现了索福克勒斯的悲剧，那么保持环境的神话则体现了现代人的悲剧。不想破坏自然，但已经破坏了自然。不想污染环境，但已经污染了环境。作为时代主人公的现代人，为了创造更好的生活，通过进步和发展做出了努力。可是，上述努力在随时随地酿造着足以灭绝人类的后果。俄狄浦斯综合征在生态系统的秩序内得到了体现。我们可以认为，这就是现代人的悲剧。

第二节　低平均信息量的保守主义

热力学第二定律涉及①有关平均信息量的内容。只要涉及物质和能量的运行，就必然会增加平均信息量，结果物质世界最终将面临平均信息量无限膨胀的局面，以至于陷入停止运行的混沌状态。换言之，平均信息量的无限膨胀将意味着该系统的死亡。根据热力学第二定律预测，不知在什么时候，人类必然面临平均信息量无限膨胀的局面。生态系统的所有构成因素也将接受这一定律的规约。"不知是什么时候"所指的是时间概念，也许是极其短暂的瞬间，也许是在能量流动的过程中长到要以光年为单位进行计算。衡量上述时间的长度，只能是相对

---

① 原文此处为"是"，这是比喻性的说法。——译者注

的。因此，以某一构成因素为核心去考察时间的长短，将毫无意义。以人为核心计算其时间的长短，"不知是什么时候"的时间概念只对人类有意义。因此，仅仅坚持"不知是什么时候"的时间概念，就很容易被末世论所迷惑。笔者认为，以神为中心的基督教体系去预测末世论兑现的时间，就是巧妙地偷换了以人类为中心计算的时间概念。

因此，对于平均信息量来说，只有将绝对的时间概念转变成有速度的相对时间概念之后，才能得到认可。平均信息量的增加速度"快"或者"慢"是一种相对的速度概念，也是人类开发生态系统的变化模式。平均信息量的增加是整个系统不能容忍的垃圾。增加平均信息量，系统就很难维持它的稳定。

人类在地球上出现以来，大约经历了300万年的历程，在大部分的时间是维持着低平均信息量的社会。大约在1万年之前，农业起源后，人们通过对自然现象的仔细观察，不断地纠正错误，开发了有机农业等生计方式，模仿生态系统的运行规则行事，从而成功地适应了自然。通过征服自然的文化（Godelier，1988）战略，在生态系统中，人类取得了与其他物种不同的地位。打碎大块石头之后，磨出锋利的部分，在增强打猎效率的同时，又提高了营养的摄取水平。

人们凭借对自然循环规律的深入认识，完成了农业革命。从此，通过粮食生产保障了稳定的营养供应。笔者认为，这也是征服自然过程的文化遗产。由于农业必须要以饲养家畜为前提，并发明了减少农业垃圾的办法，农业革命并没有依赖于单纯的植物种植。在捕获野生动物进行饲养的过程中，也会产生垃圾。原先栖身于自然界的动物，与人类共处后，在人类社会建构的封闭式生存体系中也会产生垃圾。人们同样发明了对此类垃圾的处理方法。人和动物一样，当然也会发生垃圾。对于各个小系统内产生的垃圾，人们将人、农业和家畜三方混合成一体，发明了使所有垃圾变成资源的方法①。

人们种植谷物获得粮食，而将人们无法食用的植物分配给家畜，而家畜无法食用的部分则转用为人们需要的燃料。人体排放的粪尿转换成家畜的食物，猪吃下人类的粪尿后，又得排放粪尿，猪的粪尿在经过一段时间的发酵之后，变成了植物的肥料。猪吃掉人们不能直接食用的植物部分和人类粪尿之后，为人类提供蛋白质等人类需要的优质营养品。牧民在无法开辟良田的干燥地区生存，为了适应该地区的生存环境，开发出来家畜，让家畜代替人类食用人类不能食用的草，

---

① 农业革命的创新之处正在于：在上述三方之间加入一个循环链，使单独发生的垃圾全部转换成可以再次利用的宝贵资源。——译者注

建构了从家畜身上获得食物的生计方式。

就生态学的适应含义而言，上述循环链标志了文化运行的良好状态。从理论上讲，这种良好的运行状态，没有增加任何平均信息量。在低平均信息量的社会，不会产生不能重新应用的垃圾。人类的粪便是猪的食物，猪的粪便是植物的肥料，植物的"粪便"是人类的食物（全京秀，1992）。我们应该注意到，三方各自独立存在时，垃圾会堆积起来，可是三方生活在一起时，就不会产生垃圾。人类经过不断的努力去纠正错误，始终维持低平均信息量社会的运行秩序。适应生态系统循环过程的低平均信息量社会具有保守特征，这在信仰的领域内表现得更为明显。

只要家里有食物，因纽特猎人就不会出去打猎。他们忌讳剩下的食物在某一个角落腐烂。因纽特猎人认为，剩下的食物一旦散发恶臭，动物就会闻到气味，远远地逃掉，他们就再也打不到猎物了。因纽特人出去打猎之前，他们总会事先选好要猎取的动物，在仪礼室内闭门不出，念经祈祷，召唤准备要猎取的动物，直到这个动物化为影子，浮现在眼前时，才出去打猎。在前往狩猎的路途中，即使碰见了其他动物，也决不猎取。比如，预定打猎的目标是海狗，他们就只寻找海狗。猎获海狗之后，他们会走近海狗的身边，念起"海狗，谢谢你。托你的福，我们又可以活下去了"等咒语。他们认为由于"海狗的出现和被捕获"，自己又可以继续活下去了。因而他们要一边安慰海狗的灵魂，一边向海狗表示谢意。

处理好海狗的尸体之后，猎人及其家属绝不会随处扔掉海狗的骨头，而是将海狗的骨头供奉在房子前面的圣柱上。当然，这种行为具有仪礼性，可是它也在展示猎人的威力。猎人认为，如果有哪一点激怒海狗的灵魂，这一地区就再也不会出现海狗了。如果某年食物严重缺乏，人们会认为某个人违反了禁忌而招来的报应。严重缺乏食物的季节当然是冬季。如果食物严重缺乏，整个因纽特人将面临生存的危机，群体内的老人会自愿地离开家，义无反顾地走向寒冷而一望无际的雪原，让自己被冻死，视死如归。这是因为，哪怕是只减少一个人，就能减轻食物缺乏的压力，其他人才可以继续活下去，整个因纽特人群体也会因此而得以传宗接代。老人将成为饥饿动物的猎食对象。经过上述信仰礼仪的过程，销声匿迹的动物又会重新出现（Spencer，1959，1991）。

西方人将因纽特人的上述习俗诬蔑为杀害老人。这种诬蔑不仅带有浅薄的偏见，而且忽视了上述习俗对生态系统的适应价值。西方社会基于其发达的利己主义，单从自己如果是老人的角度去思考问题，着重强调了自己的生存权，因而认为因纽特人的习俗是骇人听闻的间接谋杀行为。可是，对于因纽特人来说，这种现象的主要角度并不是老人，也不是某个人。甚至于雪原的主人也并不是因纽特人的群体，雪原的主人是动物。作为没有遵守禁忌规定而在雪原上存在的人类，当然应该付出代价，老人们理所当然地应当走向雪原。老人们发起这一仪礼行为的目的是安慰被激怒的动物的灵魂。

这种习惯有利支持了环境论者提出的"救生艇假设"的基础。例如，只能荷载6个人的救生艇，却搭乘了8个人，必然导致全船倾覆。如果这8个人为了拯救自己的生命各自挣扎，所有的人很快就会葬身水中。如果其中有两个人理解因纽特人习俗所隐含的道理，为了救出其他人的生命，自愿牺牲自己生命，义无反顾，跳入海中，那么剩下的6个人都获救了。因纽特人通过这一习俗实践了"救生艇假设"。当然，这也是典型的图腾信仰例证。因纽特人认为人类的灵魂受到动物灵魂的支配，在他们在图腾信仰中，我们丝毫也找不到人类中心主义。由此，我们可以认识到，排斥人类中心主义，才可以建构或维持低平均信息量社会。

易洛魁部落（美国纽约州一带的土著印第安人）非常敬重熊。如果碰到了熊，猎人首先要经过观察，确定这头熊是不是可以猎获的对象，如果是可以猎获的对象，猎人在杀死熊之前，会向熊平静地念起长长的祈祷词，表示杀死熊并不是因为轻蔑它，而是为了人类的生存。在祈祷词中还要祈求猎人组织的稳定。如果在这期间，熊消失了，猎人就会放弃狩猎行动。易洛魁猎人认为，所有物质和行为都非常神圣，并具有因果关系。他们还非常尊敬和理解与自己相关的环境。因此，他们能与环境结成和谐的关系，当地人也可以在人类与自然的协调中生活。和谐是他们赖以生存的基础（Roszak，1973：369）。

在易洛魁部落社会中，熊并不是"要杀掉"的对象。由于熊可以为人类提供食物，所以他们凡见到熊，都要为熊做祈祷，就像用餐前，基督教徒在桌前背诵祷告词一样，对于易洛魁人来说，为熊祈祷是非常非常重要的事情。他们对熊的生理和生活状况有精深的认知。他们绝对不会猎杀受孕的雌熊和小熊。一旦认出出现的是怀孕的雌熊和小熊，易洛魁猎人就要主动避开它们。所谓的文明人一旦遇到熊接近自己，就会感到自身危险，要使用一触即发的打猎工具自卫，这样的心态和行为来源于人类中心主义。

古罗马时代斯多葛学派哲学家塞内卡①认为，大地的气息为所有成长物和天体提供营养。也就是说，如果大地不提供生命的气息，又怎么能使土壤中的无数

---

① A. D. 4 ~ B. C. 65，原文行文为 B. C. 4 ~ A. D. 65，将 A. D. 与 B. C. 颠倒，今订正。——译者注

种植物生根发芽呢？所有天体的组成物也要从大地吸收它们需要的营养。上述一切运行过程，只能凭借大地的气息去维持。大地上的水系与人类的血液系统非常相似。大地上流淌的各种液体相似于人体的唾液、汗珠以及各种形态的分泌物。由此，我们可以认识到大地的形态与我们的身体结构相似，各自都形成了组织。这种大地宇宙观将大地比喻为哺乳的母亲，从而对大地表示了极深的崇敬和感激，这种理念是古罗马时代最有影响力的哲学思想之一（Merchant，1980：20-24）。

　　大地宇宙观并不仅仅在古罗马时代存在。绝大部分传统社会都具有象征富饶的地母神信仰。据有关考古资料证实，在欧洲地区旧石器时代的地层中大量发现了"维纳斯像"（称作"维纳斯像"是现代人借助希腊神话赋予的泛称，这些雕刻品的造型特点是，头和脚小，胸部、腹部及臀部则夸张其女性的性特征形态），这些"维纳斯像"表明远古的人类普遍尊崇地母神信仰。据此可知，早在农业社会之前，已经萌生了地母神信仰的根基。通常认为，地母神信仰是农业社会才会有的产物，地母神信仰来源于农业生产对土地的崇敬与感激，正是这种崇敬与感激的宗教观塑造了地母神信仰。可是上述考古资料表明，这样的理解在地母神产生时代前的判断中有严重的错位。农业时代的地母神信仰，不过是对旧石器时代已有信仰的唯物论还原罢了。也就是说，认定地母神信仰产生于农业时代的观点，是一种简单化的拼合论，持这种观点的人注意到人们对于土地高度崇敬，他们是将农业生产形态嫁接到人们对土地的崇敬上推导出来的结果。

　　在农业起源之前，旧石器时代的人类也有地母神信仰。有关这个问题，我们应当进一步做深入地探讨，特别是要剖析地母神信仰得以产生的生存体系。地母神一词并不单纯地把土地视为神祇。笔者认为，地母神是与生计相关的所有自然现象的超自然整合。这种认识可以将旧石器时代人类和传统社会的所有人，从单纯的唯物论框架中解脱出来。由于在地母神信仰中闻到了唯物论的气味，而将地母神信仰的全部内涵纳入唯物论的系统加以解释，这是一种理论上的教条。

　　人类要参与自然的运行，人类就得执行"用仪礼调整生态体系"的活动；人类作为生态系统的成员，为了建设低平均信息量社会，就得在各方面做出努力。例如，因纽特人努力敬重海狗及周边动物的灵魂，并制定了各种禁忌规则。易洛魁部落为了敬重熊，就得念起仪礼性的祷告词。总而言之，不管是旧石器时代人类的地母神崇拜，还是禁欲主义者塞内卡的大地宇宙观，都是捍卫低平均信息量社会的认识论。从这样的认识论中我们可以看到先人们做出的各种努力，这样的努力不是单纯的个人行为，而是植根于群体的规范行动，也是靠信仰支持的诚实行为。这样的行为和行动支撑着低平均信息量的稳定延续。

　　因纽特猎人抑制自己的欲望，忍饥挨饿，执行仪礼，直到眼前出现可以猎取的动物的幻影为止，才动身前往狩猎。从所谓文明人的观点看来，他们完全可以省略这种仪礼过程，也就是排除忍受痛苦的繁琐仪礼，直接选择令人舒适的捕猎方式。对于这一点，所谓的文明人很难理解。如果只从猎人的角度观察问题，打猎之前的禁欲过程，不仅繁琐，效率也低。所谓的文明人都认为，要猎取海狗的猎人也不猎杀遇到的熊，是一种愚蠢的行为。放弃猎获熊的机会，等待不知何时才能出现的海狗，这不仅愚蠢，而且打猎的过程也繁琐得毫无意义。从打猎效益的角度来讲，提起武器迅速射击近在眼前的熊，狩猎的效率会更高。假若稍微不慎，不但会失去投掷标枪的机会，还会遭到熊的袭击，打猎的危险很大。打猎前的祷告过程，也可能会导致失去生命的严重后果，执行这样的仪礼，对猎人太不安全了。

　　因纽特人不管多么繁琐也要严格遵循禁忌的规定，其保守性绝不是源自人类中心主义，而是来源于坚持低平均信息量控制论的原则。这种原则将生物圈、水文圈、岩石圈的全部生物囊括在其中，而猎人仅是整个系统中的细小环节。这正是因纽特人不随意杀死动物，不随意扔掉动物的骨头，不剩下食物，如同对待自己的身体一样关爱大地的原因。这些行为源自于人类通过生态适应的过程建构起来的文化。由此我们可以学习到很多东西，人们一旦懂得了需要谨慎对待自然的道理，就会很自然地谨慎对待自然，就会将这样的谨慎行为准则转换成为成套的仪礼和禁忌，并纳入自己的文化形态中。生态学的智慧正在于需要谨慎对待自然（Roszak，1973：370），低平均信息量社会的保守性来源于谨慎对待生态系统的人类智慧。

第三节　高平均信息量的进步主义

　　进步概念包含摆脱当前状态，向更"好"的状态发展。完整的进步概念在单线进化论中早已定型，其最简单的表述形式就是从"野蛮"转换到"文明"。欧洲人以启蒙思想和社会哲学为基础，提倡了人本主义。被生物学的进化论洗脑之后，他们创建了社会进化论。

　　在当时的欧洲社会思潮笼罩下，凡认真思考过道德问题的知识分子，都难以承受这种压力，以至于若不按照"适者生存"的概念麻痹自己的理智，就无法轻松地生活，甚至出于减轻思想压力的需要而不得不假装被麻痹。他们无法用清醒的理智去面对这样的混沌世界。从15世纪末以来，欧洲列强在世界的各个角落进行了有组织的物质掠夺、对非西欧各民族疯狂地展开精神蹂躏，甚至对一些弱小民族实施种族灭绝，这些罪恶行径持续的时间大约长达 500 年。能从客观角度观察上述过程的人们，深深感到单凭人本主义的世界观无法承受上述惨状。因此，他们只能借助"适者生存"概念去蒙蔽世人，适者生存概念在这种情况下被改造成新的意识形态工具，以便使他们的行为合理化。

"野蛮人被淘汰是天意，要想在这种秩序中不被淘汰，就只能不断进步。而且，通过进步要达到的目标，就是高级文明状态。"也就说，进步将野蛮与文明纳入了同一个时态，并截然不同地将两者区别开来。想在适者生存的社会环境中继续生存，就需要接受进步概念的武装。按照二分法逻辑，进步概念将人类的文化分成了野蛮与文明。此外，进步还在野蛮与文明之间的夹缝中，找到了自己的位置。由此创建了野蛮可以经过进步达到文明的逻辑。

笔者认为，上述逻辑中已经强烈地介入了霸权概念，因而要理解其本质必须正视这一事实。必须注意到在野蛮一词的上面，笼罩着文明垄断的霸权，目的是将"野蛮"纳入自己的支配之下。进步的概念在"适者生存"的意识形态中吸收营养，成功地将以人类为中心的人本主义转换到兽本主义，同时将人本观支配的世界变成由弱肉强食观支配的禽兽世界。这样一来，人类向往舒适生活的文明逻辑，就其实质而言，其立论依据竟然是支配禽兽世界的法则。

文明逻辑的物质基础来源于供奉给殖民主义这个魔鬼的祭品。产业革命作为进步的象征，妆点出适者生存的意识形态的璀璨，可是在维持其璀璨状态的过程中，热力学第一定律并没有退让一步，而是继续在发挥作用。于是，文明越是阳光灿烂，"野蛮"也就越是漆黑一团。

与历史上的农业革命不同，产业革命需要高能量。点燃晒干的牛粪，从流淌的水中截取能量，从刮来的风里收集能量不能保障这一次产业革命的进步。遵循植物、猪和人类之间产生的生态学封闭回路，所获取的能量也无法保障产业革命的完成。这是因为，产业革命逻辑必然要求在系统内发生反作用。通过负面反作用撕裂原有的封闭回路，从外部截取新型的高质能源，才能成功地完成产业革命的新系统革命。

我们要记住，产业革命的成功也同样需要热力学第一定律。要根据获得高能量所需原材料的数量去度量进步，渴望进步的"文明人"却没有这么多原材料，于是，如果"野蛮人"不为"文明人"作牺牲，给"文明人"提供原材料，"文明人"也就无法进步。"野蛮人"为了"文明人"的进步，牺牲了自己，甚至走到了崩溃的边缘。在人类世界里，为了无关紧要的文明，使"野蛮人"的生命走向了毁灭，他们的文化被人为地抹杀掉。为了向文明人提供毛皮大衣和药材，文明猎杀了因纽特人敬重的海狗和聆听易洛魁人祷告的熊。为了装点堕落不堪与繁华的不夜城，为了维护兽本主义支配下的文明世界的权力，文明的矿井和钻机刺穿了地母神的圣体，贪婪的刀枪残暴地蹂躏"野蛮人"的生命，刀枪的铁锈和从伤口流出的脓液玷污了地母神的圣体。

玻利维亚艾提波兰诺（高山的平地）海拔4000米。文明强迫当地农民放弃传统生活方式的历史长达400年。初期的殖民经营者强迫农民迁居到波托西银矿做劳工。致使艾提波兰诺的农民后裔都成了矿工。失去了农田的矿工，近年来按照矿部的指令，又辗转聚集到锡矿做苦力。

"即使为了蝇头小利，也会极其贪婪地榨取劳动力和自然资源，并通过矿部，向世界各个角落出口资本和机械。矿山的历史是矿部资本的国际膨胀过程。因此，矿山一词的真实含义乃是现代工业化的象征。"（Nash，1979：15）矿山是禁止劳工出入的庞大的金库。该矿山的受益者包括银行家、官员和军政府首脑。在这些受益者的默许下，负责行政和财务的下层官员也能分到一些残羹冷炙。负责运行机器的合同工以及地上办公人员的收入与当地教师相差无几。再次一等的收入者就是根据每天劳动量计酬的矿工，他们的收入只能勉强糊口，但他们在矿井却时刻面临着患上硅肺病的威胁。这些矿工还算幸运，因为他们可以得到社会保险。除了他们之外，还有从废矿石筛选矿石的数以千计的临时工。矿山就像一个巨大的蚂蚁窝，到处聚集着过一天算一天的人群（Nash，1979：14）。

在资本主义的国际化过程中，矿山一直延续着阶层结构的剥削体制。这种体制并不仅仅强加于人类的生活，而且延续到了储藏矿物的土地。因此，"要维持文化系统和生态系统，不仅有赖于技术过程和仪礼抵制，也得依赖构成生物圈进化体系的若干力量之间的作用与反作用机制，这是变化着的互惠过程"（Swaney，1985：862）。我们可以根据这种关系，揭示文化和环境的共同进化。

"大多数的传统文化都认为，矿物和金属是孕育在地母神子宫内的胎儿，而矿山则相当于地母神的阴部。按照类似的认识，冶炼金属的熔炉乃是人造的子宫，而矿物的冶炼技术则是对地母神强制实施人工流产。为了安慰地母神和地下诸神，荷载传统观念的矿工要举行各种仪礼集会，向诸神祈祷，个人的生活也必须按清真禁忌规则禁欲和禁食，以免冒犯诸神招来祸殃。"（Merchant，1980：4）传统观念下支配的矿工认为，从矿山开采矿物是一种不道德的人工流产行为，因此，需要召开集会去安慰受到伤害的地母神。

国际化资本主义的阶层剥削结构不允许地母神的观念渗透到它的机构去。在这样的结构中，矿山是剥削的目标，而不是安慰地母神的道场。矿山只要不能盈利，矿部就会无情地放弃开采，也就是资本家不再投资。可是，矿工们却患上了终身的肺病。这正是，"矿工采矿，矿山吞噬矿工"。结果，废弃的矿山果然成了召开矿工集会的道场，矿工的苦难和不幸却补偿了对地母神子宫的伤害。

济州岛的居民，按传统始终饮用两种水。中部山区的村庄饮用由雨水和地表水组成的奉天水，而海岸边的渔村饮用从海底涌出的地下水，村民将这种地下水称作涌泉水。济州岛的传统社会始终维持着低于 30 万的人口规模，从来没有遇到水资源短缺的威胁。由于韩国政府将济州岛开发成为驰名海内外的旅游胜地，每年来访的八方游客多达数百万人，从而引发了严重的水资源短缺。随着豪华酒店和大型娱乐设施的兴建，当地不得不通过开采地下水去解决水资源供应短缺的问题。

矿泉水企业也拼命开发地下水，"目前已经钻成管井超过 1700 口，每天的汲水量高达 202 200 立方米"。然而，"地下水的补给得遵循淡水与咸水水压比差的原则，目前这一水压差的比例值为 1∶1.025，表明咸水的补给略高于淡水，致使地下水的淡水水体呈现为球冠状漂浮浮在咸水上"（崔顺鹤，1992：31）。目前的地下水开采技术是，"钻一个 200 米以上的管井直达地下的淡水水体，然后用动力抽取淡水。由于对地下水的抽取超过了淡水的补给能力，从而造成了地下水体被海水污染的严重后果，最终造成了抽取的地下水中无机盐含量超标的恶果"（崔顺鹤，1992：36）。目前，济州岛凡是可以开采地下水的地段，无处不密布管井。"东部地区中部分地带，从海岸到内陆 6 公里范围内，到处有喷出'适合'饮用的地下水的管井。"（崔顺鹤，1992：37）

济州人的地母神是雪门带婆婆。据传说，济州岛是她创造的，所以应该将济州岛视为她的身体。地下水脉是雪门带婆婆的血管和乳腺。涌泉水是在雪门带婆婆的体内酝酿很久的乳汁得到了自然的分泌。长期以来，济州岛居民饮用的生命甘泉都来自雪门带婆婆的母乳。可是，没有领会到这种生存原理的外界人士闯进了济州岛，干起了伤害雪门带婆婆圣体的勾当。他们开发地下水如同从矿山开采矿物，是在雪门带婆婆的圣体上钻孔，强取还没有酝酿好的神圣乳汁。

如今，婆婆的圣体上出现了 1700 多个人工钻出的孔，而且人们正在计划通过这些孔，全部汲干婆婆的体液。因此，为了补充不够的体液，婆婆的体内渗进了还没有净化的咸海水。实验结果显示，雪门带婆婆的圣体丧失了净化地下水的功能，汲上来的是已经被污染了的地下水。地下水开发和大规模土木工程都在无情地摧残雪门带婆婆的圣体。雪门带婆婆经受不了难耐的痛苦而气绝身亡的那一

图 3-1　阿格里科拉·乔治的《论冶金》（1556）中插图
（为了熔炼金属矿，矿工正在锯开木头，改变河水的流向）

天，也就是济州岛灭亡的一天（图 3-1）。

　　美国联邦政府于 1863 年 10 月 1 日，在内华达地区红宝石谷与肖肖尼部落签订了有关和平与友谊的条约。该条约共有八条规定：第一条，创造和平，禁止掠夺；第二条，保障游客的安全，建设军事基地和站点；第三条，安装电报设备；第四条，可以进行探险和矿山开发，实行定居体制以及树林开发；第五条，划定了肖肖尼部落的边界；第六条，设置保护区；第七条，作为禁猎的补偿，肖肖人可以享受 20 年补偿金；第八条，作为签订条约的代价，联邦政府向肖肖尼人支付 5000 美元（Kappler and Charles）。根据该条约，美国联邦政府和白种人获得了肖肖尼部落所属内华达州 2400 万英亩土地的使用权。签订条约支付的 5000 美元，就是上述全部资源的补偿。根据第七条规定，美国联邦政府的支付金自签订条约之日起 20 年内补偿完毕。该条约的内容没有包含终止日期。可是，根据第七条规定，20 年后的 1883 年就是该条约的终止日期。尽管经过了 100 年，美国联邦政府没有再次支付任何补偿金。以此为依据，肖肖尼部落曾经通过法律程序，一再要求联邦政府撤除该区域内的所有设施，将土地完全归还给肖肖尼人。

肖肖尼部落居住的大部分地区是干旱地带，他们的主要食物是松子。此地区自从 20 世纪 70 年代开发大型高尔夫球场和娱乐设施以来，出现了问题。两台大型推土机牵引着 100 米长的铁链，将松树连根拔起。肖肖尼人见到松树等被铁链缠住后拔出，便愤然反抗。部落成员看到推土机残暴地伤害了"大地母亲"，强烈要求联邦政府按条约撤走，归还自己被侵占的土地。

为了说服肖肖部落的成员，联邦政府印第安人事务管理局派遣官员参加部落会议。政府官员承诺了高昂的土地购买价格。此时，政府官员发现肖肖尼部落对于是否出售土地分成了两派。尝试过都市生活的年轻的部落成员希望出售土地之后，为肖肖尼部落发展工商业。可是，长期生活在保护区内的老人认为绝不能出售土地，并反驳道："地母神不能交易任何设施。"联邦政府认为肖肖尼人提出的要求合法，可是觉得很难撤走该地区内的军事设施、工厂及各种娱乐场所。于是，决定转而购买肖肖尼。"Mother Earth is not for sale！" "你们白种人连自己的母亲也出售吗？"对这样的质问，政府官员哑口无言。

尔后，肖肖尼人的反抗对美国印第安运动的方向产生史无前例的影响。纳瓦霍部落也发生了类似的情况。对于联邦政府强制迁徙的决定，纳瓦霍部落提出纳瓦霍的故土是他们的宗教圣地，并援引美国印第安宗教自由法（PL95-341）为依据拒绝执行迁徙。尽管联邦政府规定了迁居的截止日期是 1986 年 7 月 7 日，要求印第安人事务管理局负责将纳瓦霍部落迁到霍皮地区。可是，直至今天，纳瓦霍人仍然死守故土（Wood，1989）。土著人守护故土的运动与宗教运动相得益彰。印第安人与联邦政府之间的条约明文规定，这些土地属于印第安人的领土。印第安人弄懂了条约的真实含义后，认识到依法捍卫部落公用土地可以为传统文化的恢复奠定基础。肖肖尼人维护大地，珍惜一草一木的传统，为肖肖尼人民族运动和生态运动的结合奠定了基础。也就是说，文化与环境在共同进化。

地母神的子宫在玻利维亚被锡矿山强行取占，地母神的血管和乳腺在济州岛汲水管井式地被人蹂躏。地母神在内华达肖肖尼部落的圣体正面临被人强制收购的威胁。掠夺玻利维亚矿山的强盗是打着资本主义旗帜的跨国企业，蹂躏雪门带婆婆乳腺和血管的窃贼是煽动游山玩水的旅游商业资本，要强购肖肖尼地母神圣体的祸首是美国联邦政府。最终的替罪羊却是矿工、济州岛居民以及肖肖尼部落成员。

文明社会的目标在于，榨取高能量，培植产业。它正在加紧步伐增加平均信息量。由于这一过程与政治经济现状相吻合，只能由贫穷的人们承担平均信息量带来的祸端。提高平均信息量的进步主义正在鞭挞人类。当代的技术社会要求鞭挞的人也要考虑被鞭挞人的伦理（李奇相，1992）。在鞭挞的过程中，必然导致被鞭挞人的死亡。从古到今，被鞭挞的人总是"野蛮人"。

第四节　不等价交换的生态学

众所周知，我们生存的这个地球仍然维持着 1492 年制定的世界体系。该世界体系的中心靠牺牲边缘而形成。这个世界本来既没有中心，也没有边缘。随着一处资源集中到另一处，资源集中地才得以成长为中心，而资源被掠夺的地区则沦为边缘。这就形成了中心部分支配边缘、边缘从属于中心的当代世界体系。

过去，我们从殖民主义政治经济学的统治方式去解释中心与边缘的关系。而今，时代需要我们从生态学的角度去说明中心与边缘的关系。这是因为，文化与环境是共同进化的。通过生计方式研究殖民主义与环境的关系也可以得到相同的结果。殖民时代的资源移动创造了中心和边缘的阶级差异，而连接资源移动和阶级差异的机制就是不等价交换。

不等价交换是具有谷物或矿物等稀缺性低（我们要注意生产的投入费用高，不存在稀缺性）的品种的地区和具有织物或机械等稀缺性高（我们要注意投入费用相对少，稀缺性变高）的品种的地区之间达成交易时，以相同的价格交换前后两种品种的方式（Wallerstein，1983：31）。由于交换过程中不计算生产成本的差异，发生了交换的不平等。这种生产差额会自动地将财富转移到拥有生产纺织品或机械的地区。因此，长期的不等价交换最终成为制造中心的机制。沃勒斯坦对比上述两类交换物品种后，发现它们的生产成本差异可以用能量差异去度量。

就上述角度而言，用生态学研究方法研究不等价交换问题，会更具说服力。

例如，西班牙和它的南美殖民地的关系，西班牙殖民统治者为了攫取波托西的白银和太平洋沿岸的海鸟粪而建设了作为前哨阵的利马（Lima）城。波托西的白银储备量极其丰富，南美西海岸的岩石和近海岛屿地表都堆积着一层厚厚的海鸟粪。这些海鸟屎是经过数万年的岁月，由无数只海鸟排泄的粪堆积而成，就其形成的过程而言，这些海鸟粪中所蕴含的能量成本高得无法计量。而交换海鸟粪的所用物品，是伊比利亚风格的家具、生活用品及矿山器械，这些交换品由在南美出生的殖民后裔们从伊比利亚半岛进口而来。从能量的角度，将这些物品与海鸟粪相比较时，不难看出生产这些物品所要消耗的能量成本极少。交易行为可以创造极高的利润，这些利润全部归属于生产商。通过交易，产品的价值被加大，从而获得更高的利润，这些新获得的利润应该属于生产商。可是，上述不等价交换最终会缩小生态学意义上的成本价值差距。根据这种不等价交换体系，能量成本消耗大的海鸟粪与能量成本消耗小的家具之间进行了表面平等，而事实上并不平等的交换。

支持不等价交换政治经济学的理论基础是社会进化论，社会进化论主张生物系统的进化论可以适用于人类社会。分析生物系统的自然选择和适者生存的过程，社会进化论违背了生物进化论的基本原理。"从热力学的角度分析，人类在学习如何利用能源方面取得了很大的成功。如果将上述认识与进化概念连接时，生存竞争基本上是围绕可利用能源的竞争。"（Martinez-Alier，1987：12）也就是说，人类取得成功的关键在于能源的竞争。我们可以认为，上述经济现象都来源于人类社会内部的现象（Martinez-Alier，1987：12）。这就可以揭露不等价交换的理论依据，即社会进化论是一个骗局。

即使进化论一词之前缀上了"社会"这个形容词，也不能容忍歪曲生物进化基本原理的做法。我们可以认为，帝国主义为了使自己的征服行为变得合理，雇佣社会进化论者悄悄地盗用了生物进化论的旗号。从上述意义来讲，社会进化论并不是一种理论，而是一种伎俩。因此，不等价交换现象是得不到任何理论支持的诡计。从生物进化论的角度来看，能量的不等价交换现象仅发生在不同物种之间的食物链上。如果有人认为上述反驳是在故弄玄虚，那么，我们完全可以换一种说法，人类社会遵循的进化论是一种特殊现象，而人类社会所持有的社会"进化"则是发生在人类这个种内的机制，这个机制揭示了不等价交换的剥削结构。

随着时间的推移，不等价交换导致的严重的生态学问题表现得越来越明显。

生态学现象是一个不能回避的历史问题。这是因为，物质循环和能量流动达成新的平衡需要经历漫长的时间。这正像经济学探讨的金融问题一样，金融问题中最重要的因素就是利息会随时间的推移而等比累积，因而必须更明确地意识到生态过程中的时间概念。例如，钚的半衰期是 24 000 年。因此，它对生态系统的影响，应该引入时间概念去加以分析。为了明确说明上述问题，笔者要提出现在人和未来人之间的不等价交换问题。换言之，要通过温室效应去理解在消耗氧和资源的过程中，祖先和后裔之间发生的不等价交换，因为我们的后裔将承担我们所留下的一切垃圾。

大体而言，地球是通过大气中的气体去控制地表的温度。二氧化碳（CO_2）和若干种气体允许太阳能量辐射到地球表面，同时，阻挡地表向宇宙辐射热量，使热量停留在地表。我们把这种现象称作温室效应。自然的温室效应使地表温度上升到 33℃。可是，由人为创造的二氧化碳导致的温室效应会大幅度提高地表温度。据预测，到 2030 年时，极地地区的温度要比目前上升 1.5～4.5℃。在 18 000 年前的冰河时期，极地地区的气温比目前低 4℃左右，而到 2030 年就要低 8℃左右，根据上述数字变化，不难推测今后的地球将会发生什么样的现象。据简单算法，假设冰河时期的海平面比目前的海平面低 100 米，那么到了 2030 年，全球海平面将比现在提高数十米，地球表面的大部分陆地将会淹没在汪洋海洋之中。

也许有人会指望再次出现诺亚方舟来拯救人类，可是我们必须注意到，诺亚方舟也将会被核辐射所污染。由于储存和再处理核废弃物的设施目前都放置在海底，随着海平面的上升而导致的海水压力增大，这些再处理核废料的设施很可能崩溃，从而导致全球性的核污染，显然，这将是一场惨剧。将这场惨剧变成悲剧的战略就是作为祖先的现在人完全毁掉了作为后裔的未来人。祖先和后裔之间通过绝对的不等价交换错置了生态系统。如果目前的状况一直持续下去，这种交换就会造成祖先剥削后裔的结局。正如欧洲人剥削相同时代的拉丁美洲、非洲以及太平洋土著人建设欧洲城市一样，现在的祖先正在演绎着无情地剥削未来后裔的绝对不等价交换。

尽管祖先不想剥削后裔，可后裔已经被祖先剥削，换言之，我们即将染上现代版的俄狄浦斯综合征。"事实上，高平均信息量的恶果不会只发挥在负面的现金交易上"（Swaney, 1985: 861），在这种交易中，未来后裔很难生存下来。不能期待后裔为我们做些什么，而是我们要为后裔着想。换言之，根据预测，由于不等价交换机制的持续作用，生态系统将面临史无前例的灾难。

第五节　结论——如来佛掌心

我们的世界里，并不仅仅存在因纽特人、易洛魁人以及斯多亚学派。实际上，除此之外还生活着很多其他不同的人。他们分别按照各自的欲望表现出各不相同的行为，类似的现象数不胜数。没有一个人会不考虑自己的利益。在生产关系中，追求稳定性和统一性是自然系统的规律。在人类社会中，人们总是根据利益及满足等人类目的去参与社会生活，尽管这种参与受到了上述统一性和稳定性的限制，但还是得追求用最少的投入获到最大的利益（Odum，1969）。我们应该认为，与自然系统的运行一样，人类社会的运行也是一个常数。因此，在研究生态环境问题时，人们面临的难题是：如果不牺牲环境，如何去满足人类的无限欲望。纵观人类历史，新石器时期的保守主义积累了很多的生态智慧。那一时期的人们模仿自然环境的运行法则，并不断地纠正了错误，努力将生态系统的秩序归纳到积极认知的领域内。他们的努力奠定了维持低平均信息量社会的基础。从生态学的角度分析，上述过程是一种具有保守特点的社会运动。

人类中心主义背离了人类社会运行就是一个常数的认识原则，误认为人类的意志和能力可以解决任何问题，所有的现象都可以为人类欲望发挥其存在的价值。从人类的历史去加以分析研究，这种理论最终将人类推向毁灭。在人类被毁灭的过程中，生态系统也会一并受到牵连。笔者反复强调的"文化和环境的共同进化"模式就是人类中心主义对于上述现象的解释。事实上，更重要的是我们应该注意到，将文化和环境纳入同一个解释体系去加以讨论，这种做法本身就是人类中心主义幻想的产物。

与环境相适应的过程中，建构起来的人类文化对于人类的生活非常重要。因此，将上述两个概念并列联系在一起分析研究，只不过是为了人类的方便罢了。考虑到这一情况，"人类的目的应该与环境的目的相一致，生活的品质应该与环境的品质相整合""人类应当按照上述概念，重新建构自己的政治、经济和道德等生活"（Bennett，1990：436-437）。我们应该认识到，创造利润需要付出代价，自我满足也需要付出代价。而且，还需要考虑到应当通过哪些渠道去支付这些代价。因此，以利益和欲望为核心的20世纪伦理观所建构起来的大众文化也需要支付代价，而最终支付代价的恰恰是环境。

要从工薪族父亲那儿得到零用钱，就要看父亲的脸色，还要为父亲擦皮鞋，想方设法地讨好他。在正常情况下，没有一个人会从父亲的口袋里偷零用钱。人类对环境的态度也与此相似。人类对待环境应该保持着"谨慎"的仪礼行为。人类谨慎的时候，环境为人类持续创造收获的机会。新石器时代的保守主义将上述谨慎仪礼推广到一切行动之中，为人们培养出多么谨慎的仪礼。这种仪礼制约了只追求便利的人性，使人类重新唤起谨慎心态，恢复上述谨慎仪礼就是要重新恢复新石器时代保守主义的生存模式。上述生存模式只能依赖文化去获得，依赖教育等手段去不断地传承。这种"教育绝不能将生活与传统隔绝，而是要重新恢复传统"（Nash，1979：11）。

将我们的论点纳入传统的进化论框架中去理解，低平均信息量的保守主义转换到高平均信息量的进步主义，是从"低"到"高"的提升过程。前者是低能量社会，后者是高能量社会。所有人都喜欢"进步"，都喜欢在"进步"的社会中生活。可是，高平均信息量社会是屠杀人类的社会。即使有人喜欢"高"，也不能允许维护这种形态的进化论框架。人们不喜欢"低"的象征，而喜欢"高"的象征。就是不过问高的内容是什么，低的内容是什么，认为只要是越高越新颖就越好，这就是盲目追求"进步"造成的偏见。

500 年的时光一样。改变象征的含义应该是一种巧妙的教育方法。以软能量为依据，可以引进低平均信息量的教育模式。在低平均信息量社会中，人们食用了草木（Condominas，1977），而在高平均信息量社会中，矿山在吞噬着人类（Nash，1979）。人类再次吃软的（草木），可硬的（矿山）在吞噬人类，民族学家的这一象征表述，可以用来教育更多的人。

要同时收到既因人施教，又为人师表的成效，则需要耗费很长时间。生态系统既然已经转变成了高平均信息量的"进步"主义，即使立即开始教育，要等到收效，也许也为时已晚。因此，需要人类立即付诸行动。绿色和平组织的鲸鱼保护运动，旺达那·希瓦主导的保树运动、Nevada-Semipal 反核运动、韩国的新农村运动等，都是向低平均信息量的生态运动。这些生态运动与机会主义的环保运动截然不同，官僚阶层为了体面，而召开里约热内卢环境会议，正好是机会主义环保运动的缩影。这些生态运动也不像气候协议或多元化协议那样，一味地纸上谈兵。时间已经非常紧迫，不能光讨论，关键是要付诸实际行动。我们必须立即扑灭热带雨林的山火，勒令运输钸的货船停航并查封趋雨季排放工业废物的工矿企业（图 3-2）。

更重要的是，对于我们所处的生存环境，我们的认识必须来一个重大转变。20 世纪初，环境决定论出台不久就夭折了。环境决定论在解释文化的过程中，认定环境因素起到了决定性的作用。环境决定论还指出，寒冷的天气会使人们精

图 3-2　肯尼亚绿色地带运动宣传手册标志

　　神飒爽，所以寒冷地区的居民非常勤劳，而炎热地区的居民则非常懒惰。环境决定论用包含全部环境内容的相关论点去解释还原人类的文化，引起了众多质疑。

　　如今，我们要认清环境是一个常量，人类的文化则是一个变量。理解生态系统及其运行原理需要上述认识。整体的环境与部分的文化，两者之间的关系最终要发挥决定性的作用。不管是生活在海边，还是生活在内陆地区，不管从事航空工作，还是从事航海工作，人们的生活和工作环境都是"如来佛掌心"。在如来佛掌心上，人类不管走到小拇指上，还是走到大拇指上，总是"逃不出"他的手掌，人类始终处于如来佛的手掌心里。因此，环境是决定性的因素。笔者认为，对整体环境与部分文化关系的认识就是环境主义。环境主义也许会成为未来人拯救诺亚方舟的文化。这种文化同样会与环境一道共同进化。

第四章　在森林生活的人们，在森林外生活的人们

第一节　绪　　论

消费在经济学中是一个重要概念，但我不喜欢这个概念。对于生态学而言，消费这个概念没有用武之地。消费这个概念的哲学依据没有包含关于再生的含义。笔者认为，忽略了再生的含义就会与生态系统的运行相抵触，也等于忽略了生态系统的运行规律。当然，笔者所提出的生态系统其前提是优先方向中的生态系统。根据消费概念创造出来的一切产物最终都是"垃圾"。垃圾将不能再生，而只能简单地堆放，必然使我们生存的环境增加平均信息量。因此，笔者认为，将生态学的利用概念替代经济学的消费概念对未来的人类更为有利，是具有优先意义的可持续模式。生态学的"利用"概念以生态系统的维护和管理为前提，"利用"必须包含对利用对象的持续保护、合理收获，以及对中断结果的再生等三重含义。这样一来，在生态学的利用概念中，就哲学上的逻辑而言，垃圾在利用的过程将没有容身之地。

人类来到这个世界后，利用率最高的对象，无非就是森林。因此，笔者认为，对于生态人类学而言，关注森林和人类的关系至关重要。森林在构成生态系统的过程中占据基础性的地位，对森林生态系统而言非常重要。因此，正确认识森林生态系统，对进而解释人类存在的意义将发挥深远的影响。观察人类对森林的行为方式及其与此相关的具体状态，可以验证人类形态在生态系统中的定位，可以进而探讨人类存在的价值和作用，所以是研究人类和生态系统关系的契机。长期以来，利用森林生态系统的人类行为、态度及思维方式集中表现为人类中心主义，所以在研究将人类社会包含在其中的生态系统时，就哲学意义而言，这样的生态最终将面临进退两难的困境。由于历史的原因，人类中心主义思想一直左右了人们的思想，使他们总是以人类为中心去观察事物，这就给生态问题的研究打上了"进步"的烙印。

本文坚持批判人类中心主义的立场，致力于观察依赖森林为生的人们，凭借这些人们的行为及其所导致的生态问题，最终必然得出这样一个结论，即由于人

类采取了破坏性的思维方式，所以总是将人类和森林的关系简单地理解为，人类要生存，就得破坏森林。本文要强调的是，人类中心主义是人类进行生态破坏活动的根源。基于这一根源，本文提出，从生态学的角度来讲，森林在成为人类中心主义替罪羊的同时，人类牺牲了森林，在森林被破坏的同时人类也面临被破坏的困境。反之，恢复森林可能会引导人类走向生存保护的过程。

为了实现上述目标，本文无意提供具体资料，而是要着重介绍笔者的观点，并提出声明性的主张。这将为本文留下遗憾，但由于形势紧迫，笔者不得不这样做。

第二节　森林和人类的关系史

体质人类学家、古生物学家、地质学家和考古学家研究了人类的起源，也就是说，人类进化史过程的起始部分。他们之间相互磨合后达成的共识之一就是，从人猿到人的进化过程中，人类的栖息地从森林转移到原野，这是一个极其重要的过程。据目前已有的考古资料表明，拉玛古猿（生存时间为 1200 万年前至 900 万年前，酷似类人猿，但与类人猿有些差异）实现了人类化的第一步。它们都是森林栖息者。南方古猿大约出现于 500 万年前，当时，这种化石“人”主要的生存空间也是森林。现在智人的人类直系祖先（大约生存在 300 万年前，在东非发现的化石人），在经历人类化的过程中，走向了原野，谱写了进化成现代人类的人类发展史。

毫无疑问，森林为人们提供了食物，构成了可供人类进化的栖息地。随着生产工具的发展，古人到原野打猎时，森林仍然是他们的家。因为在原野上，没有藏身之处，也不能躲避凶猛的野兽。毋庸置疑，森林不仅可以提供食物，也可以为在原野上打猎的古人提供生活空间，因而对于处在发展初期的人类，更适合于生存。而后，由于地球上发生了气候变化，随着冰河期的来临，古代人类的栖身之处不得不改在山洞内。从他们使用过的工具可以看出，他们在山洞里的生活非常艰难。但即使是旧石器时代的山洞生活，也要依赖森林中的食物和燃料。

如上所述，由于生态学原理为我们提供了研究基础，我们才可能如此翔实地描述古代人类的生活。不管是气候条件好的时代，还是冰河侵袭的寒冷时代，森林生态系统都对人类的生存发挥了重要作用。构成生态系统的第一生产者[1]聚集

---

① 此处指能够进行光合作用的各种绿色植物。——译者注

在一起，形成了一个个物种群落，这些物种群落共同建构了森林。上述生态系统的建构原理同样适用于人类进化的过程研究。目前为止，人类是适应森林生态系统的最优秀物种。人类在森林生态系统中发挥着第一消费者或者第二消费者的角色。人类简单地采集和狩猎由森林产出的食物，作为自己的生活来源。森林是人类的家，也是人类祖先的摇篮。可是农业起源后，森林被大规模地砍伐。人们敢于破坏森林，同样是建立在认识森林的基础之上，人们经过长期观察，懂得了森林的生产过程，转而模仿森林的生产作用，去为自己建构农业，这一模仿过程的发生绝非偶然。由于人口压力，出现了食物供应的短缺，当时的人们通过上述模仿过程，研究出了农业生产方式，为自己解决了食物供应的难题。据近人研究表明，并不是"农业革命"改善了营养，人口才得以增长。"农业革命"是人类为了解决已经发生的人口问题，被迫采用的适应性战略（Boserup，1965）。

我们不能忽略人们早已习惯了在又冷又潮的森林中生活的生存方式，致使人们开始农耕时，也不得不寻找适合森林的气候，去种植农作物。笔者认为，这种生计方式使人们不得不模仿森林的生产活动。因此，他们只能凭借在森林中生活过的知识积累，在利用过的森林带按照森林地循环规则，去逐步地探索提高粮食产量的办法，使农业得以逐步发展。

从农业生态系统表现出的等级秩序看，人类已经篡夺了森林的原有地位。也就是说，在这样的等级秩序中，若按食物链类推，人类是在代替森林发挥第一生产者的作用。人类为了发挥以往森林承担过的食物生产作用，人类就必须侵占以往森林占据的位置。为此，人类只有砍伐森林。也可以认为，"农业革命"是篡夺森林地位的人们研究出来的对生态系统等级的干扰。从此以后，以往只承担消费者角色的人类却发挥了生产者的作用。与此同时，生态系统也出现了新的食物链等级变化。历史学家认为，这就是人类文明的开始。人类认知了农业生产的规律后，人类就开始创建新的历史，这就是文明概念的基础。人类为了种植农作物而砍伐森林，人类就从消费者转变成了生产者，以人工方式从破坏了的森林中取得食物。人类支配自然的文明概念产生于农业起源时，它是森林与人类之间角色错位的产物。

森林原先是人类祖先的摇篮，也是人类自己的家。文明的历史起源于砍伐森林，夺占森林的位置，翻耕土地，种植农作物。这样的文明史过程还不到1万年。冰河退去，农业起源的两个时代之间，肯定有一个短暂的时间空隙。我们无从准确地了解在这个空隙之间发生了什么样的具体事情，可是从森林和人类关系史去推测，这一期间无疑是森林和人类角色倒置的过程。以今天仍然生活在森林中的民族为依据，按照他们的生计方式进行类推，可以证实古代的人类在森林中必然是靠采集野果、种子，以及挖掘植物块根为生，此外，还通过打猎去补充动物蛋白食物。

农业起源后，谷物使人们的餐桌发生了巨大的变化。我们认为，农业起源不仅使餐桌发生了革命，而且还给一切生活环境带来了一场变革。曾经在森林中生活的人们砍伐了森林之后，将森林生存环境改变成了原野生存环境。人类生活环境的变革是农业革命产生的后果，农业起源之前，地球表面分布着大约 62 亿公顷的森林，而如今只剩下约 43 亿公顷的森林，森林面积大约减少了 1/3。由此可知，森林面积的缩小也就是森林生态系统的缩小，应当从生态系统变化的角度去探讨森林面积缩小造成的恶果，揭示农业革命对生态系统的冲击。

就森林生态系统而言，森林里并不仅仅只有草木，而是由众多构成生态系统的基本要素所组成。在上述生态系统的变化过程中，必须具有提出问题的新意识，要将所有构成森林要素的变化纳入探讨框架，对各要素变化的结果进行系统的分析。在森林生态系统中包含着森林存在的基础，也就是森林生产活动直接依托的地表。地表不仅包含土壤及其母体组成的岩石圈；还包含提供生命源泉的湖泊、河流及地下水等共同组成的水文圈；还包括提供所有生命呼吸的大气圈；最后才是草木、动物、昆虫及微生物等共同构成的生物圈。人类只是包含在生物圈内的一个物种。上述四个领域并不是各自独立存在的，而是通过相互依存、相互制约结成的一个体系，这就是生态系统。因而，我们应该将森林及其相关的各种要素共同视为一个完整生态系统所包含的范畴。通常我们所称的树林，仅仅是表现这种生态系统范畴的象征术语。

下面，我们着重介绍一下森林和人类的关系。从生态系统的现状出发，去研究倡导农业革命的人类行为，我们看到的实质是人类篡夺了森林的地位，对人类的这一行为我们应该从何种角度去加以理解呢？就森林的角度而言，人类自诩的农业革命在逻辑上讲并不是"革命"，如果那是一场革命的话，那只能是人类自掘坟墓的灭绝性"革命"。据统计数字显示，森林的面积至少减少了 1/3。通过种植农作物、木材采伐、家畜放牧、燃料开采等综合作用，人类在土地开垦中摆脱了森林。实际上，人类是针对森林而展开了一场革命。虽然农业革命为文明奠定了基础，但是在事实上，文明进入产业革命时，森林已经面临了危机。

农业革命和产业革命是文明的两大支柱。通过我们已有的经验，它们体现的是人类对森林展开"革命"的后果。笔者认为，农业革命对于森林进行了量的革命，而产业革命则实现了质的飞跃。人类砍伐森林之后，种植农作物，仅是缩小了森林的面积。这种行为对于森林生态系统而言，仅是产生了物理性影响。可是产业革命在本质上从化学的角度动摇了生态系统的根基。大气污染程度超越了森林的自动净化极限，严重地蹂躏了大气圈，岩石圈和水文圈也受到了连锁式的威胁，生物圈出此而面临着生存的危机。

如今，人类倡导的革命，以及革命的运行，再加上一种革命到另一种革命的提升。人类为自己制造了文明这一理念，而文明则挑战了以人类为核心的生态系统，向人类发起"革命"。"征服自然"的理念立足于科学主义，而科学主义则成了人类创造的最佳"文明"。科学主义的文明就是针对生态系统发动的一场革命。作为文明机制而存在的人类，不再是森林或森林生态系统的构成物了。

通过森林和人类的关系史，我们应当认识到森林并不是单纯的物理环境。人类通过肉眼看到的森林，不仅是生产的原料，它还是提供工具或技术的源泉。有些人将森林视为资源，研究出了可以适应于森林的技术。因而，在人类与森林的关系上，森林并不仅具有物理性。与资源和技术相关联的人类必然结成一种组织，这样的组织也必然适应于物理环境的要求。有时，森林也会成为人类的一种观念。森林作为物理环境，通过人类的形象思维，必然被理解成抽象的对象。而抽象程度的提升还会渗到宗教理念内，渗透到人类生活的更深层次。

这样一来，从人类的角度观察森林时，森林不仅是物理现象，它必然与人类构成复杂的关系。笔者认为，可以据此提出一个新的解释框架，这个新的解释框架被称为"社会自然系统"（Bennett，1978：22）。"社会自然系统"包括环境、资源与技术、组织、理念等概念相连接构成的人类和森林的复杂体系。根据生态人类学的认识结构，森林作为一种自然现象，是与人类的社会现象非常复杂地交织在一起而形成的一个体系。将这一内容作为注解提出时，可能有助于正确理解上述森林与人类一体的社会自然系统。相反的，从象征性理念出发，去观察森林与人类的关系史时，可能会认为作为物理环境的森林，对人类而言似乎最不具有关联性。

毋庸置疑，森林为了人类的存在，从物理角度发挥了重要作用。即使是从信仰的角度观察，也能得出相似的结果，在人类历史上，构成森林的树木一直是人们的崇拜对象。在中国和东方的思想中，最具基础意义的五行观就包含"木"。在印度的菩提树象征着佛教，玛雅人的"宇宙木"连接着天空与大地。另外，非洲的各个部落也崇拜象征祖先的树木。居住在针叶林地带的西伯利亚各民族也有树木崇拜的思想。受到中国和西伯利亚各民族的影响，韩国对森林和树木的崇拜同样根深蒂固。在韩国，如下一些观念十分普遍：森林和树木被看成祖先，理解为生命的源泉、权力的象征，或者被划定为神灵居住的圣地。这些理念在古代和传统社会里无处不在。这些理念的思想基础在于，树木和森林的地位比人类尊崇，森林的权威支配着人类。以这些理念为基础的宗教形态就是人类学所称的图腾崇拜。

身材矮小的矮人巴布提人居住在非洲中部的刚果伊图利森林地带。就生态学的意义而言，这一地区的森林地带属于热带雨林生态系统。巴布提人认为森林是父亲和母亲。森林像父母一样，始终善待自己的子女们，为人类提供食物、衣物和被褥等，使人们获得了温暖和亲情。如果某个人遇到了不幸，他们会认为，这是因为树林沉睡了，没有照顾好自己的子女。为了不让森林打瞌睡，人们要唱歌给森林听。人们的歌声可以使森林始终保持清醒。人们为了与树林共同分享自己的幸福，所以要顺心如意地歌唱。从傍晚开始，他们都为森林举行"欧列姆"宗教庆典，这是他们最重要的活动（Turnbull，1961：92）。

然而，对于不理解森林世界的人们而言，森林令他们非常害怕。致使他们将热带雨林称作丛林。他们认为丛林使人类大汗淋漓，树上挂着蛇，地上也爬着蛇，从树木的背面突然有豹子袭来，各种虫子袭击人类。所以，丛林只能作为绿色地域（Bates，1960：97），远离人类。对于了解森林的人而言，森林是他们的避风港，可对于不了解森林的人来说，它只象征着孤独和恐怖（Turnbull，1961：12）。就这样，在森林中生活的人们和在森林外生活的人们，他们对森林的认识恰恰相反。

在古代，人们将森林视为自己的栖身之地。森林中不会存在恐怖或孤独。可是，人类为了种植农作物，将森林当做砍伐目标后，人们开始将森林想象成一种"敌人"，即人类对森林的认识发生了巨变。森林不再是摇篮，也不再是栖身之地了，它只是人类为了获得种植农作物的耕地而必须排除的剥削目标。"普通人对于森林具有习惯性的厌恶心理，这种心理本质上来源于殖民主义，这种心理将成为保存、管理天然林和抚育人工林的阻碍因素"。（Albin，1977：109）虽然笔者不清楚这种厌恶心理到底起于何时，但却可以认定这种心理是农业起源后人们才逐步形成的思维习惯。一旦将森林作为剥削目标后，森林自然而然地要受到人们的嫌弃，人们也开始觉得森林毫无用处。

这种现象在韩国也同样发生过。在檀君神话里，神檀树备受人们的敬重。不少神话提及，人们对于树林有很多形象化的比喻。新罗王朝①的桂树林被人们视

---

① 朝鲜半岛历史中三国时代的王国之一，而后新罗王朝一度统一了整个朝鲜半岛，它代表着朝鲜半岛中世纪最辉煌的时代。——译者注

为是统治者的出生之地，也是权力的象征。朝鲜半岛上山脉众多，山上布满了森林。朝鲜半岛人将这样的森林称为山林。因此，"山"和"林"可以相互指代，西伯利亚人崇拜树木，而朝鲜半岛人则崇拜山脉。根据传统，韩国人无论是政府还是民间都要举行山神祭。在江原道高城郡杆城面珍富里①每年都要举行山神祭拜仪式（徐俊燮，1988：53）。观看这样的仪式后，可以从中理解依赖山林为生的人们，理解他们对山林的崇拜心理和人性的真情，以及认识他们的生活。这种人性的真情与刚果巴布提人对森林的情感别无二致。我们可以从中认识到支配韩国乡民的日常生活，调整社会生活的力量都来源于他们对山林的认识。传世的新罗王冠经过鉴定，被证实其基本材质是木材和鹿角。树木和鹿共同存在的地方就是森林，森林对于王权的象征在这里得到了形象化的比喻，这充分表明森林在新罗人的世界里有多么的伟大。

高丽王朝时代②逐步形成了风水思想。风水思想认为营造人工林可以改变龙脉。在这一认识的基础上，朝鲜半岛开始了大规模的人工造林运动。上述思想将人工林理解为"洞薮""薮"或者与此相类似的含义（"洞薮"与"薮"含义相同）。至今庆尚北道（庆尚北道，地处韩国东南海岸的一个省——译者注）地区为了培植风水仍然在建构藏风道场和足形场所。其做法是在村庄及其相关地带空地上进行人工造林（金德玄，1986；于生润，1985）。全罗南道③至今仍存在着称为"佑实"的森林（崔德元，1989）。另外，还有被称为神木和堂山木的树木（朝鲜总督府，1919），这些林木极好地反映了韩国人的传统风水理念。可是，上述树木崇拜的思想或者山林崇拜的思想在以后的朝鲜时代④由于与儒家理念相互融和，在本质上发生了变化。当时为了纪念某个人营造的森林，或者兴建了一栋宫殿后，为了纪念宫殿种上的树木等，都被称为名木（朝鲜总督府，1919）。例如，正二品松，就是如此，有时还为这些树木赐予人名。从上述象征性的行为来看，朝鲜时代的人们非常关注树木或森林的管制和维护。毫无疑问，这是受到儒家哲学思想贬低动植物灵魂的反映，儒家思想强调人类的精神世界比动植物的灵魂世界更尊贵。

简单比较神木和正二品松，不难看出，前者的树木象征体系和后者的树木象

---

① 道相当于省，郡相当于县，面相当于乡，里相当于中国的行政村。——译者注
② 高丽王朝时代在这里是指后高丽王朝。——译者注
③ 全罗南道是韩国地处西南沿海的一个省。——译者注
④ 朝鲜时代指朝鲜的李朝。——译者注

征体系具有一定的传承关系。但神木的象征体系与树木支配人类精神世界的图腾信仰相关，而正二品松的象征体系与人类支配树木灵魂世界的儒教思维相关联。在森林中生活的人们对于森林的神圣和权力有认识，而在森林外生活的人们从森林就是资源的认识出发，始终将森林视为剥削的目标。降低森林地位的象征性机制导致了上述针对森林认识的转变。

古代的人类认为，森林是生命和权力的源泉。而现代人创造的"自然征服"神话将森林的上述地位降级到征服目标的地位。这样一来，我们就可以从自然观的变化中透视其降级过程。在自然观发生变化的最后阶段，人们立足于经济原则，将自然环境视为资源。而且，为了发展记录人类业绩的文明，将天然林的地位实施降级，赐予天然林纯粹的资源地位，从而将天然林直接称为资源，并将天然林理解为剥削的目标。这就是森林和人类的关系史。

第三节　殖民主义和破坏森林

人们为了生产粮食进行了农耕，农耕与森林的存在并不正面冲突。正如通常的生态系统论述的那样，森林为农耕提供了基础，也就是说，当森林系统不健康时，它就不能支持周围的农业生产。森林截流的水分支持了农作物的生长，森林又可以替农作物维护土壤。根据不同地区形成的不同传统农业范式，人们仅是将森林砍伐到一定的限度，只要得到了农田，砍伐也就随即停止，这种有限的砍伐维护了生态系统的平衡。我们无法推断前人如何准确地监测生态系统的平衡，但他们确实是在生态系统能够容许的范围内，为粮食生产开展了农业活动。假设依赖森林的农业方式是传统社会的标志性产业，那么森林并没有成为传统社会的剥削对象。

可是16世纪之后，欧洲的商业资本开始寻找可以成为剥削目标的原材料，为此开始了远程航海。从此以后，世界的树林面临了前所未有的厄运。争夺殖民地与商业资本的原材料榨取直接连接的同时，为了扩大商业资本的需要，森林成了第一只替罪羊。有时，森林本身不仅成了殖民地宗主国的剥削目标，而且成了殖民地宗主国建构周边地区的牺牲品。下面，我们将通过几个事例证明殖民主义也是破坏森林的元凶。

南美洲哥伦比亚的首都波哥大，位于海拔2500~2600米的高原地带。原先，这里居住的土著人是奇布查族。西班牙人强占奇布查族居住地后，在这里建成了首都。西班牙人选择土质肥沃的地方修建了欧洲中世纪风格的庄园。这里的农场为欧洲人种植了糖料作物和咖啡。这些欧洲风格的城市，共同构成了殖民地宗主国的边缘地区。在上述过程中，土著人居住过的美好家园变成了城市，土著人耕种过的肥沃农田变成了大庄园。以大庄园为基础经营种植业需要更多的土地，因此，开始大规模地砍伐树林，砍伐的木材则被应用于城市的建设。西班牙人的殖民政策，导致土著人失去了家园和耕地。土著人为了寻找新的栖息地，只能迁移到另一片森林。他们被迫砍伐森林建设耕地，修建新的村庄。于是，西班牙人的殖民政策，使哥伦比亚的森林遭受了双重的人为灾难。

到了 20 世纪，随着城市化和产业化的日益活跃，以波哥大为中心的城市不得不向外扩张。城市的扩张需要大量的建材。结果，热带雨林遭受了更大规模的砍伐。经过300～400 年的殖民经营，哥伦比亚的森林遭受了不间断的持续破坏。如今，哥伦比亚出现了耕地的水土流失和水资源严重匮乏。毋庸置疑，这些生态问题的原因都应当归咎于森林的严重破坏。也就是说，由于人类干扰了森林的生态系统，诱发了连锁反应，才出现了一系列的环境问题。

加勒比地区和中美洲也经受过长期的殖民统治，出现了与哥伦比亚几乎相同的现象（Weyl，1975：42）。土著人为了躲避殖民侵略者的攻击，躲进了幽深的丛林，尽管不是故意破坏，但还是加快了森林锐减的速度。除了欧洲之外，世界都相继发生了与此类似的现象。据此，我们可以认为，传统意义上的殖民主义是导致森林资源被剥削的最重要因素。另外，殖民剥削还使如今的印度变成了最贫困的国家之一。

美国内华达州居住着肖肖尼印第安人。他们居住的地方是大盆地，气候干燥。与白种人接触之后，许多肖肖尼族人迁移到城市定居。但少数肖肖尼族人仍然没有脱离传统的松林，他们的主食是松子。他们把松树生长的土地称作本族人的"母亲"，为之讴歌。到 20 世纪 70 年代止，美国仍然在不断地扩建企业化牧场和娱乐设施。这时，为了确保牧场和娱乐设施的用地，白种人侵犯了肖肖尼地区。两台大型推土机编成一组，牵引 100 米长的铁链，连根拔起了肖肖尼的松树。从肖肖尼人的角度而言，在本族人没有得到一点利益的情况下，为了满足白种人扩大娱乐设施（特别是高尔夫球场），同时也为了生产销往第三世界国家的牛肉，为肖肖尼人提供主食的神圣的松树却遭到了无情的破坏。

根据 19 世纪 60 年代美国联邦政府和肖肖尼部落之间签订的条约，这个地区仍然是肖肖尼人的领地。因此，联邦政府打算购买肖肖尼人的松林地。联邦政府提出的方案是以土地购买价格加赔偿的方式，用支付现金方式，购买肖肖尼人的土地。可是，肖肖尼人断然拒绝出售森林"母亲"。这一事件在崇尚金钱、奉行拜金主义的美国，掀起了一场追求团结所有土著人的美国印第安运动。肖肖尼人的森林恢复运动很快发展成土著人开展的人类解放运动和民族解放运动。备受白种人欺凌的美国各地土著人，陆续参与到这一运动中去。这一事件表明，美国国内的少数民族肖肖尼人的民族运动，可以理解为，"第四世界"的自我发现运动，这是一次导源于恢复生态环境的运动。

保护肖肖尼人的森林与保护肖肖尼人的生存直接关联。这一事件具有抵制内部殖民主义的性质，少数民族坚持的运动方向，在环境保护方面具有重要意义。人们从恢复生态系统的运动中认识到了人类的权利。在森林与人类的共同生活中，人们亲身体验了社会自然共同体的生存模式。而且，从共同体概念的发展，人们认识到了正在开始的努力将形成被侵犯者的共同体。经验教训显示生态运动可以成为社会运动的坚实基础。

在保护肖肖尼人松林的过程中，人类应当总结到的经验是必须根据自我发展目标，去实现人类自身解放。事实表明，森林和人类的关系极为密切，保护森林就是保护人类自己。然而在更多的情况下，与肖肖尼人类似的背景，事态的发展方向却恰好相反。原先，亚罗马谟人居住在巴西亚马孙河上游地区，居住地的生态环境比现在的生态条件更好。可是，由于白种人殖民地推行了开发政策，他们被迫迁移到了如今所居的热带雨林腹地。这里除了亚罗马谟人之外，还有很多种土著人一度过着自给自足的生活。

可是，自 1966~1975 年，巴西政府为了创造经济奇迹，开始有组织地开发亚马孙河流域。据巴西政府公布的资料，当时森林遭到破坏的情况如下：被砍伐的总面积是 11 469 751 公顷，其中，用于牧场建设的面积达到 4 375 271 公顷（38.0%），高速公路所占的面积是 3 075 000 公顷（26.8%），农作物栽培面积是 3 519 480 公顷（30.7%），而重新造林的面积才达 500 000 公顷（4.4%）（Davis，1977：148）。在开发的过程中，居住在热带雨林的土著人（亚罗马谟人），为了躲避贯穿家园的高速公路、种植园、牧场及铁丝网，只能迁到更为偏远的热带雨林腹地。土著人在离开家园后，不仅要面临着生存危机，而且还要面对着疾病流行而造成的大规模死亡，恶性疾病流行的原因来源于他们对外界的病菌缺乏免疫力，他们为生计所迫，外出当劳工，就会把恶性疾病带到同族人中，引发民族灭绝的惨剧。

保护森林的美国肖肖尼人和失去森林的巴西亚罗马谟人之间出现了两种不同的结果。而属于第三世界的少数民族，其命运比属于第一世界的少数民族更悲惨（全京秀，1985）。由于外部施加了强制性的压力，在森林中生活的人们不得不迁出森林。我们从这一事件可以发现，其中包含着有关森林的政治经济学问题。认识人与森林的关系，我们必须具有强烈的问题意识，以殖民主义为基础的森林开发不仅破坏了森林本身，也伤害了在森林中生活的人们。

在越南战争中，美国实施的军事战略也可以证明破坏森林就是伤害人类本身。为了歼灭隐藏在丛林中的越军，美军在越南的丛林地区投下了大量的化学脱叶剂。结果，包括越南在内的整个印度支那半岛都经受了一场严重的生态破坏和种族灭绝惨剧（Lewallen，1971；全京秀，1989）。在森林外生活的人们根据资源需求和自身的经济"发展"，肆虐砍伐森林。在这一过程中，树林外生活的人们根本不考虑森林内人们的生存问题。这就是包含着森林政治经济学的殖民主义形态。殖民主义靠破坏森林的战略发迹，他们至今仍然在全世界范围内继续这种破坏活动。为了获得木材和地下资源，对资源虎视眈眈的跨国企业及其联网体系肆虐破坏森林，求得发展。于是，地球上的森林破坏速度正在与日俱增（Williams，1989）。

树林曾经是摇篮，可如今只不过是一种资源。我们可以认为，欧洲人鼓吹的殖民主义膨胀是推动上述意识转变的主要因素。欧洲人为了财富破坏了很多森林，这构成了文明发展史的核心部分。在发展欧洲文明的过程中，由于森林被破坏，依赖于森林生活的人们失去了生存的空间。在当今世界上已经消失的很多土著人，或者如今正面临灭绝危机的土著人，他们都成了经济奇迹和文明发展的牺牲品。

第四节　恢复森林的必然性和战略

施加多大压力才可以打碎葫芦瓢？这样的葫芦瓢可以承受的打击力是多少？对于小小的葫芦瓢，我们可以提出这样的问题。而地球的生态系统也许会成为"被打碎的葫芦瓢"。对于这个问题，人们提出了各种不同的见解。主张优先发展经济的人们其行为无异于在试验"瓢"的承受力，他们将人类的生存做赌注用。他们认为研究"瓢"可能破碎之前，应当更加关注这样的"瓢"可以承受多大的压力。对于问题的本质，某些所谓的专家也在见风使舵，"瓢"随时可能会破碎，他们却在高谈阔论对于"瓢"施加的力量大小。这就是目前关注地球生态系统变化的学术趋势。由于不谈论问题的本质，所有的讨论就不可能有任何结果，这些讨论常常是将烂芝麻皮一类的小事大做文章，白白浪费了时间。笔者将地球比喻成"瓢"的目的在于，通过深层次理解，提醒世人对环境问题应当增强问题意识，要通过深思熟虑去发现环境问题到底严重到什么程度。

认识到地球环境问题严重性的人们，最关注的谈论对象当然应该是森林生态系统的安全问题。这不仅是因为森林在环境问题中的重要性，而且认识到森林就是人类的摇篮。凭借对森林生态系统的研究，凭借对依赖森林生存的人们存在模式的认识，人类学家对森林含义有了新的理解，他们能够从社会自然体系的角度去认识人类与森林的关系。森林作为一种生态系统的重要性在于，与人类的生存直接关联，因为人类生存在社会自然体系之中，森林和人类都是这个体系中的一员。森林是生命和权力的象征，但在获得这一认识之前，世人仍然被束缚在经济第一主义的资源论牢笼中。在这样的社会现实中，经济第一主义仍然支配着世人的生存观。资源论借口人类的生存和经济的发展，将森林视为资源，而森林存在论则将森林视为生命和权力的源泉，强调森林的本质含义。如今，世人仍在忽视森林存在论的含义及其重要性，这就使得我们陷入了进退两难的困境。

森林也可以称为森林生态系统或者林地生态系统。森林在生态系统物质与能量的循环中占据着第一生产者的地位，因此，它能为人类和生命体提供最基本的生存条件，这种认识逐步占据了主导地位。森林专家将人类可以从森林得到的生存条件分成衣、食、住、燃料、工具和休闲对象等，而且为了满足上述生存条件的实现，建议使用"整体性森林（total forest）"（McCabe and Mines，1974：62）这一术语。然而，上述整体性森林概念最终还是没有逃脱资源论的牢笼。旅游资源论认为森林是娱乐和休闲的空间，而产业资源论者认为森林是为工业生产提供原材料的基地。上述理论最终没有逃脱将森林视为剥削目标的认识框架。

此外，森林保存论以森林存在论为前提，主张彻底的生态主义。保存论完全忽略了资源论客观存在这一现实，彻底的保存论者为了保护经济不发达地区的森林，只允许推广宣扬"软性技术"（soft technology）。保存论甚至主张不如直接剥夺土著人希望得到的文明，因为这样的文明是被经济第一主义渲染出来的谎言，林中土著人远离这种文明，森林也就可以得到保存了（UNESCO/FAO，1978：440）。立足于存在论的保存论者与资源论的开发论者之间存在矛盾，我们的立场是什么，应当坚持什么样的立场？

在生态系统运行的过程中，人们对森林已经有了较深入的理解和关注。因此，如果不将森林生态系统恢复到良好状态，那么依赖森林生存的人们最终将会面临严重的生存危机。可是一提到恢复森林，问题就接踵而至，不少人甚至对恢复森林存在恐怖情绪，唯恐恢复森林会影响自己目前的生活。当代人类面临的状况有多么的严重，也就可想而知了。因此，研究生态系统原理的同时，尽快让当代的人们感觉到危机的存在，也就是认识到恢复被破坏的森林的紧迫性，已经成了刻不容缓的事情，对付这种艰难的思想开导工作，确实成了最重要的课题。

降低大气中二氧化碳的含量，森林是最好的帮手。此外，维护地球上生物的多样性，森林所能发挥的作用最为夏当。因此，人类必须投入资金，植树造林。即使是燃烧石油的企业主也应该认识到空气没有氧气，自己的燃料也就无法出售，他们不能只考虑石油的价格，更需要考虑提高空气中的氧气含量。公共生态财产问题已经提到了议事日程，不能一味的高谈阔论，不付诸行动。森林专家提出，应该依据生态系统运行所产生的可持续价值去确定森林的恢复战略（Wiebecke and Peters，1984：111）。

持续价值不仅为现代人和未来后裔提供最好的物质供应，而且包括与森林相关的有形和无形效果，努力促进持续而最佳的供应。这个新引进的概念修正了目前通用的资源论弊端，既提出了实质性的内涵，又在一定程度上考虑了资源论的立场。为了使严重破坏的"瓢"发挥"好瓢"的功能，首先要修补遭到破损的部分。因为，就目前状况而言，即使是已经破损的"瓢"还得继续使用，所以，不能只考虑如何修补破损的"瓢"。笔者认为，鉴于上述情况，引入持续收获概念，倡导农林复合系统对恢复生态系统有好处，这样做能够提高人类的生存环境质量，引导出持续收获战略之一。农林复合系统或称农林间作系统，其要点在于，以生产效率的持续增加为依据，对土壤、水系、动植物等自然资源实行合理利用和精心保护，要实施能量节流和再生利用的全过程管理，以及增加对外部压力的抗击能力，对那些有可能灭绝风险的稀有资源应该找寻替代品（von Maydell，1984：106）。应当看到这是摆脱传统资源论弊端的折中方案，在一定程度上满足存在论立场，有利于促进两者的融合转化，因而是一个具有实践意义的对策。

农林间作系统全面考虑了人类面对的能量供应难题，以及家畜的营养保证问题、相关地区的产业问题、自然资源和自然环境保护问题等，在综合平衡需求的基础上建立农林一体化的土地利用体制（Steinlin，1979）。这种新的生态产业模式，也许是同时照顾到如何修补破损的"瓢"，又考虑到如何用破损的"瓢"舀水的两全对策。如果农林间作系统这一折中对策在某种程度上取得成功，森林生态系统就可以发挥其自我恢复的功能。到那时，森林的存在论就不再是理想了，而是可以成功的现实了。

要成功实现农林间作系统等对策，必须具备一定的前提条件。由于人类已经破坏了森林，因而恢复时，需要人类付出更大的努力。根据有关逻辑推算，人类投入努力的目的是要实现将人类围绕森林所取得的一切创意重新整合起来，因为这样的创意①在森林破坏中已经丢失或者已经分散了。不难看出，创造这一前提，已经脱离了纯粹的技术和资金投入，而是要倡导一种社会投入的方案去恢复森林。山林经济学家考虑上述立场，凭借经验性资料提议引入社会林业概念。社会林业概念不仅包含农林间作体系概念，而且还包容进地区开发和居民参与的整体生态恢复概念。社会林业是实践性森林恢复对策，它需要居民的参与和技术的创新（Gregerson，1988）。从理解生态系统而提出的持续收获概念发展到社会林业战略，表明要恢复因资源论肆虐而遭到破坏的森林，很难具有可能性，要凭借理想的存在论去恢复森林，又很难具有实践性，只有将两者兼容起来，完成转化才能为生态系统的恢复发挥效用。上述新概念的发展正好完成了这一关键性的转化步骤。因而，这恰好为人类提供了一个最佳的教育机会。

通过森林的起死回生，人类可以认识到作为生命之源的森林价值，对森林价值的关注正逐步成为可能。正如肖肖尼人，从发现森林是森林起死回生的前提的认识出发，乃至逐步恢复了一度消失的人类形态。据论证，森林构成了生态系统循环的基础，而森林的恢复为依赖森林生态系统形成食物链的人类，奠定了恢复人类形态的基础。结果在恢复森林的生命和权力的同时，人类的存在也可以得到确认。

目前我们谈论的森林恢复，只不过是达到最终目标的一个过程，这个过程，既要认识森林的存在论，又要重现生态系统森林的本质含义，并进而实现二者的兼容。笔者认为，森林恢复本身不能成为目的。在森林中生活的人们受到来自森林外人们的鄙视，并成为他们剥削的目标，这样的心理对立不能消除，问题还是不能解决。因此，笔者认为，在森林中生活的人们应该摆脱林外人强加的扭曲心态，抛弃被剥削的各种精神枷锁，重新投入人类与森林的共同体怀抱。这样的心理修复过程必须进行，因为只有这样才能最终使人类恢复生机，同时也恢复他们的森林。

在这一过程中，资源论渗透进存在论，在森林外生活的人们也会逐渐理解林中人的生存方式，懂得他们坚持人类与森林形成共同体的人生价值，并在重现人生价值的同时，实现林中共同体生存模式的良性运行。共同体生存模式就是以生态系统为基础的社会自然系统的现实模式。而且，这样的现实模式即使在遭受破坏的状态下，也可以发挥自我修复功能，自我修复社会自然系统中人类与森林的

---

① 全博士此处所指的创意，即我国学术界所称的发掘各民族的地方性知识。——译者注

关系。上述认识将成为可以照亮我们自己的一面镜子。人类和森林共同参与的社会自然系统，在任何状况下都可以稳定运行。因此，森林的恢复与人类自身的恢复直接相关。巴西亚罗马谟人所处的状况也一样，通过对破坏共同体的修复，同样可以显示社会自然系统的自我修复能力。而肖肖尼人的情况则是通过共同体的重现展示了社会自然系统的生命力。社会林业仅是恢复共同体的第一战略步骤。笔者要强调社会林业的最终背景是人类要恢复哲学意义上的民族文化意识，这一点对林中人显得尤为重要。

第五节　概要和结论

笔者立足于社会自然系统的生态人类学概念，简单介绍了人类与森林的关系，展示了这种关系的发展和变迁，并针对未来作了理想化的探讨。据考证，人类的祖先在森林中生活，并以森林为基础建构了自己的生活空间。对于林中人来说，森林是家园，也是生命和权力的源泉。这就是林中人追求和崇尚的文化。依赖森林，并凭借从森林获得的力量进行繁殖，扩展了自己的势力。林中人迁移到森林外后，完全忘记了森林的存在，因而萌生了针对森林开发的新概念，这就是森林的资源论。为了显示作为人类业绩的文明，林外人将曾经是美好家园的森林，视为具有剥削价值的资源实体。随着资源论的猖獗，曾经与森林组成共同体的人们迁居到森林外面，在迁居到森林以外定居的同时，逐步抛弃了过去与森林之间构成的共同体生存模式。这一过程说明了人类和森林的关系史，是一个观念转化的历史，这其中，观念的转化具有重要的象征性意义。

林中人绝对不能将资源论视为首要的生存原理。因为资源论必然伴随着剥削目的物的战略，资源论一出现，必然导致对林中人的剥削，并摧毁林中人的生存基础。林中人绝不能怀疑森林是生命和权力的源泉，在捍卫森林与人类共同体的同时，找回自己的生存模式。这种生存模式演绎了人类遵循生态学秩序的历程。森林外的人们并不了解森林的生产能力，仅是将森林理解为发展生产力的资源，并试图为所谓的人类文明去利用资源化的森林。资源论的这一思想内容与殖民主义的掠夺直接联系。对这一点，我们已经通过具体事例作了阐明。森林外的人们凭借资源论捍卫的是利用森林资源的生存法则，为此，资源论又创造了另一种生存战略，即殖民主义。结果，林中人的存在通过林外人的资源论沦落成了殖民化的工具。随着森林遭到破坏，林中人成了林外人的附属物，成了被剥削的对象。

当前人类社会中立足于科学主义的膨胀，弥漫着乐观主义的情绪，然而人类的"进步"代价巨大，因而，同时萌生了相对的悲观主义。由于人类违反了生态系统的持续，生态系统早已向人类发出了警告。最危险而且最严重的地方正是曾经作过人类摇篮的森林，这是我们人类的一大悲剧。目前，我们不能不怀疑这种悲剧的本质，是否准确地传达给了所有人。对于上述疑问，至少存在着如下两个相互关联的问题。

第一，不少人觉得自己离这场悲剧很远，与自己毫不相关。这种认识仅仅觉得悲剧与森林有关，与人类无关。而且即使这场悲剧与人类有关，这种悲剧的主角仅限于林中人，所以与林外人没有多大关系。这种支配性的理念是导致环境持续恶化的重要因素。

第二，认识到这场悲剧的人们往往只考虑悲剧的外表，而不认真分析悲剧的内在观念冲突。森林生态系统被破坏在暴露之前，已经包含了众多的观念弊端。而且，在人与森林共同体解体的过程中，在相关人们的观念中隐藏了众多无法预测的负面理念。人类只是介入了人类与森林共同体生存模式解体的过程，并不了解如何为了未来而恢复这种共同体。如今的森林恢复方法，只不过是一种错误实践而已。这种错误实践的相关认识来源于资源论，而正确的实践则需要将方向转变到与存在论兼容，只有这样，才能让我们看到少许曙光。

笔者认为，被破坏的主角完全了解与森林被破坏相关的悲剧含义，以这种认识为基础，很容易理解社会自然系统的合理结构，从而能顺利确保人类与森林共同体生存模式的恢复。不管是农林间作系统，还是社会林业战略，恢复森林的努力应该在人类和森林共同生存的共同体认识基础上，展开实践性的努力。资源论认为森林仅是为工业发展服务的资源。如果立足于资源论的终极目的去恢复森林，那肯定是在制造第二场悲剧。森林的存在论在世人中被广泛普及，而它的终极目的就是为恢复森林而恢复森林，只有将两种思想兼容起来，才可以推动森林和人类共同体的再生，并在共同体的结构中使人类的恢复也变成现实。有必要让人们认识到，林中人演绎的共同体生存模式悲喜剧的过程，可望为林外人提供经验教训，而林外人自己在演绎的悲剧中，自己却一直是个观众。

第五章　西南海岛屿地区的地方病
——透过医疗人类学的视野

第一节　绪　　论

笔者始终关注从生态学角度解释社会文化现象。可是由于以下三种因素一直发挥着综合作用，本章将主要阐述有关医疗人类学的内容。

第一，医疗生态学方法探讨人类文化以及环境的相互作用。它不仅在人类给定的生态系统内揭露与疾病相关的环境因素，而且是为健康和卫生采取的适应战略。由于每一种文化分别发展了独特的医疗系统，医疗学是根据社会文化的研究，在比较文化的基础上也成为人类学方面的工作。将生态系统定义为病原体（人体）和环境之间的相互关系时，通过病原体的侵入，而导致了人体生病。在对该环境系统的认识中形成了医疗学（徐丙薛，1978：10），以及人体疾病相关生态学的研究，随即成了医疗人类学的重要内容。

第二，韩国医学的发展历史较短，信息的传播体系有限。为了向韩国医学界介绍基于人类学的新研究方法，笔者将讨论医疗人类学，粗浅地阐述一些相关知识和内容。

第三，在全罗南道珍岛郡的下沙渼（1975～1976）和鸟岛群岛①田野收集的资料（1983年夏天）引导出了立足于医疗人类学方法的具体研究。热带地方病是当代居民经常患有的一种疾病，这已经成了他们生活环境中的一部分。从寄生虫学的角度来看，没有免疫学方面的知识，就无法做出正确的说明。

第二节　寄 生 虫 病

通过热带地方病专家和寄生虫学专家的共同努力，朝鲜半岛的南部地区的地

---

① 位于韩国全罗南道珍岛郡，坐落在韩国的西南海，整个群岛均为近海大陆岛，隔海与全罗南道木浦市相对。——译者注

方病，如血吸虫病、囊虫病、丝虫病、象皮病、肝吸虫病等，已经从医学的角度作了充分的研究，各种有关的免疫资料报告已经陆续面世。可是，还没有形成关于上述资料的社会文化研究成果。笔者于1983年夏天，以自然状态调查团①成员的身份，调查了西南海鸟岛群岛，发现该地区有关地方病的三种医学资料。这些地方病，都与寄生虫感染有关。以下，在介绍这些医学资料的同时，还要通过免疫学知识，去展开有关社会文化的研究。首先，笔者在鸟岛群岛地区发现并确认的地方病，在当地都有其民间疾病名称，如"血伤风""水肿腿""下金龟"。

第一，主要由中年妇女陈述的血伤风症状为夜间恶寒，发烧。笔者认为，上述病症与汉城大学医科学院徐丙薛教授及其研究组研究的丝虫病病症相似。现简单介绍丝虫病的病因和免疫原理。

吸血的节肢动物蚊子，是丝虫的中间寄主，传染到最终寄主后，寄生于人体的淋巴管或血管。其病症特点在于，夜间定期出现持续高烧。根据济州岛的研究报告表明，马来丝虫②虫体在血液内活动的最高值通常出现在晚上9时30分至翌日的上午5时30分。在这时段内，如果蚊子叮咬患病的人后，再去叮咬健康人，健康人就会传染上该种疾病。患丝虫病的人，其体内的淋巴组织由于有丝虫虫体的寄生，而病发为淋巴管炎和淋巴腺炎。由于丝虫虫体在血液内活动，因而会引发患者在夜间出现持续高烧症状。据调查点的当地居民介绍，血伤风患者夜间会出现恶寒和高烧症状，这是由于丝虫虫体在夜间进入血管吸血，而引发的临床症状。笔者认为，由于丝虫寄生引起的发烧，与伤风感冒症状相似，所以被称为"血伤风"。丝虫在人体内引起的梗阻现象，表现为淋巴管阻塞，还可以引起其他新的症状，这就是象皮病。象皮病临床过程如下。

出现急性的初期症状③之后，逐步转化为慢性症状。丝虫虫体寄生于淋巴腺，进而诱发为淋巴腺炎和淋巴管炎的反复发作，最终将导致损害下肢或上肢的象皮病病理组织变化。上述病变可以持续数年或数十年，最后转变为终身性的特定肢体象皮病（徐丙薛，1978：185-186）。

珍岛下沙湄的朴氏（男，38岁，是时为1976年），其症状为可以直接观察到象皮病病变。他的左腿严重的浮肿，在此浮肿部位的表皮稍微下陷的位置，出现了铜钱大小的黑色斑块。不分昼夜持续发高烧，浮肿部位严重病变，无法正常

---

① 自然保护中央协议会组织生态学家，于每年夏季，特别是对于岛屿地区进行集中性的田野调查。
② 丝虫病病原寄生虫的一种，因首次在马来西亚发现，故名。——译者注
③ 此外指上文夜间出现的持续高烧。——译者注

工作。下肢浮肿现象并不持续。每次病情发作的时候，患者都到县药店买来退烧剂和镇痛剂服用。鸟岛群岛青藤岛金氏（女55岁，是时为1983年）的左腿是定向性象皮病。她从娘家观梅岛嫁到青藤岛时，已经患上这种病。她从10多岁开始，已经反复出现象皮症病变。10岁左右或者更小的儿童，已经会感染上丝虫病了。也就是说，儿童的腿上暴露几十处被蚊子叮咬的痕迹，在这当地的任何岛屿上都可以发现。由此，通过实例论证了蚊子、丝虫和象皮病的关系。

人类学界的人士由于不了解医学临床知识，并不关注寄生丝虫虫体本身，而主要关注由寄生虫引发的疾病及其与社会文化之间的各种因果关系。蚊子是丝虫的中间寄主，所以笔者想通过观察居民的生活模式，去了解特定地区居民的何种社会文化行为与蚊子的吸血发生直接关系。

第一，丝虫病感染地区的儿童着装行为容易导致被蚊子叮咬。在珍岛下沙渼和鸟岛群岛，5~6岁的所有儿童除了寒冷的天气外，一年四季几乎完全裸露下半身。这并不是因为贫穷，买不起童装，而是便于处理孩子的排泄物的社会行为所派生的儿童着装习俗。居民们解释说孩子裸露下半身，对健康有好处。特别是男孩子裸露下半身，能够为家长的重男思想提供具有彰显意义的象征性，因而当地的男孩子均完全裸露下半身。

第二，房屋结构和周边环境等居住形态容易导致被蚊子叮咬。蚊子是寄生性节肢动物，通过可以吸血的寄主（人类和动物）进行异种营养交换，而获得生存。在当地，蚊子的栖息地与人类的行动范围相一致。厕所、猪圈、污水桶、污水坑，以及经常潮湿和黑暗的屋后都是最适合蚊子栖息的地方。济州岛的丝虫伊蚊（当地传播丝虫病最重要的中间寄主，是当地数量最多的一种蚊子——译者注）的栖息地是盐分较高的海岸附近页岩内潜流水坑（徐丙薛，1978：185）。下沙渼和鸟岛群岛的房屋结构是变形的三居室，从里屋到厨房的两间基本结构中，从里屋向右延伸的仓库形成另一屋。另外，还有从厨房的一个角落向房屋的前面稍许延长的茅房（Chun，1982：34）。为了留出入口，门框和墙架支撑着房屋的所有墙壁，墙壁都是用纯自然的石头和泥混合筑成，其构成模式非常简单。所有出入口和窗户不是拉门，而构成开/关门扇样式，因而不能安装防虫网。每到夏季，居民为了防止蚊子叮咬，仅偶尔使用从市场购买来的蚊帐。

第三，居民在水面的活动形态容易导致被蚊子叮咬。从蚊子的生活方式来看，它的吸血行为主要出现在傍晚和凌晨。在居民睡眠时，最容易被蚊子叮咬。蚊子的吸血行为在寄生生活的进化过程中，很好地适应了寄主的生活周期。寄生虫学家林汉崇博士在掌握蚊子生存方式后指出，安装电气设施的地方可以降低丝虫的感染率。这是因为，作为蚊子的寄主，居民的生活方式适应了新的创新因素后，改变了劳动时间及睡眠时间的周期。作为丝虫的中间寄主蚊子，不会根据人工改变了的夜光去调整自己的生活周期。因此，人们被蚊子叮咬的可能性就会大大降低。

第四，居民对于病因的传统观念中，具有主导性的观念偏颇。他们认为脏物质进入人体或者灵魂出窍才引起疾病。这种传统的疾病病理观念受到了现代医学的影响，似乎发生了一些变化。现代医学的研究可以概括成细菌理论、免疫学理论、细胞概念、机械论概念等（姜德熙，1982：2-3）。其中，免疫学理论将寄主、病原体、环境之间的相互作用不均衡视为疾病的导因。上述免疫学理论可以解释为，由于被寄生虫感染而引发为热带地方病。引进上述认识中的细菌理论和机械论概念，可以使韩国农村的传统医学理念与巫俗信仰和阴阳说结合起来。但是，居民对上述热带地方病还没有形成任何新的认识。由于错误的观念影响，居民将丝虫病（血伤风）诊断成严重的"伤风"症，而将腿部外观形态发生病化的象皮病（水肿腿）诊断成不治之症（Riji，1983：35）。

第五，据有关资料考证，居民的劳动生产及劳动形态与寄生虫感染密切相关。由于笔者缺乏翔实的当地资料，无法证明这一内容的正确性。可是埃及、苏丹、中国、日本、印度等国家的有关研究指出，主要依赖水稻的农耕和灌溉设施与血吸虫病（吸虫的一种）的感染密切相关（McEroy and Townsend，1979：389-395）。

第三个被确认的疾病是，由于被寄生虫感染引发的囊虫病或者囊尾幼虫病，这种病在鸟岛地区被称作"下金龟"。猪肉绦虫（绦虫）是以猪肉为媒介进入到人体的。绦虫卵定位于肌肉或者皮下，从而形成瘤状囊，或者进入脑后寄生，引起癫痫病症（徐丙薛，1978：279-283）。笔者在上鸟岛的孟成里探访了朴英珍（68 岁）奶奶。她通过手术摘除了胸部的"下金龟"，即绦虫寄生形成的硬块。居民为了治疗这种病症，通常采用传统治疗方法，剥皮食用肉豆蔻仁或者煮沸食用肉豆蔻皮。这一地区为了消除绦虫病，按照传统的药方，晒干银鱼。到处都使用济州岛式的厕所，而且在院子里养猪。1983 年夏天，笔者在观梅岛看见当地居民仍有吃生猪肉的习俗，这足以证明猪肉绦虫的发病率高与饮食习惯有关。"调查团"到达观梅岛时，发现当地居民有"猪肉共享活动"。居民剖开猪的肚子后，争先恐后地生吃称作"饽饽"的猪肉，"饽饽"位于猪肠附近，长约 10 厘米，是白色含脂肪的长细膜。他们也生吃被称为"肉片"的猪肉，"肉片"是由结缔组织构成的长细膜（查看了猪的解剖图，可没有发现相关部位的临床解剖术语）①。而且，我们还见到当地的居民习惯于生吃猪肉。妇女们见到邻居嫂子提着猪肉回家，就会说："要做生拌猪肉吃吗？""调查团"还发现珍岛下沙渼的居民也有生吃猪肉的习惯。猪的肌肉部位很容易生长囊尾幼虫，生吃猪肉很容易使人类染上囊虫病。这些地区的居民比起吃这种肌肉部位的生拌猪肉而言，更喜欢生吃"肉片"和"饽饽"，这也许是自然选择的结果。如果居民主要食用生拌猪的肌肉，人类就会退化。正如民俗志报告指出，没有认识到绦虫危险性的因纽特人不食用寄生虫的寄主，如狗、狐狸、狼的肉（McEroy and Townsend，1979：21）。

感染绦虫的人，饮酒过量和暴饮时都要呕吐，这表示已经感染上了囊尾幼虫病。因此，居民的饮酒习惯与免疫学有关。而且，珍岛下沙渼的人喜欢把使用之后的避孕套扔到厕所，后来儿童又把在菜园发现的避孕套当成"气球"吹。由此，笔者认为居民的生活方式和儿童的游戏方式，都与寄生虫病感染密切相关，具有系统感染机制。喜欢生吃鱼片的饮食习惯，也导致了喜欢食用生猪肉的习惯。由此可以证明，应当在社会文化关系中，理解寄生虫病感染的免疫学问题和寄生虫病感染的过程，才可能找到预防疾病的社会文化方法。

向居民们证实他们是否有生吃猪肉的习惯时，我们遭到了当地居民的强烈否认。由此可以认识到，居民平常不生吃猪肉，可是在"猪肉共享活动"中却会争先恐后地生吃"肉片"和"饽饽"。宰杀猪并不是经常发生的事情，而是为了准备结婚、葬礼或祭祀等仪礼而进行的。所以，对于居民来说，"猪肉共享活动"是仪礼中的一个重要组成部分，他们并非在日常模式中食用生猪肉。这与日常模式中提出的生吃猪肉问题，在民俗志含义论中的饮食习俗上具有领域方面的不同含义。也就是说，生肉和熟肉的饮食领域分类，可以交叉于日常模式与仪礼模式之间，这应当从另一个角度进行定位性的解释。

第三节 结 论

依据人类学在当地的调查，并拜访寄生虫学家、热带地方病专家，以及进行文献研究。笔者通过上述过程，研究了疾病的社会发生规律，特别是研究了疾病感染的社会文化方面。从免疫学的角度来讲，疾病具有地区约束性和文化约束性。因此，地方病与特定地区居民的生活模式及思维方式密切相关。居民的疾病

---

① 全博士此处未注意上述两个当地俗名，指的都是猪的长细膜。——译者注

与劳动生产、劳动形态、睡眠形态、居住形态、生存经济、仪礼、饮酒习惯以及儿童的游戏形态等社会文化现象都密切相关。因此，要理解地方病，确实需要有体系性的思考。

西南海岛屿地区拥有鸟岛群岛和汉拿山国立公园。为了通过旅游资源完成经济开发，鸟岛群岛和汉拿山国立公园被指定为多海岛海上国立公园。西南海岛屿地区在国家的政府开发计划中占据重要地位。而疾病是阻碍旅游经济发展的因素之一（Foster，1978：27），这些地区的公众保健及地方病预防问题并不只是边界地区的问题。但是，也不可能从居民的整体环境体系中，完全消除一切认为以寄生虫病感染根源有关联的习俗。这是因为，几乎不可能从给定的系统中剔除某一部分，而要保证整个系统的正常运行。例如，对居民的生活实行隔离，将感染绦虫病的根源，也就是人类和动物的粪尿做彻底的灭除虫卵处理，这是几乎不可能做到的事情。即使可能做到，也会引发其他的系统性问题。因此，粪尿具有生态含义，也就是说，可以为农业提高土壤质量。考虑到这一农业行为在医学方面包含着寄生虫感染的危险性，探索引导方案，使生态方面更趋健全，文化方面可以接受的"最小最大"（Alland，1970：2~3）生活模式，我们称之为环境的适应形态。也就是说，应该使因粪尿利用发生的疾病危险性降到最低限度，而且在经济方面提供最大限度的优惠激励政策。

本文在医疗人类学的范围内研究免疫学和人类学共同关注的问题，并不只追求单纯的学术成果。本文对于疾病的社会文化方面研究，不仅可以证明客观存在着临床方法难以解决的医疗系统部分，也就是社会文化部分，而且可以在本质上强调有关医疗系统的预防机制的重要性。本文坚决主张管理公众保健卫生工作的医学界，应该将研究的角度从过分追求临床医学，转移到热心研究预防医学的领域中去。

第六章　关于利用沼气的相关个案研究
——以济州岛松堂里为中心

第一节　目的和方法

沼气技术的利用，使韩国农村生活发生了巨大的变化。本章将从以下三方面内容来阐述韩国的沼气利用文化：①回顾韩国沼气技术的发展过程；②沼气技术推广到农村地区的途径和推广状况；③通过个案研究，分析当地居民对沼气技术的反应，以及生活中引入新技术后，所导致的农村社会文化变迁，特别是创新技术带来的负面影响。这一部分是本章的核心。此外，还将阐述沼气技术的使用和农业系统之间的关联性。

沼气是有机物在温度约 25℃、pH7.0 的条件下，在封闭的空间内通过发酵产生的有机气体。其中甲烷（CH_4）占 55% ~ 70%（Wolf，1976：15）。我们关注此项技术的原因在于它与化石燃料不同。生产沼气的原料是有机物，而且发酵后的沼渣可以再次利用为肥料，有利于维持生态系统的顺利循环，所以在欧洲将沼气称为"生物气体"。

本章取材于对当地农村地区沼气设施的分析，加上拜访沼气专家和当地居民所收集的田野调查资料，并参考已经出版的若干相关文献。遗憾的是，1984 年 2 月 7 日至 2 月 21 日，笔者到当地进行田野调查时，正好是冬季。由于气温偏低，有机物无法发酵产生沼气，当地许多居民已停止使用沼气，所以没有亲眼观察到沼气发酵的实情。

第二节　沼气技术发展和推广过程

从 20 世纪 60 年代，韩国引进沼气技术以来，该技术在韩国农村推广和使用的情形如下。

1964 年，国立种畜场大田支场的技术人员向政府提交了关于在韩国推广沼气技术的可行性报告，并着手进行了简单的实验。当时，该项技术在邻国日本已试验成功并开始推广。当时大田农场的技术人员认为，韩国的气候条件与日本十分接近，在韩国推广该项技术有成果的把握很大。这应该说是韩国推广沼气技术的开端。1967 年，位于水原市的韩国农村振兴厅公农业技术研究所，积极进行了相关研究，对利用沼气作为替代燃料的技术可行性进行了相关试验，并对沼气的设施展开了研究。结果，开发出了"小型湿式"沼气（生物气体）设施。该设施的功能是将投入发酵槽的家畜粪尿、人粪尿及其他有机物，通过发酵生产沼气供作日常生活燃料使用。

　　1969 年起，农村振兴厅指导局开始向全国推广沼气设施，并进行了技术指导。到 1975 年止，全国共推广了 28 944 套沼气设施。以下资料详细记载了有关沼气技术推广的过程："首先，在各道的农村振兴院、市、郡的生活改善指导员和主管地区社会开发的指导员，先到农村振兴厅，向研究人员学习气体发生理论、设施安装技术，并接受了理论等方面的专门培训。当时，对农户批准安装沼气设施的条件如下：①发酵原料供应充分的养畜农户；②有财力使用该设施，生活比较稳定、有一定文化知识的农户；③该项技术已成功推广地带的当地农户。推广该项技术的初期，安装费用由国家全额资助，可是到了 1971 年，随着推广农户的迅速增加，地方政府由于财政压力过大，承担的资助费用随之下降 50%。"（洪奇勇，1979：49）这个新政策打击了当地农户的积极性，也影响了上述"湿式"设施在韩国农村的推广。加之使用该技术，客观存在着诸多的不便，也影响了这一技术的大面积推广。该设施到了寒冷的冬季由于气温较低，气体的产生量达不到利用标准，只好停止使用；设施中有的部件破损率非常高，经常造成运营不正常；发酵槽里得随时投入粪尿等肮脏原料，不仅操作繁琐，而且污染操作人员和环境。这些客观因素也造成"湿式"沼气设施的推广困难。另外，"由于 20 世纪 70 年代兴起的新农村运动，要求当地农民美化农村周边环境、整修公路，在执行的过程中，很多沼气设施被废除"（洪奇勇，1979：49）。尔后更由于发酵用的原料来源不足，无法继续使用这一设施，也影响了"湿式"沼气设施的大面积推广。到了 1974 年，农村振兴厅指导局不得不中断推广一年。"1974 年起，农村振兴厅得到英国技术人员的指导，掌握了不受气温影响的沼气发酵新技术。为了验证新技术的可靠性，振兴厅还在所属畜产试验场安装了大型的沼气发酵新设施"。（韩旭东，1979：80）1977 年，农村振兴厅在农业技术研究所设立农村燃料研究科，在研发上述大型沼气设施的同时，也尝试开发适用于一户居民使用的口袋状小型"干式"沼气设施。1981 年，农业技术研究所开发出了用稻草等农作物副产品加上牛粪或猪粪的混合物为原料的"干式"沼气设施。小型"干式"沼气设施概念图，见图 6-1。

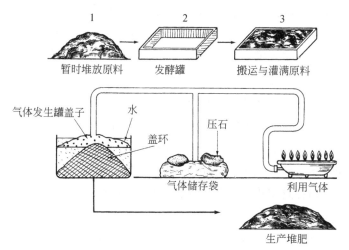

图 6-1　济州岛沼气设施概念图

（资料来源：济州岛农村振兴院）

有机物（混合肥料、山野草、稻草、粪类）$\xrightarrow[\text{pH7.0}]{\text{甲烷菌的作用}}$生产沼气——利用

从 1982 年起，农村振兴厅向农户提供了小型"干式"设施。笔者在当地田野调查时发现，当地正在使用者均为这种小型"干式"沼气设施。过去农户所使用过的"湿式"沼气设施已无人继续使用。表 6-1 是 1982 ~ 1983 年韩国"干式"设施的推广资料。

表 6-1　干式生物气体设施的推广现状

道	1982 年	1983 年	合计
京畿	58	59	117
江原	20	44	64
忠清北道	2	31	33
忠清南道	12	44	56
全罗北道	4	55	59
全罗南道	20	70	90
庆尚北道	—	101	101
庆尚南道	2	59	61
济州	36	303	339
总计	154	766	920

资料来源：农村振兴厅指导局

表 6-1 给我们提供了有关"干式"沼气设施推广、利用等方面的许多有价值的信息。如表 6-1 所示,"干式"沼气设施在济州岛推广的数量最多,其次是京畿道。济州岛在 1969～1975 年的"湿式"设施推广时,由于技术指导方面存在问题,所以几乎没有得到推广。可是,从表 6-1 来看"干式"沼气设施的推广率很高,对此笔者想用济州岛所特有的两个条件分析成功的原因。

第一,农村振兴厅及济州岛农村振兴院的相关人员与当地居民都认为,济州岛地区"干式"沼气设施的推广率最高,得力于济州岛位于朝鲜半岛最南端,其年平均气温较高,有利于沼气发生。可是,笔者认为,这样推测的理由尚不充分,因为济州岛冬季的气温根本达不到发酵粪尿的要求。济州岛的汉拿山中山间地区气温较低,但在这里推广率仍然很高。由此可以看出,认为较高的气温与高推广率有直接关系的说法站不住脚。

济州岛冬季与其他道一样,都会因为气温较低影响粪尿发酵。然而,与其他地方不同的是,到达适合发酵温度的时间比其他道来得早,致使能持续发酵的时间较长,发酵产气的时间也相应地变长。可是,推广该设施的负责人对上述情况尚未了解和掌握,而当地农民对上述情况事先并不了解,这一情况对推广的成效发生明显的影响。也就是说,"尽管冬季在自然条件下不能使用该设施,可是,由于济州岛的气候特征,比其他地方能使用该设施的时间长"。这仅仅是推广该设备的负责人说服居民接受推广的理由罢了,不能成为居民使用该设施的理由。总之,济州岛的冬季气温并不高,发生的气体达不到利用的要求,所以济州岛气温高与推广率有关的理由并不充分。笔者认为,气温条件对沼气设施的推广率高低的影响与居民对新技术的接纳意愿之间,存在着很多需要说明的其他因素。

第二,济州岛有发达的畜产业,居住环境周围的植被茂密对济州岛的沼气设施推广率提高十分有利,其关系更为直接。济州岛中山间地区不仅有大规模的牧场,而且有许多以个别农户为单位的小型养牛场,一般的农户也至少饲养 3～4 头牛。这些农场和农户拥有的大量牛粪,为沼气设施的推广提供了丰富的原料。除此之外,畜产基地分布较密的海岸地区也具备了沼气设施推广的良好条件。另外,济州岛中山间地区是广阔的山野,植被茂密。过去,当地居民有割山上的野草做燃料的习惯。所以在这一地区,即使不使用稻草做原料,山上丰富的野草(掺入野草的粪尿比掺入稻草的粪尿气体发生期长且气体产量大)也为沼气设施的推广提供了丰富的原料来源。沼气设施推广负责人恰好利用了当地的自然背景和居民的产业特点,制定了推广原则和营销战略,因而取得了很好的推广业绩。当地居民认为,既然已经具备了以上条件,试试也无妨,才决定安装沼气设施。

即使这样，也不能根据上述事实断言，济州岛较好的自然条件与当地沼气推广率高直接相关。居民在决定是否利用沼气时，不仅要考虑上述条件，还要考虑政策的支持力度。居民对燃料的传统观念、沼气燃料固有的利弊、当事人的社会地位与经济财力等，也是影响沼气推广率的重要因素，这些因素是济州岛特有的现象。在济州岛沼气推广率最高的是中山间一带，笔者实地考察了一个村庄，虽然考察的范围十分有限，但却能反映影响推广率的某些因素。笔者想通过一个个案阐述自己的理解。

沼气利用技术在济州岛推广率最高，其次是京畿道。这是因为，在这些地区的沼气技术开发和推广由农村振兴厅负责，而新开发的"干式"沼气设施在这些地区还停留在试验论证及示范阶段，因此，地理位置上离农村振兴厅较近的京畿道，成了推广实验的中心区域。政府对农户资助费充足，这才使得两地的推广率高于其他地区。

第三节　沼气设施建造技术

如图6-1所示，小型"干式"沼气设施是由混凝土建造的发酵槽、气体发生罐盖子、气体储存袋和燃炉灶组成，结构非常简单。将发酵槽发生的气体储存到气体储存袋，将压石放到袋子上，通过其压力使气体通过管道连接到燃炉灶。气体发生罐盖子和气体储存袋较柔软。为了避免夏季气体过分的膨胀而导致储存袋和发生罐盖子的破裂，将管道中间部分与水瓶连接，将部分气体排放到空中。过去推广的"湿式"沼气设施需要随时投入原料，而目前推广的"干式"沼气设施只要投入一次原料，就能使用几个月。因此，这种设施与以往推广的"湿式"沼气设施相比，不仅节约劳动力投入，而且操作简便卫生。"干式"设施的优点还在于，不使用人粪做原料，而且牛粪和猪粪也是在与稻草或山野草搅拌后，以"混合肥料"的状态投入到发酵槽，大大减轻了臭气对空气的污染，而且发酵后的原料是优质堆肥。

本文的目的并不在于讲述沼气设施的技术推广过程，而是从当地居民对待"新技术"的态度出发，关注在引进"新技术"的过程中发生的社会文化变迁。有鉴于此，笔者对于沼气的技术性层面就简单介绍到这里，下面仅就当地研究中发现的问题详加讨论。需要申明的是，对沼气设施技术方面的优劣评价，笔者不是针对开发此项技术的专家和个人，而是以使用过沼气设施居民的感受为依据，就相关的社会文化问题进行判断与评价。也可以说，是居民对该项技术所做出的很有意义的反馈。

第四节　松堂里的能源利用文化

笔者曾以济州岛北济州郡旧左邑松堂里为中心，进行过田野调查工作。此外，还收集了北济州郡一带若干个地区的田野调查资料。将济州岛选定为调查点的原因在于，济州岛是最积极推广沼气技术的地区之一。当时笔者假设，这一地区沼气推广率高，不是因为政府的政策好，而是居民主动接受了该项技术。而且选定该地区为调查点时，笔者还认为济州岛的高气温条件与高推广率有关，冬季使用的沼气农户也会很多。可是，随着对济州岛一带田野调查的深入，这种假设成了泡影。笔者除了在北济州郡翰京面孤山里发现一户农民通过保温措施试验该设施在冬季的产气量外，在其他任何地方都没有发现安装保温设施使用沼气的农户。

到 1983 年 12 月止，济州岛共推广了 339 套沼气设施。其中，通过农协[①]的支持安装了 17 套，其余都是通过农业振兴院，得到政府专项资金支持才得以安装运行的。

北济州郡共推广了 152 套沼气设施。大部分分布在中山间地区，住在离海岸稍远的很多半农半渔居民或农户也安装了该设施。据北济州郡农村指导所 1984 年对希望安装该设施的农户所进行的统计数据显示，当地的 211 户人家中，中山间地区占 186 户，海岸地区占 19 户，岛屿地区占 6 户，其中中山间地区占据多数。可以通过以下事例分析其原因。

中山间地区居民的沼气原料，主要来自大量饲养牛所得的牛粪和在临近山野采集的山野草。而在海岸地区居住的居民，因为主要从事渔业，所以无法获得充足的沼气原料。就算饲养了牛的用户，由于养牛数有限牛粪必须经过长期的积累，才能达装罐发酵所需的原料数量。牛粪在积累期间，随时散发臭味，会影响左邻右舍的正常生活，因而接受沼气推广，有社会压力。到 1983 年为止，在半农半渔地区选取可以确保稻草供应的农户，或者向海岸地区居民开始推广该设

---

① 农协，韩国农民协会的简称，是韩国的合法民间组织。——译者注

施。但是海岸地区居民因为喜欢用丙烷气①。

　　海岸地区的传统燃料是山野草、树枝、树叶，以及从海边采摘的干海草等。自从石油和煤球在这一地区推广后，当地居民不仅使用传统燃料，而且还混合使用一些现代燃料。随着临近邑内或面事务所所在地设立丙烷气供应站，丙烷气使用在该地区迅速普及。丙烷气给邑或面事务所所在地居民和农村渔民的生活带来了极大的方便。渔民经常要去很远的海上捕鱼，特别是潜水员，从海上返回家后还必须立刻外出准备柴火，虽然这些已经成了习惯，但渔民仍然认为相当辛苦和繁琐。即使使用煤球，渔民也像农户那样，经常回来查看煤球火势，以便随时加煤，因此仍然感到不便。此外，石油②对于济州岛半农半渔农户来说，非常昂贵，不能用作燃料。在这种状况下，丙烷气受到了渔村居民的欢迎。

　　海岸地区所特有的社会环境因素，也是丙烷气受欢迎的重要原因。济州岛的市政府、邑事务所、面事务所的所在地都在海岸地区，所有商品都是从这里流通到济州岛各个角落。因此，离海岸稍近的渔村，都比汉拿山中山间地区的农村更容易受城市文化的影响。而且，渔村居民的现金周转率比中山间农民的现金周转率快得多。所以，比中山间居民更深刻地觉得"用钱买来物品使用，比亲自制作或者寻找更方便"。

　　实际上，笔者在中山间地区的其他村庄也没有发现使用丙烷气的居民，更没有发现哪家居民迫切需要丙烷气。只是在松堂里经营商店的一位妇女说以后要使用丙烷气。该妇女在该村生活比较富裕，新盖的单层洋房也装修得相当有品位，笔者向她问起丙烷气时，她因为还没有使用到丙烷气而感到很惭愧。

　　笔者在海岸地区渔村发现，许多居民家的盥洗台上都安装了丙烷气利用设施。当地的生态条件、生活方式、文化环境及观念等都适合居民使用丙烷气，因而沼气很难具有感召力。北济州郡农村指导所相关人指出："海岸地区由于丙烷气使用已经普遍，很难推广沼气。"这番话验证了上述观点。目前，全济州岛农村，还逐步引进了现代的电气厨房用具，形成了能源利用的多元化格局。

　　笔者将北济州郡旧左邑松堂里选定为重点调查区域，是因为松堂里地处中山间地区，而且畜牧业很发达。松堂里共有 15 户居民安装了沼气设施。另外，济

　　① 原作者此处所言，指使用石油加工废气的燃气灶。使用加工废气的主要成分是丁烷，而非丙烷。称作丙烷气是韩国民众的习惯称谓。原作者在此使用旧有习惯称法，并不是使用学术术语，仅提醒读者注意。——译者注

　　② 原作者此处所说的石油是指用石油加工成的煤球、汽油等燃料油，以及使用这些燃料油的炊具，并非指石油本身。——译者注

州岛翰林邑金娥里，也安装了一些沼气设施。

　　松堂里是中山间地区的一个村庄，距济州市大约 40 千米。到 1983 年 12 月止，总人口 1167 人（男 571，女 596），居民共 297 户（农户 253，非农户 44）（这是里长统计的数据，而邑事务所统计的数据是农户 225 户，非农户 72 户），村庄规模相当大。村庄的总面积达到 3802.5 公顷。其中，田地面积是 648 公顷、树林和山野面积是 2922.1 公顷，而住宅、公路等面积占 232.4 公顷。在松堂里广阔的土地上，共有 7 个牧场和 8 个柑橘农场。其中，外地人经营的松堂牧场和健英牧场的总面积分别达到 1174 公顷和 229 公顷，占松堂里全部土地面积的 1/3以上。其余牧场中，3 个是松堂里居民管理的共同牧场，2 个是规模小的个人牧场。

　　按照地理位置，松堂里可分为上洞、中洞、大川洞等三个区域。中洞的规模最大，是松堂里的中心区域。国民小学、保健诊疗所、里事务所和大部分商店位于中洞，还有通往中洞的公共汽车。中洞的很多居民认为，自己比上洞或大川洞的居民更有文化优越感。他们认为，中洞很繁华，可上洞和大川洞像农村。负责松堂里全部事务的人员中，大部分住在中洞。中洞的一位妇女会长，对来自非中洞的其他成员非常轻视。她认为，跟上洞或大川洞"落后"的人一起工作，办不好事情。

　　笔者出席过青年协会召集的筹备会议。目的是商讨为里事务所成立举行一次纪念仪式。令人惊讶的是，参加会议的人当中，所有的青年都来自中洞。笔者问其中一位青年当地有没有人使用煤球，他想了半天，才说："中洞有很多新盖的单层洋房，可能不少居民用煤球。"可是笔者觉得事情也许并不如此，三个地区不可能存在那么大的差异。中洞人有文化优越感，使他们觉得其他地方都比中洞落后。据统计，安装沼气的 15 家农户都是中洞居民，这 15 家肯定不使用煤球。这一事实正好反映中洞居民存在着偏见。

　　松堂里共居住 297 户居民。其中 253 户居民是农户，半农半牧的农户有 241户，农业与商业兼营的农户只有 12 户。传统畜产业和农业是该地区的主流生计方式。表6-2 是松堂里的 1983 年 12 月为止的畜产状况。

表 6-2　畜产状况

品种	饲养农户数量	饲养数量
牛	135	576
猪	110	120

续表

品种	饲养农户数量	饲养数量
马	4	13
驹骊	2	50

资料来源：旧左邑事务所产业界

　　表6-2 没有包含松堂牧场和健英牧场两家企业牧场饲养的牛。当时松堂牧场饲养着580头牛，健英牧场饲养着421头牛，几乎是农户养牛总数的两倍（资料来源：畜产协同组合济州岛支部，1983年12月）。

　　从5月到11月，饲养牛的农户要到当地居民的共同牧场去放牧，或者委托共同牧场或个人牧场代为放牧。等天气变冷之后，在各家畜圈饲养。这种共同牧场放牧的方式从10年前开始采用。有共同牧场运营放牧，可以说是济州岛独特的传统畜牧方式。

　　采用共同牧场放牧方式之前，从5月至11月，15～20名牛的主人分组共同管理他们拥有的牛，人们把他们称作"牧人组"。牧人组的成员按照顺序排成几个小组，在附近的草原放牛。一到晚上，他们就把牛赶到有石头围墙的农田里过夜，人们将这种临时畜圈称作"踏领"［据 Atal（1979：198）报道，印度农村也有与此类似的习俗］。牛在围墙里面度过一夜，农田的主人毫不费劲就可以得到大量的优质畜肥。因此，农田的主人往往事先邀请"牧人组"进行"踏领"。后来外地人的土地开发浪潮冲击到了松堂里，松堂里的部分畜产农户才开始团结起来，协商组建共同牧场，以便和外地人抗争。他们租下国有土地后，围起铁丝网。每到5月份，就把牛赶到里面放牧。目前，他们每到放牧时期，就承袭过去牧人组的运营方式，按照顺序分组管理牛群。

　　牧人组是每年临时建构的劳动组织。可是共同牧场的会员是按照严格的程序加入的，会员还得履行交纳会费的义务和遵守相关章程，因而是一种封闭式的固定产业组织。有些共同牧场，用会员缴纳的会费代理聘用专业牧人，负责检查牛是否发情、是否跨出铁丝网、是否掉入悬崖等。而且到松堂里附近原野牧场放牧的准入条件发生了变化，这与共同牧场制度发生变化有关联。牧人组放牧的时候，可以在松堂里附近原野自由放牧，其放牧权利不具有排他性。

　　自从10年前共同牧场放牧方式出现后，一切都发生了变化。以往可以自由放牧的原野面积很大，随着外地人侵占当地土地的步伐逐步加快，居民可以放牧的原野面积越来越少。早先对共同牧场不感兴趣的农户，也逐渐加入到共同牧场。于是5年前又增建了两处共同牧场。每到放牧期，还没有加入到共同牧场的农户，不得不把牛委托给共同牧场或个人牧场代牧。随着可以自由放牧的原野逐渐被侵占，在原野的使用权问题上，开始出现了排他性。每到阴历七月十五日（百中）①，共同牧场会员要用酒和食物举行拜祭仪式，但非会员通常不会参加。

进入11月份后，天气开始变冷。此时，农户将各家的牛赶到自己的畜圈圈养。在此之前，农户必须事先储备好冬季到春季5~6个月的牛饲料。松堂里居民使用的牛饲料中，占据最大比重的是稗子的茎和叶，当地居民将它称作"干草"。在松堂里农户的年周期中，最繁忙的季节就是收割干草的9~10月。通常饲养牛的农户之间要相互帮忙，而不饲养牛的农户则参与到收割干草的队伍，按收割的数量索取工钱。男人用长镰刀收割干草，老人、孩子和女人则将干草捆绑起来，存放在野外晒干之后，再搬到家里堆成草垛，并用芒编成席，盖在草垛上以免被雨淋湿。在野外存放和储存过程中，干草若被淋湿，即使重新晒干，牛也不会吃。这样的干草就成了垃圾只能当成柴烧。

牛在畜圈里饲养一个冬季，畜圈地面会堆积很多牛粪。松堂里农户从不清除牛粪，而是经常在牛粪上铺上干草或稻草秕糠（稻草也是一种非常珍贵的牛饲料，当地农户把不能用作牛饲料的秕糠铺到畜圈里）。在牛踩踏的过程中，这些干草或稻草秕糠与牛粪尿搅拌在一起，成为优质的"混合肥料"。到了2月份，农户把"混合肥料"从畜圈搬出堆积到户外。如果继续存放在畜圈内，发酵会不充分，无法直接用做肥料。播种油菜、荞麦时，会把上述过程生产的"混合肥料"作为底肥来使用。

如图6-2所示，一家农户只饲养一头左右的猪。饲养猪的目的，并不只是为了出售，而是当家庭里有红白喜事时，宰杀后做成食物招待客人。由此可知，饲养猪的生产过程与家庭仪礼有密切关系。如果农户急需现金，也不会把猪卖给外地商人，而是直接卖给中洞的猪肉专卖店。据统计资料显示，松堂里饲养猪的农户达到110户。这也就意味着当地有110处济州岛传统厕所，因为在当地，厕所是建在猪圈的上方或与猪圈相连（将连接上述两种方式的结构称作"厕所"）。

济州岛的传统厕所设置于猪圈旁边，其形态各异，但相同之处在于踩脚石底端与猪圈相连。有些厕所与猪圈同在一个石头围墙内，可是有些厕所是只围住三面，另一面向猪圈开放。猪在踩脚石下面吃人粪。除此之外，猪也吃农业生产的副产品和人类食物的残渣，猪排泄的粪尿会被猪踩踏，与地面的稻草或干草搅在一起，成为优质农家混合肥。从中可以看到，不仅人粪、猪粪和农业的副产品均被再次利

---

① 百中为韩国的传统节日，相当于中国汉族的中元节或祭祖节。——译者注

用，而且猪的饲养过程与农户的仪礼，以及当地建筑模式有机地联系在一起。

松堂里农户种植的传统农作物品种有油菜、荞麦、大豆、水稻、稗子等。稗子的秸秆晾干后，用作牛的饲料。收割稗子后，残存在稗子杆的次等稗粒，还要收集起来，作为鸟的饲料在市场上出售。我们无法准确命名当地传统水稻品种的名称，从当地农户将其称作"山斗"来推测，这种水稻可能是由旱稻驯化而来的。目前，当地除了种植上述传统农作物之外，还盛行栽培柑橘，种植油菜、荞麦等农作物，它们主要是用作牲畜的饲料。

需要留意的是，这些农作物的秸秆，除了用作混合肥料的原料外，燃烧干草、木头、稻草之后产生的灰烬，也是非常重要的肥料。农户播种油菜及荞麦时，将灰烬撒到农田后再在上面播种。当地农户的传统观念认为，耕地上撒上灰烬，庄稼才能获得好收成。北济州郡农村指导所的专家解释说：济州岛的土壤是由玄武岩风化而成的火山灰质土壤，所以土壤的氧化非常强烈，土壤呈酸性。因此，在耕地时撒上呈强碱性的灰烬，对土壤有中和作用，有助于菜籽的发芽和生长。

灰烬的重要性从济州岛的灶坑结构中得到很好地反映。与其他地区灶坑相比，济州岛的灶坑形态十分独特。灶坑烧火口的后方有一个敞开的口，在这个长开口的延伸处，有一个可以储存灰烬的空间。人们会刮出燃烧剩下的灰烬，并随时储存到这个空间。

为了达到烹熟食物和收集灰烬两项目的，设置成对外敞开于灶坑前后的两个灶坑口，会导致火烟无法排放处理。因此，妇女在烹调时会被烟熏的非常痛苦，所以政府每次从事环境改善工作时，都会废除传统厕所和改良灶坑结构纳入工作计划。图6-2是济州岛传统房屋的厨房截面图。

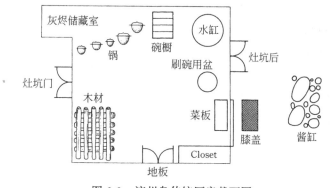

图6-2　济州岛传统厨房截面图

目前，松堂里居民所使用的燃料种类很多，当地居民利用的燃料可以分为自然产出和市场购进两大类。

自然产出的燃料包含山野草、树枝与树叶、干草秕糠及柑橘修枝等，无需使用现金购买。此等燃料又可以按照其获得和使用的方法，构成非常复杂的分类体系。从"杂草"这一术语的使用，可以知道当地居民对植物的分类系统。首先，"拾掇"指在附近原野采集来的芒草等山野草，此时，"杂草"概念里只包含山野草。另外，"烧杂草"这一概念里除了包含山野草之外，还包括小树枝和树叶、秸秆秕糠及稻草秕糠等。小树枝和树叶、秸秆秕糠及稻草秕糠等在农作状态下，并不被叫"杂草"，但做燃料使用时才被称为"杂草"。小树枝和树叶按照其使用状况，还可以称为"杂木"，也可以称为"柴火""木块"的组成部分。与粗树枝共同使用时，将其统称为"木块"或"柴火"。野生树木的树枝或树叶与山野草等混在一起时，将统称为"柴火"。树叶类是通过间伐树枝或修剪树枝获得。居民在冬季时，也偶尔上山修剪枯树枝，这种操作称为修剪树枝。间伐指砍下杉木、松树、侧柏、扁柏等树木中，生长不良或者枯死的部分。

修剪柑橘枝或间伐树枝获得的枝条，用作燃料时统称为"柴火"。当地种植柑橘农户有 15 家，他们可以使用修剪下来的柑橘枝做"柴火"用。

过去在野外有很多马粪，当地居民把他们晒干后，用作燃料。可是如今，如表 6-2 所示，只有 4 家农户只饲养 13 匹马，不可能产出那么多马粪。一位 30 多岁的男士讲道："过去人人都能捡到满框的马粪，晒干之后用来烧炕。烧马粪，炕会保暖一天。可如今没有那么多的马粪，即使有也会觉得麻烦而不去捡了。"

市场购入的燃料包含煤球、石油及丙烷气等燃料。居民都知道这些燃料使用起来很方便，可是由于经济原因，不能放开使用。这类燃料不像杂草、柴火那样，它们与人类的生计没有密切关系，而且从经济角度来看，也不合算。1982年该村推广"新农村锅炉"后，当地居民才开始使用煤。

盖新洋楼或者改造传统房屋的居民，都喜欢安装煤球锅炉。有趣的是，几乎所有上述居民仅用煤球取暖，而烹制食物时，还是使用杂草及柴火。原因在于，一方面居民觉得杂草及柴火的火力较强，另一方面，春耕时需要大量的木灰做肥料。使用煤球的居民通过协商，统一到济州市或城山邑煤球工厂订购。

松堂里相当多的居民还使用石油。使用的石油是在临近的两处石油销售点购买。由于石油是非常昂贵的燃料，所以只有用杂草及柴火做饭不方便时才使用石油做燃料。当地一位妇女讲道："农机消耗的油费就相当惊人，怎么可以每顿都用石油做？"同样，居民认为电价太高，仅是偶尔使用电饭煲。笔者调查过安装了沼气的一家农户，女主人说，她们家在中洞相当富裕，但也只有在保温米饭时才偶尔使用电饭煲。

简而言之，松堂里居民一直沿袭从自然界获取燃料的习惯，这与当地农户生计方式有密切关联。因此，当地居民很不习惯用现金购买从外地运来的石油做燃料。笔者认为，沼气在该地区的推广是否成功，关键在于沼气如何与自然燃料的使用习俗相结合，他们的燃料使用观念中也需要有所改变。

第五节　松堂里居民的创新经验——沼气

为了了解松堂里居民目前使用沼气的状况，并追踪调查推广过程中居民的感受，笔者拜访了相关机构的专家和松堂里居民。从 1982 年 3 月起，济州岛农村振兴院得到农村振兴厅的咨询和帮助，开始在济州岛进行沼气推广前的论证试验。当时，北济州郡崖月邑龙兴里，有一位农民叫姜尚顺，他得到总统的表彰，被誉称为"优秀新农村领导者"。某一天，道知事①访问他们家，见他们家饲养了好几头牛，便劝告他安装沼气设施。当时，济州岛农村振兴院专家也在场，向他详细解释了沼气技术以及该技术的优点。5 月初，姜尚顺得到了济州岛农业振兴院技术及经济方面的支持，安装了沼气设施，举行了"点火仪式"。相关公务员、农协员工以及从各个邑及面选定的农民代表一道参加了点火仪式。人们看到从牛的粪尿产生的气体点上火之后可以烹制食物，都感到又惊又喜。

农村振兴院的相关人员参加这次点火仪式后更添加了推广沼气的信心，并从7 月 28 日起，共选择了 20 户进行示范（济州市 1 户，西归浦 1 户，北济州郡 1户，南济州郡 17 户），并向他们支付设施材料费 22 万韩元，而且要求农村指导员巡回访问每一个用户，提供技术教育与咨询服务。当时，示范农户的选定标准如下：①饲养的家畜（特别是牛）可较多地产生粪便，可以充分满足沼气原料使用（如果是牛，至少要达到 3 头）；②平时经常与农村指导所接触，有努力学习新技术的欲望，而且具有创新理念；③可以对本村推广沼气技术有帮助。各个市、郡的农村指导所也按照类似的标准选定示范农户。他们大多参加过姜尚顺家的点火仪式。另外，农协济州岛支部负责人自从参加姜尚顺家的点火仪式后，决定推广沼气设施，从农协会员中挑选希望安装沼气的农户，并提供了购买设施的资金。1982 年，农协共资助 17 户农户安装了该设施，市、郡的农村指导所则提

---

① 道知事，为一道（省）的最高行政长官，职位相当于我国的省长。——译者注

供技术方面的支持。

松堂里居民金正哲是旧左邑中被选定安装沼气设施的示范农民。他从济州农职高中毕业后，一直在老家种地。安装沼气设施的时候，他正在担任松堂里的青年会会长职务。他刚刚结婚成家，住在父母住所旁边新盖的房子里，过着温馨的生活。有一天，在农村指导所金宁分局工作的朋友前来拜访，劝他使用沼气，并向他介绍了沼气在燃烧的时候不会有烟炱、非常洁净、不会弄脏新房子等优点。他在学校曾经听说过沼气的优点，而且家里正饲养着几头牛，已具备了安装沼气的客观条件。听了朋友的建议后，他毅然安装了沼气设施。比起不会弄脏新盖的房子，更让他对沼气着迷的是用家畜粪尿就能非常方便地烹制各种食物。他非常希望实际试验获得成功。他认为，沼气非常经济实用。而且又有政府支持全部的安装费用，对他来说，只需要考虑这种燃料是否经济实惠，而不需要考虑安装设施所需费用。

他听了朋友的劝告，与农村指导所员工一起，参加了崖月邑姜尚顺家的点火仪式。后来，他通过农村指导所金宁分局的推荐，得到了政府的资金资助和技术指导，于7月19日安装了沼气设施。等到发酵槽的水泥干透之后，于7月26日投入了原料。可是，与当初的计划不同，他没有用自家的牛粪，而是用了从相邻的仙屹村得到的猪粪。这是因为金正哲对牛粪没有多大把握，他曾经听说过猪粪比牛粪效果好。他觉得很多人正在注视着他安装沼气设施，应该在他们面前大显身手而不能失败，所以想方设法运来了"更好的材料"。后来据他讲，这个办法是在一次非常偶然的机会想出来的。

等到7月30日，产生的气体量达到了要求。金正哲与农村指导所的员工一起仔细检查设施后，于8月24日举行了"点火仪式"。除了松堂里居民之外，还有农村指导所员工、营农技术人员、农协员工和其他村庄的里长一起参加了点火仪式。金正哲让参加点火仪式的客人品尝了用沼气烹制的猪肉。曾经用杂草烧火的居民，首次看到了用火柴直接点火烹制食物，感到惊讶。这种方式既简单又干净，特别是在炎热的夏季，不需要大汗淋淋地烧柴，只要用上一根火柴，就可以做出美味佳肴。这对于村民来说是生活方式的革新。

"点火仪式"结束后一个月，很多居民路过金正哲家的时候，总是要进来了解沼气的优点。金正哲笑着说道："托了他们的福，费了不少火柴。"如今，农村指导所相关人员异口同声地说道，让村民亲眼目睹"沼气炉点火的场面"，才是推广沼气的捷径。从中可以看到，"点火仪式"为革新起到极其重要的作用。

金正哲首次投入原料一直用到了10月24日，大约用了3个月。11月6日，清除原料之后，投入了牛粪。11 月 10 日发生气体，11 月 12 日起，又开始使用。他与农村指导所协商之后，于 11 月 15 日，用保温材料覆盖了发酵槽周围。所用的保温材料是稻草和塑料。第二年 3 月初旬，又重新投入了新原料。

金正哲的"点火仪式"大获成功之后，农业协会旧左分会又开始说服松堂里组合员金德贤安装沼气设施。当时，他正在担任农协下属营农会的松堂里会长职务。农协旧左分会给他提供了气体发生罐盖子、气体储存袋以及其他材料。

从 1983 年 3 月起，松堂里的 20 家希望安装沼气设施的农户，13 户居民开始安装沼气设施。政府为他们提供了部分安装费 13 万韩元。政府以先安装后支持的形式提供现金支持，所以，他们分别出资购买了原材料。因为没有经济能力，希望安装沼气设施的 20 户居民中，有 7 户居民放弃了安装。笔者拜访该村的时候，有 15 户居民（包括去年安装的 2 户居民）由于没有实施发酵罐保温，在冬季温度太低时，不能生产沼气，已经安装的设施只能搁置不用。

使用沼气的用户对安装该设施有不同的看法。一些农民认为冬季不能使用沼气，所以该设施并不适合农村使用。还有一些用户认为，冬季不产气是因为用户太懒惰，没有安装保暖设施导致的结果。再有一些农民认为，保温太麻烦，只要夏季能用就可以了。笔者认为，他们的使用经验，对判断沼气是否适合于农村起到非常重要的作用。对于他们来说，沼气的魅力在于点火快捷，粪尿可以做燃料，不需要花费现金购买燃料，而且又不像烧杂草那样又累又脏。安装费决定沼气的经济实惠，由于政府承担全部或部分安装费用，农户免于担心安装费。有农户认为："既然连安装费都不用担心，没有可吃亏的。"

笔者认为，不能只根据安装和使用之后的农户意见反馈去判断沼气的经济性。如果农户支付全部费用，使用之后的农户反应会跟上述情况大不相同。

笔者拜访过安装沼气设施的 15 户居民，围绕着 34 个问题进行了访谈，但没有使用问卷，而是与他们自由对话。在对话过程中，根据情况调整了提问内容。

这 15 户的家长其年龄都在 24～54 岁，其中 25～40 岁者比例最大。在这些住户中，除了金正哲的父亲是在听从金正哲的劝告后才决定安装沼气设施，其余的家长都是自愿安装沼气设施。其中，有一位是从外村迁来的寡妇，已经 50 多岁了，在中洞经营一个商店，同时还饲养少许家畜并小规模种植果树。其余 14 人均居住在中洞，这些居民中有的经营畜牧业、有的经营果林、有的务农或养蜂。这 15 户居民在中洞属于生活水平较高的人群；而且大部分人都有高中学历，在当地一直起着重要的带头作用。他们有的正在担任或者曾经担任过里长、新农村运动领导、青年会长、妇女会长、村庄开发委员会会员、营农接班人、农协营农会长等职务。他们向居民传递政府机构或农协的政策，而且带领村民实行上面的政策。由于他们与政府机构联系紧密，所以比其他人接触新信息的机会多，而且比其他人更容易获得优惠。

通过如下个案的分析，有助于揭示农户推广和使用沼气的现状，以及邻居的反应。高寿英37岁，高中毕业后一直留在松堂里务农，现任村庄开发委员会委员一职。他饲养着5头牛，拥有耕地1.6公顷，又有森林和原野1.8公顷。高寿英夫妇膝下有3名子女。前不久他们还住在经过改造的传统房屋，可笔者拜访他们时，则住进快要建成的单层洋房。在单层洋房里，每间屋子都安装了新农村锅炉。可每到做饭的时候，不在新盖的房子烹调，而是到原先的老房子烧杂草和柴火。烹制菜肴的时候，有时也使用汽油炉。1983年安装沼气设施之后，到了夏季，单凭沼气也足够做出5口人的饭菜。可是，临时工多的时候，还需要用传统灶坑烧杂草和柴火做饭。

上高中的时候，高寿英通过书本首次了解到沼气知识。一个偶然的机会他去参加了金正哲家举行的"点火仪式"。他亲眼目睹了用沼气的好处。高寿英夫妇认为，这种设施非常方便和干净，适合在新房子使用。高寿英学习了农村指导员提供的很多资料和书本，夫妻俩商议之后决定安装沼气设施。高寿英体验到沼气的优点后，认为沼气可以使妻子脱离砍柴、烧火的苦海，而且经济实惠。另外发酵剩下的渣晒干并仔细捣碎，还可以成为非常好的肥料。这也是农村指导所在推广沼气的过程中，向居民宣传的内容。以下是高寿英夫妇计算的安装费用。

水泥：2500韩元/袋×13袋＝32 500韩元

水泥砖：30韩元/块×800块＝24 000韩元

沼气炉：22 000韩元/个×2个＝44 000韩元

气体发生罐盖子及气体储存袋：45 000韩元

防鼠用铁丝网：4000韩元

铁管及其他：4000韩元

施工费用：20 000韩元

合计：173 500韩元

高寿英夫妇投入上述费用安装之后，从政府得到了13万韩元的现金支持。高家夫妇6月1日投入了原料，从6月5日起，两个沼气炉可以点火了。直到9月末，除了雇佣很多的临时工时用其他方法烹饪外，其余均用沼气解决了烹制食物时的燃料需求。以前收割油菜的季节，需要很多临时工。每当这个时候，高家用杂草烧火做饭。可自从使用沼气后，高家夫妇在生活习惯方面发生了几种变化。

首先，高寿英开始经常出入厨房。农村人认为，男人出入厨房会没有面子。从前，即使妻子不在家，高寿英宁愿饿肚子，也不去厨房烹制食物吃。可是自从安装沼气后，他自然而然地经常出入厨房。即使没有其他的事情，为了了解气体炉的点火状态，也需要经常去厨房查看沼气炉。渐渐地，妻子不在家的时候，高寿英开始自己煮方便面吃，有时还亲自为孩子们煮饭。女主人也感觉到自己的行为习惯发生了明显的变化。以前烧杂草的时候，需要继续留在灶坑旁边查看火势。自从使用了沼气，点上火之后，就可以随心所欲地做其他事情，非常方便，减轻了很多繁重的家务。因为不使用昂贵的石油也可以烹制出可口的食物，可以放心地为孩子们做各种辅食。更有趣的是，因为沼气不会熏黑脸部，所以比以前更关心美容了。高家女主人说："过去每次烧完杂草之后，脸熏得一塌糊涂，连想化妆的欲望都没有了。可现在连洗脸都会多洗两次。"

高寿英认为自家的农耕方式也随之发生了一些变化。每到春季，为了要给发酵槽投入畜粪等原料，事先必须准备好畜粪。尽管他家饲养了不少牛，可要填满600千克容量的发酵槽并不容易。因此，他需要从堆积在牛圈的牛粪中取出一部分单独储存。去年夏季，因为没有烧杂草，灰烬不够用。高寿英按照农村指导所教的方法，晒干堆肥后捣碎焚烧，以便当做灰烬使用。可是目前还不能确定这种方法是否有效。高寿英正在想如何通过使用沼气带来的益处去弥补使用沼气带来的负面影响。

从发酵槽清理出来的牛粪混合肥料，是完全发酵的优质堆肥。稻草和干草的秕糠等农业副产品，以及山野草与牛的粪尿搅拌，在发酵槽发酵几个月后，杂草完全腐烂，变成优质堆肥。高寿英举例说明了这种优点，并强调自己的选择没有错。事实上，这是能源系统和农业系统完成循环的重要环节。畜牧业和农耕的副产品、粪尿、稻草秕糠及秸秆秕糠都成为获得能源的原料，而获得能源之后，原料又在农业系统中成了优质堆肥。松堂里的农民，把堆肥晾干焚烧后为耕地提供所需要灰烬的做法，改变了以往烧秸秆等农作物副产品得到灰烬的传统方法。作为中间环节的沼气，就在农业及能源生态方面起到了重要作用。

如上所述，沼气对于松堂里的能源获得和使用体系发挥了相当重要的作用。这也使得沼气与农业系统之间的有机结合成为可能。沼气给人们带来益处的同时，也存在很多弊端。最大的弊端主要体现在技术和经济两方面。首先，从技术角度来讲，在冬季的自然状态下，无法正常使用沼气。在冬季，只要用稻草围住发酵槽并用塑料薄膜包裹，也能确保沼气的正常使用。但是增添这些辅助设施，不仅需要经费而且大部分居民觉得麻烦，所以不愿意做。用这种保温设施来解决冬季用气问题，在当地推广的可能性很小。要达到保温效果，会给居民带来经济和心理压力，而这些压力大于使用沼气带来的方便程度。另外与房屋的取暖方式也有关联。小型沼气设施只能用于烹制食物，而无法用于取暖。

到了冬季用沼气烹制食物，烧杂草取暖是很麻烦的事情，当地居民用传统方法，同时解决了上述两个问题。当地农户的厨房除了收集灰烬的济州岛传统灶坑之外，还设置了不仅可以为炕取暖，还可以烹制食物的灶台。每到冬季在这样的灶坑烧掉大部分的杂草。如果沼气设施不能解决取暖问题，就无法与冬季使用杂草的传统习俗竞争。在这种情况下，居民不可能迫切需要为发酵槽保温。此外，沼气设施的安全性能成了当地推广沼气的重要影响因素。

高家女主人认为，安装的动因除了沼气的优点外，还有以下几个原因。石油炉在点火之后，要经过一段时间火苗才会变旺。可是沼气炉在点火后，火苗立即变旺，不仅速度快而且更"现代化"。沼气的原料是家畜的粪尿，不需要支付任何费用。使用沼气，没有烟炱和烟雾，而且不会污染脸部和厨房。高家女主人高度评价了沼气所带来的整洁效果，还说松堂里的女人都很"可怜"，割杂草背回家之后，蹲在灶坑前烧火，不仅腿疼还会被烟熏得睁不开眼睛，烧完火后整张脸都变黑，长年累月如此下去，完全地变成了"乡下人"。对她来说，沼气彻底改变了她的生活。她还炫耀去年夏季羡慕自己的年轻女人很多。

可是，久居松堂里的中老年妇女并不像高家女主人那样，把烧杂草的事情想得很可怕。大部分中老年妇女已经习惯了烧杂草，并不觉得很累。笔者看见很多妇女，背上比自己身子大两倍的树枝和山野草捆回家。笔者问其中一位 70 多岁的老奶奶是否听说过沼气？不料老奶奶反对使用沼气，说道："我看见过。不用那些即使烧杂草也能过好日子，要那些做什么？那些人不考虑用了沼气后，到哪里去弄灰烬，把地种好？"在松堂里，包括高家女主人，使用沼气的农户都属于相当的"现代派"。根据济州岛独特的"库房承袭"习俗，与子女分家后居住的几位母亲都坚持"烧杂草取灰烬"，认为使用沼气，种地使用的灰烬会不够。高家夫妇认为，应该开发四季通用和兼备取暖功能的沼气设施。为了满足居民的上述需求，目前政府已经开始开发大型太阳能保温沼气设施，而且已经进入实用化阶段，未来解决上述弊端的可能性很大。

居民认为，沼气设施的原料投入工序非常繁琐。将粪尿投放到发酵槽，不仅工作量大，而且任何人都不愿意做。农民接触粪尿的时代，已成为过去。松堂里的安装沼气的农户在这项工序感觉到的压力，远远胜过笔者的想象。

沼气设施的核心部分是发酵槽、气体发生罐盖子以及气体储存袋。尽管使用PVC（polyvinyl chloride polymer，热塑性树脂）制成气体发生罐盖子和气体储存袋，可是这些都还不是批量生产的产品，而是经过农村振兴厅定做生产的产品。因此，如果发生裂缝，更换的周期很长，很不方便。去年松堂里安装沼气的农户中，一半以上是由于夏季的高温使气体膨胀，导致存储袋出现了裂缝，或者为了清理原料搬开盖子的时候，不小心损坏了部件。即使他们想继续使用设施，也因为无法购买部件而不得不停止使用。据说，为了解决上述弊端，政府准备推广FRP（fiber reinforced plastics，纤维增强复合材料）材质部件。可是农民不得不担心过去安装的发酵槽部件与新部件是否能够通用。

从经济角度来讲，居民关心的是安装费用的高低。尽管政府提供部分资金，可其余的费用需要由安装沼气的农户自己支付。对于农户来说，这些费用也会构成不小的压力。而且，经过示范及推广阶段之后，政府也没有保证再提供资金，而且也不能只指望通过政府的支持解决问题。比如高家农户，目前的安装费用比丙烷气的安装费用高很多。丙烷气需要继续付现金更换气罐，所以计算燃料费用的时候，当然丙烷气更高。假设没有政府的支持，对于农民来说，安装费用会构成更大的阻碍因素。这是因为，可以一次性支付这笔费用的农户并不多见。到目前为止，由于政府的支持，上述问题还没有表现出来。今后，如果没有政府的支持，推广方面会面临很大的阻力。即使政府继续给予支持，也不能从根本上解决问题。同时，反而会导致农户对政府的依赖性。笔者认为，开发安装费用较低的小型设施，或者通过共同使用设施降低安装费用，以及推广大型设施降低农户用费才是解决问题的捷径。

第六节　象征性拒绝和当地居民的创新

笔者在松堂里和松堂里之外的其他地区，发现居民对于沼气的认识各不相同。其中，最让人感兴趣的认识是粪便和米饭的关系。正如上述有关点火仪式的认识，不需要支付一点费用，随地都可以得到的粪尿，就能产生强有力的火苗，烹制出食物来。很多居民被这种事实迷住了，并产生了居民对粪便和米饭关系的新认识。值得我们关注的是，这些认识中，有些是肯定的认识，有些是否定的认识。

推广沼气的初级阶段，任何居民都没有准确地了解到沼气的技术原理。大部分居民的了解程度，仅限于家畜的粪尿可以产生火苗，烹制食物。因此，当时流传了"点燃粪便煮米饭"的说法。一面对沼气的创意感到神奇，一面跟朋友们开玩笑说道："你想点燃粪便煮饭吃吗？""点燃粪便煮米饭"是将两个极端概念进行拼合，将粪便和米饭联系起来，看成相关的形象。事实上，粪便和米饭确实有联系。居民也了解两者的关系。家畜的粪尿是生产大米的时候必备的肥料。过去，人类的粪便也是农作物的肥料。用大米煮成的米饭经过人类消化后，部分成为粪便排出体外。因此，粪便和米饭始终存在连带关系。可是在这时候，粪便和米饭之间介入了既新鲜又珍贵的水稻。而且，并不是米饭直接成为粪便，而必须要通过人类的消化器官。因此，不能直接连接粪便的形象和米饭的形象。有鉴于此，很多居民从沼气得到的最直接的认识是烧粪便煮饭。在居民的认识中，粪便的形象和米饭的形象相互重叠，发生混乱，最终珍贵与整洁的米饭与脏兮兮的粪便成了同类。

　　在一个村庄碰见了一位40多岁的妇女，她不赞成上述认识，她说道："尽管粪便没有直接接触到米饭，可是不管怎么说，点燃粪便煮米饭难道不是事实吗？"在崇尚祖先的观念中，不愿意"点燃粪便煮米饭"的认识表现变得更为尖锐。起初，在济州岛首次安装的是"干式"小型设施，比如，北济州郡崖月邑居民姜尚顺安装的就是这种，姜尚顺安装时就遭到了父母的强烈反对。80多岁的老父老母十分厌恶"点燃粪便煮米饭"。可是到了后来，经过儿子的反复说服，才退让一步允许安装，但绝不容许用沼气煮熟的饭去祭祀祖先。做出这一步退让时，老父老母仍然误以为真的是点燃粪便煮米饭。老人认为，点燃粪便的火苗会接触到可爱的孩子们要吃的米饭，已经觉得非常不洁净了，因此绝不可以再用点燃粪便的火苗去亵渎祖先的灵魂。这样煮出的米饭，拿去供奉祖先，是对祖先的大不敬。

　　姜尚顺安装沼气设施之后，他向老父老母讲解了如何发生气体，如何通过管道连接到气体炉，以及如何点火苗的全过程。他原先是想让父母认识到盛装粪便的发酵槽和厨房相隔很远，其间还配备了长长的导管，因而最终并不是点燃粪便煮米饭。发酵槽和厨房之间既有物理上的空间距离又有象征上的空间距离，粪便和米饭之间并不存在原先想象的那种关系。老父老母经过亲眼确认，终于有所理解。据姜尚顺介绍，如今老父老母懂得了沼气带来的方便非常高兴。可是，当笔者问起如何煮供奉祖先的米饭时，姜尚顺总是回避，看来，传统的观念并不像想象的那样容易被置换掉。

　　松堂里等济州岛地区在使用沼气的过程中，自然而然地出现了各种创意。姜尚顺于1982年夏季投入了牛粪尿。大约使用4个月之后，需要更换原料。他与松堂里的金正哲一样，是邑和面的示范农户，所以想冬季也保温，继续使用。可是在更换原料的时候，发现预备的牛粪尿远远不够。左思右想，他就到附近原野收集来不少马粪作为替代。当时，当地居民原先收集马粪，主要是直接用于烧炕。所以姜尚顺收集的马粪，只够填充单用牛粪不够的份额。令人惊奇的是，姜尚顺的发酵槽这次持续发气时间长达 214 天。在当地创造了新纪录。济州岛农村振兴院为了用科学的方法证明将马粪作为原料时的使用的效果，又进行了不少试验。结果，一位专家指出，由于马粪比牛粪富含粗纤维素，因而发酵和分解气体时，不仅发气量大，而且持续的时间长。

北济州郡翰京面的一家农户，按照农村指导所员工的提议，用丙烷燃气灶代替了气体炉。他将购买来的丙烷燃气灶，仅把气体喷出口稍微拓宽与导管连接后，做成了性能非常好的沼气燃气灶。在沼气发气量大的夏季，这种新沼气燃气灶还可以自动点火。后来，济州岛地区的很多沼气用户都使用了这种新的燃气灶。更有趣的是，随着这种新燃气灶的使用，传统的厨房结构也发生了变化。这种燃气灶与气体炉灶不同，外观非常漂亮。居民在电视经常看到，把外观秀丽的燃气灶放在盥洗台上互相匹配，觉得非常时尚，很希望自己的家中也能做到。可是，由于农户的房屋结构特殊，早先推广的气体灶只能放在厨房的地面上，后来居民开始改造自家的厨房结构。有些农户在厨房的某个角落，用水泥砌成台子摆放气体灶，有些居民干脆直接买来成套的盥洗台以便摆放燃气灶。翰京面的传统房屋是用玄武岩砌墙，用草棚盖房顶。只有厨房才用整洁的瓷砖装饰，有的还摆放了盥洗台，从而形成了完整的立体结构。这与玄武岩墙和草棚顶形成强烈的对比，精彩无比。

除了这种特殊情况外，济州岛大部分地区，使用新燃气灶的农户无法改造厨房的整体结构。因为沼气只够烹制食物，冬季又不能使用，所以当地需要的是传统的煤球灶坑或者经过改良的杂草灶坑，这种灶坑不仅可以烧炕取暖，也可以烹制食物。因而，传统灶坑也不能轻易地淘汰，即使不用于取暖，但是传统灶坑还可以烹制食物和收集炉灰，一举两得，也有沿袭使用的理由。因此，这种农户为了使不同的燃料使用系统得到共存，在传统灶坑的对面又新设置经过改造的灶坑，并在其旁边放置了燃气灶，形成了传统与现代灶坑多元并存的格局。

翰京面的另一家农户，用猪粪代替了牛粪尿（越是不积极饲养牛的海岸地区，猪的粪尿使用量越大）。这家农户有两处猪圈。一处是西式猪圈，位于沼气发酵槽左侧，用水泥砌成挡板，顶上还盖了板岩棚。另一处是传统式猪圈，位于发酵槽右侧，与洗手间左侧相邻而没有棚，只有用木材围上了横板。这家农户随时清理西式猪圈的粪尿，使其始终保持整洁。而对传统式样的猪圈不但不清理粪尿，连西式猪圈的粪尿也倾倒到传统式猪圈里。这家农户在传统式样猪圈的粪尿堆上，随时铺上稻草，使猪在猪圈活动时，搅拌粪尿和稻草。西式猪圈的猪是为了赚钱，主要喂饲料和食物秕糠。而传统式样猪圈饲养的猪，主要吃沿着洗手间一端通道流进来的人粪便。传统式样猪圈饲养的猪在吃人粪尿成长的过程中，将自己的粪尿、西式猪圈的粪尿和稻草搅在一起践踩，制作成优质的沼气原料。

笔者认为，通过传统式样猪圈生产的沼气原料，质量高。这家农户兼容传统与西式猪圈的创意，值得钦佩。这种创意可以做到即使不饲养牛，只要按照这种方法分开饲养几头猪，不仅可以成为农户的副业，也可以处理人类排泄物和大量猪的粪尿。结果不仅使西式养猪圈保持整洁，而且还可以生产沼气原料和优质堆肥原料，从而形成一整套有机循环体系。

另外，直接在野外堆积猪的粪尿，不仅不卫生，还存在感染寄生虫的危险。囊尾幼虫病是济州岛常见的一种地方病，是摄取猪肉的过程中，由绦虫的卵转移到人类而发生的传染病（徐丙薛，1977：279-283）。猪容易携带绦虫对于济州岛的居民来说，是非常严重的问题。笔者希望沼气的使用可以较大程度上解决此类问题。中国的事例就是最好的例子，据中国的沼气使用事例阐述得知，推广沼气可以有效去除具有寄生虫感染危险性的猪粪尿，进一步提高农村的卫生和健康水平。此报告指出，猪的粪尿在发酵槽发酵 70 日，可以使绦虫等寄生虫卵的生存率降低 99%（Crook，1979：18）。

在松堂里中洞，经营小焊接铺的一位居民仔细观察沼气的火苗之后，研究出了独具特色的沼气使用方法。他认为，在导管装配小型送风机吹入空气，可以显著提高火苗温度，甚至可以用于焊接。他强调送风机可以起到鼓风作用，从而达到充分供应氧气的目的。且不论这种方法是否可行，就其创意的新鲜程度，足以令笔者刮目相看。由于他还没有安装沼气设施，没有能够进行更多试验，可今年他已经报名安装沼气设施，相信不久的将来，他一定会成功。

第七节　结　论

我们以沼气能源为主题，追踪调查了济州岛地区居民的创新过程。此项研究的基本概念是"能源利用文化"。以系统的角度分析了构成上述文化的各因素之间的整体关系，并且努力表达了生态人类学对待环境问题的立场。

本章涉及的能源利用文化是燃料系统、农业系统、建筑系统、卫生系统、仪礼系统、象征系统、行政系统以及教育系统等的相互渗透，即所有部分与所有其他部分相互铰接的实体系统（Gerlach and Hine，1973：56）。从本章中得到的最重要成果就是，对实体系统能源利用文化有了初步认识。

　　本项研究中没有涉及的适当技术概念将成为笔者正在计划的下一篇论文的核心内容。沼气及其创新因素的传播与技术的适用有关。换言之，即"如何使适合居民的技术变成一种居民可以认同的概念？"笔者认为，可以回答这个提问的可能性在于适用技术概念。

第七章 厕所和粪尿污水处理厂
——环境问题和生态民俗志

第一节 绪 论

人类生存于时间和空间中，总会存在环境问题。人们始终在研究如何适应客观存在的环境，并通过文化形态，在现代的我们面前显示出这一过程和结果。有时适应的过程不存在其他问题，人们会觉得很顺利。可有时发生种种问题，人们会觉得很不顺利。如今的环境问题似乎更接近于后者。从当前的时间和角度重新回顾传统社会对环境适应的过程，总结古人如何顺利渡过难关的经验和教训，对我们今天如何判断和处理环境问题，肯定会有很大的帮助，并为未来环境问题的解决提出可行对策。

笔者认为，为此需要介绍生态民俗志这门学科。

第一，人类学家将自己对某地所搜集到的田野资料归纳起来，编成一个文件。笔者认为，这样的文件就属于民族志文本。如果这个文件说明了一个民族的整体形态，当然应该称作民族志。如果这样的文件仅仅是通过抽象手法展现了人们生活形态的习惯性行为，自然应该称之为民俗志。如果将济州岛传统厕所及其相关的习惯性行为编成这样的文件，将这样的文件称作厕所民族志或者居住民族志，就容易因为忽视了我们常用文字的含义，或者因术语的使用不当，而遭到学术界的谴责。如果不细究民俗、民族志等单词含义的细微差别，勉强使用这些术语，或者按照惯例使用这些术语，而没有意识到做学问必须承担的社会责任，也没有意识到做学问应当兼顾本土化，对学者而言，这将是一种没有责任感的行为。

第二，在这里笔者将凭借以厕所为中心的民俗志和以粪尿污水处理为中心的民俗志作为基础，向学术界正式提出生态民俗志这一学术概念。生态学的观点和方法也适用生态民俗志。

第二节　理论的镶嵌——生态学和文化

人类是生态系统的一个成员，但人类与构成生态系统的所有其他物质或者物种存在差异。这种差异在于，人类创造了文化。构成生态系统的所有部分（包括人类）遵循支配物质运动的热力学第一定律、第二定律。对人类而言，由于文化的客观存在，且文化还始终规约着人类的活动，人类并不仅仅遵循物质世界的运行原理。从物质世界的角度观察时，可以认为人类是例外。但从人类的角度来看，在生态系统中的这种现象，并不是只有人类才享有的特权。

生态系统和人类形成的结构与文化和人类之间存在的结构非常相似，人类似乎在发挥着连接生态系统和文化的协调作用。"人类非常独特，可以决定其所处的环境，这种观念由来已久。可是，人类与构成环境的其他有机体是一样的，人类不能否认，由于自身创造的限制，也要受到严重的限制。"（Barkley and Seckler，1972：4）而且还应当认识到，人类受文化的限制，同时也在创造着文化。人类不仅可以为生态系统设计物质世界和自然环境，而且还可以根据人类活动所凭借的文化去构建人类的群体，及其所属的各种单元。人类还可以认可文化和生态系统这两个不同属性的体系耦合并存，并将这两个体系按不同的角度纳入同一个逻辑框架内去加以研究。

人类一直充当着连接文化和环境的中介，并通过人类自身使文化和环境结成的系统得到确认，并使这个耦合系统成为可以按同一逻辑加以研究的对象。其结果，使得上述耦合系统的进化可以创造出"文化和环境的共同进化"这一概念来（全京秀，1992）。换言之，没有人类，就不可能存在文化和环境之间的共同进化。

非常有趣的是，作为传统哲学思想的主流，有关精神和物质的论点与上述论点在同一水平上一脉相承。生态人类学和哲学分别从自己的立场出发，共同认识到由自然（物质世界）和人类组成的结构以及文化（精神世界）和人类表现的结构，并进而认识到这两种结构的耦合并存。因此，我们可以认为二元立论占据着学术思维的优势地位。正是，精神和物质的关系借助于人类的中介作用，由人类精心设计成一元论，这种一元论就是构成人类全部特征的文化。

人类活动的中介作用，是指人类通过对自然的独占过程（Godelier，1988）去创造文化。这一独占过程是人类发展为完全独立客体的过程，并不是人类的独占过程本身约束人类自己的结构。因此，人类不能完全脱离自己所创造的文化，以独立的客体超然存在。人类在独占物质世界的过程中，可以通过自身的劳动（包括精神劳动和体力劳动等人类活动）这种手段去创造文化。由于必须要以成为自然独占结果的文化确认劳动成果，所以得通过人类的另一种表现形式——劳动，才能确定人类必然要受到文化制约这一客观事实。

人类以文化性存在参与生态系统的运行。在考虑人类的存在属性时，笔者认为，如果只考虑人类生态系统的运用仅限于物理世界，应用热力学定理时，应该具有"弹性"。毋庸置疑，环境作为物质世界，必然要受到热力学第一定律和第二定律的支配。我们可以将引进到文化中去加以说明的热力学第一定律，理解成人类对自然独占的过程。可是，考虑人类有机体参与的环境运作时，不能忽略文化作为精神世界存在的实质，去与物质世界发生关系。正因为如此，就不能提议热力学第二定律的"弹性"适用了。

"根据热力学第二定律，物质和能源只可以沿着一个方向转化。也就是说，物质和能量从可以利用的形态转变成不能利用的形态，从可以得到的形态转化成不能得到的形态，从有秩序的集结转变成无秩序的聚合。平均信息量就是把还能使用的能量转变成不能使用的能量形态。"（Rifkin，1980）正如文化新进化论者将进化现象区分为一般进化和特殊进化，并坚持认为这一区分很有必要。如果考虑到与人类相关的现象，确实需要承认从普遍的角度发展的一般进化；可是根据地区和时代的差异，特殊地区应该认可考虑特殊情况的特殊进化（Sahlins and Service，1960）。与上述观点相类似的解释，适用于人类生态系统的平均信息量规则，也需要分成普遍现象和特殊现象去加以理解。这是因为平均信息量规则从一开始就没有单纯考虑物质世界，而人类有机体参与的环境运行中，已经介入了启动物质世界的不相同的原理，这就是介入了人类的精神世界。平均信息量规则作为普遍现象，毋庸置疑。但在分析人类面对的生态学方面的问题时，关注的对象和发展趋势就应当从特殊角度去理解各种平均信息量事实的客观存在，否则将会造成众多理解的误区。

人们集结成群体，在群体中共同创造文化，它在本质上必须经过自然的独占过程。笔者从文化唯物论的角度去观察文化，自然会认为将人类包含在其中的生态系统，其所有构成因素都是建构文化的原材料。为了实现对上述原材料的独占，人类必须把自己的中介作用置入其中。如下三个内容必须加以整合分析：第一，技术，这是指开发原材料的文化存在形式（例如，为制造铁刀采用的打铁及点燃炉火的方式）；第二，组织，这是将劳动力聚合成加工原材料所需群体的文化存在形式（组合打铁劳动、点燃炉火劳动等的方式）；第三，观念（为什么？

如何做？是否用其原材料制造工具）。上述三个方面的综合，体现为具体的思想组合，从而使人类能够把原材料加工成工具使用，并进而使人类对于所涉及的原材料获得三维一体的认识。于是上述三种观念的整合成为人类独占自然过程的属性，这使得文化原本就具有精神世界的特性，即具有抽象性。因此，我们可以通过上述三种属性的综合，去认识与分析文化本身。

在文化的属性中，反映原材料特性的初级属性就是适应于原材料的技术。因此，文化唯物论者有时将技术的属性称为文化核心（Steward，1955）。换言之，最接近物质世界特性的文化属性就是技术。正因为如此，生态人类学家力图通过特定的技术去阐述"适应"概念。早期文化唯物论者的基本观点认为，组织和观念也应该适应于技术。

因此，我们可以认为平均信息量现象，是设计人类对原材料独占过程中的文化属性，特别是其中的技术差异从文化的角度可以精确分解开来①。比如，未来制造铁刀而应用的点火技术，在种类和效能上就千差万别，因而，相关文化的平均信息量也各不同。又如，为了获得较高的温度，是使用木材等生物燃料，还是使用煤炭或石油等化石燃料，都足以表明相关文化的平均信息量也各不相同。在燃烧木材的过程中产生的灰烬，还可以重新回到土壤里，变成可以培育树木成长的肥料。因此，我们可以认为，燃烧木材的过程中产生的灰烬不会成为垃圾，而能顺利地转换成可以再生的资源，可以支持新能源的形成。

使用生物燃料，并不是完全不能积累平均信息量。这是因为，燃烧木材的过程中，不会产生可能腐蚀大气臭氧层的二氧化氮。因此，在使用软性能量②的系统中，产生不可再生能量的机会很少。可是在使用煤炭或石油等硬性能量③的系统中，肯定会留下大量阻碍能量再生的垃圾。我们可以认为，前者是低平均信息量文化，后者是高平均信息量文化（Rifkin，1980）。

"在有机系统内，将平均信息量控制到最低限度，并形成能源和物质的有效循环利用。成熟的生态系统比没有成熟的生态系统更能够体现出物种的多元化特性，并具有较低的平均信息量。成熟的生态系统包含的物种更多，填充了更多的生态位，获得物质也更加容易，并通过能量的耗散，可以降低平均信息量的增加速度。"（Pepper，1984）比较低平均信息量和高平均信息量的文化时，我们面临

---

① 此处是说技术也具有文化属性。——译者注
② 此处指使用可再生能源获得能量的文化形态。——译者注
③ 此处指使用不可再生能源获得能量的文化形态。——译者注

的问题是应该选择哪个方面。此时，当然要选择低平均信息量。可是，为什么在历史的过程中，人们的生存方式选择总是偏爱于高平均信息量呢？在这里，我们需要严谨地分析选择文化的问题，讨论成为选择动因的行为意图。两者的关系不仅表现为在一系列连续线上发生的人类思维和行为方式的发展，而且表现为从意图的结果上看具有优先意义的动机，以及由此而导致的行为。

人类的选择行为虽然希望做到意图和结果的一致，也就是可以预见结果的选择，可在很多时候，选择的结果却与意图相左。选择汽车的人其意图指望的结果，构成了该意图具有优先价值的部分。长途旅行的人通过汽车的动力，不仅可以缩短旅行时间，也可以获得身体的舒适。可是，在这一选择的背后，却同时存在着很多没有料到的结果。而这些没有预料到的结果往往会表现为具有破坏性的灾难。汽车排放的废气成了诱发烟霾的导因，而且也会诱发因汽车肇事造成的交通事故，还会伴随发生未曾预计到的谋杀案。选择汽车的人绝对没有意料到会发生如此众多的后续公害或事故，他从来没有想到过选择这样的结果。在选择汽车的配置项目时，选择了某种部分，而没有选择某种其他部分。可是，选择后果并不会在他预料的范围内停下来。

做出选择的人，他的意图和行为背后，必然存在着一种客观事实，他一定要选择没有包含在选择内容中的一切后果。因此，选择本身就是一个幻想。正如俄狄浦斯按常理希望的事情一件也没有发生，而发生的事情他一件也没有预料到（Barkley and Seckler, 1972：3-4）。总之，我们目前面临的环境问题是整合幻想性意图选择的结果，也是不怀疑其幻想性意图的盲目选择的结果，选择更是制造没有意图的结果兑现的行为。笔者想将选择的这种复杂性称为俄狄浦斯综合征。在高平均信息量文化体现的环境问题，就是典型的俄狄浦斯综合征。这样的生态问题就是违背生态系统运行原理的幻想性选择恶果，也是违反平均信息量规则的人们自己造成的恶果。

高平均信息量文化运动的过程可以归结为"科学性"意图和"合理性"选择的函数关系，而低平均信息量文化运行的过程，则可以归结为将能动的适应行为介入到日常意图和经验性选择之中。高平均信息量文化的适应，并不是将生物学过程积累的经验确立为文化的基础，而是通过输入有限信息的计算机模拟的结果。与此相反，低平均信息量文化的适应是人类有机体与给定环境之间的关系中，通过长期的谨慎磨合，不断纠正错误的经验积累的结果。笔者认为，低平均信息量文化介入上述适应的时候，很难产生没有意图的结果，而人类的选择并不具有幻想的特性，基本接近于实际本身。

高平均信息量文化根据幻想所做出的选择，必然会碰到没有意料到的结果，这不仅给人类造成了非凡的效应，也会导致生态系统的整体性危机。笔者提出整体性危机概念，并不仅仅理解为生态危机的具体内容，还应当准确地理解为，由于不了解构成危机的所有内容属于什么性质、什么种类，而造成的恐怖心理。它既包括物资形态的危机，也包括恐怖心理上的危机。正确判断上述高平均信息量文化的生态危机，是针对环境破坏和公害问题并发的针对性表述。因此，本章提出俄狄浦斯综合征正是表述高平均信息量文化的事例，并按照对比分析的方法将它与低平均信息量文化进行探讨，以便根据经验性的资料论证幻想性选择的各种弊端。

从日常生活角度，把普遍的人类现象选作比较分析的应用资料，这样的人类形象，充斥于时空两维的全人类历史过程中。本章在充分论证文化和生态系统最具有常识性，具有普遍性的同时，说明两者之间的关系最接近于人类生活的实际。为此，笔者将人粪的粪便排泄及其相关问题作为研究对象，揭示人类和生态系统的相关关系。这是因为排泄粪尿是任何人每天都不可避免的问题，是最普遍、最常识的日常生活现象。本章论证的过程和结果对解决"文化和环境的共同进化"问题，将成为最具有说服力的证据。

人类进食的行为不仅是物理和生物现象，而且是隐含着社会文化的生活事实。如何食用，吃什么东西等问题，最终还是社会文化问题。素食者必然伴随素食的行为和思维，生吃鱼片的人也会显示与生鱼片相关的社会组织和思维特征。

人类排泄粪便的行为，也仿效着上述逻辑。排泄粪便的方式，以及粪便的处理方式（文化），必然导致周边环境的物理和生物学的变化过程，在不同民族表现出巨大的差异来。恒河支流上的人们把粪便排到恒河使之变成了一条粪河。可是在印度人的观念中，恒河河岸是世界上最神圣的地方，并且要在这条河岸旁举行神圣的洗礼仪式。他们今天却要面对这条粪河所带来的精神信仰危机。这是因为，他们实在想不出，除了恒河之外，还能到哪里举行洗礼仪式。

由于笔者非常相信"文化和环境在共同进化"，而创造了低平均信息量文化和高平均信息量文化两个术语。平均信息量是根据热力学得到的解释，可是当这种现象与人类的生存发生联系时，文化部分与热力学部分会接合在一起。平均信息量普遍存在与某种特定种类生活模式相结合的机制，来源与人类的文化性战略对特定环境的适应。化学性变化不会仅仅停留在自然现象中，而且，人类的行为和社会运行确实会导致平均信息量的高低变化。因为，提出平均信息量的文化概念，即满足了文化的属性，又兼顾了物质世界的属性。

本章通过低平均信息量文化的粪尿处理及相关现象，综合分析比较济州岛的传统厕所（或者石质桶系）和高平均信息量文化的粪尿污水处理厂，以便支持平均信息量文化概念的引入和应用，进而讨论文化在生态系统运行中发挥的作用及其后果。这里所说的文化是指从实用性的角度，将人类及其行为纳入生态系统之中，参与一道运行，而设置的各种规则的总和。

第三节　厕所——低平均信息量文化

济州岛人传统房屋的大致结构，基本上是低矮的石墙环绕的一套两间（"里屋"和"外屋"）。"奥尔磊"（巷子）是房屋的入口，它是进入房子之前的空间，含有开端之义。尽管"奥尔磊"只是房子的物理空间，可每家每户都要确保这个独立的巷子空间。穿过巷子，就是"正廊"，在这里把三根木头横放在石头的末端，用物理的方法分开了房子的里和外，"正廊"也就是外，用以通报屋里是否有人，或者外出的主人何时回家。里屋和外屋相望，而穿过其间的空间，绕到里屋的后侧，就是厕所。

如有人进入厕所排便，就可以隔着环绕的石墙听到从墙缝传来的咕噜声。当人进入厕所，关在厕所的猪就会发出咕噜声。在厕所的某一角落，有一个小空间附有避风遮雨的设施，此空间就是猪休息的地方。当人进入厕所时，原先躺在猪圈的猪就立即站起来，一边咕噜咕噜地叫着，一边走到会掉下人粪的空间。其间距离大约 2 米。人排便的地方距厕所底面 1 米以上。猪的主要活动空间和掉下粪便的地方，其间有深浅的差异。掉下粪便的地方比周围稍微下陷，两个平面之间仅存在极其轻微的倾斜度。人粪便穿过相当于便器的孔，可以看见在下方守候的猪的头和背。离排便位置稍远处，堆积着成捆的杂草。从堆放的杂草捆中自然散落的杂草，会均匀地铺落在厕所底面。由于猪随处便溺，厕所底面泥泞不堪。过于泥泞之处则铺上了干草。有时，猪还会吃自己践踏过的草。也就是说，狭小的厕所空间分成了猪圈、人排便的地方和堆积杂草捆的地方等三个部分。

猪咕噜咕噜地叫，是因为它已经知道有人来了，是由于有人来而做出的回应。人为了排便，要走到稍微高一些的地方。在这一过程中，人通常会用手抓住立在入口的长杆。排便时，应当把长杆插入排便孔之后，然后蹲下来。使用长杆的目的是把猪赶开，避免排便时，猪走到排便口正下方。如果不这样做，猪抖动身体的时候，会将粪便溅到排便人的身上。有时，猪还会攻击男人的生殖器，而导致严重的伤害。

猪守候在下面，等待人排便。人排便之后，它会把人的粪便当成食物吞下肚子，同时将自己的粪尿与稻草、杂草搅和均匀，并用脚踩紧。猪的这种劳作可以为人类生产优质堆肥。人不能直接食用这些堆肥，于是让"可以吃掉"这些堆肥的植物，消化吸收这些堆肥，而人类则吃掉吸收过这种堆肥的植物生产出来的食物。结果，人类通过植物间接地吃了猪用粪便生产出来的堆肥。猪的"粪便"为人类养育了植物，而人类的"粪便"则成了猪的食物。这种现象就是生态学描写的物质循环和能量流动过程。

人类是生态循环过程中的一个组成部分，生态循环并不仅仅是通过人工方式得以运行。济州岛人人为了得到粮食而耕种土地，在他们采用的农业经营方式中，耕田的施肥活动体现了人类如何利用好自然的强制力。由于经常刮风，使得火山灰土壤与灰烬容易被风刮走，所以极其需要庇护好土壤表层。这也是济州岛人农业经营的关键环节。济州岛人适应上述自然环境的对策，也就是"马踏地"风俗，这是农耕文化的一大特点。粟粒播种后，驱赶入二三十匹的马构成的马群，让这些马用马蹄践踏刚播种的地。牧人们唱着"马踏地歌"，这些马会按照牧人曲调有节奏地踏地起舞。这样做的目的是防止大风将刚播下的粟种刮走使之不能够出苗，这真是富有创意的农田牧歌。

在播种各种蔬菜时，济州岛人不能把种子直接播种到田地里，而是把厕所里的"黏肥料"与菜种均匀搅拌。这样一来，菜种子就必然粘到黏糊糊的"黏肥料"上。农夫把这种拌有菜种子的"黏肥料"撒到田地里，然后盖上土。在这种播种方法中，济州岛人使用的是猪的粪尿、杂草及农作物的茎，三种有机废物搅和在一起后，发生了化学反应，获得了黏糊糊的物理特性，这就是"黏肥料"。

从济州岛人的厕所来看，厕所不仅是人们排便的地方，而且也为猪提供饲料和猪圈。与此同时，它不仅是有机农业的堆肥生产基地，而且还可以兑现粪便种植法的适应战略，并用这种方法，确保在强风的自然条件下，顺利完成农田经营。除此之外，人们还把厕所充作处理厨房的各种垃圾和生活废水（如刷碗水）的场所。如上所述，厕所不仅处理粪尿，还具有处理污水的功能。因此，我们可以认为，厕所在功能上相当于采用科学方法运行的粪尿污水处理厂。

由于厕所具有污水处理功能，济州岛人的传统房屋结构里，没有特意设置排水口。在整个村落的结构中，也没有特意设置排水网。在厨房产生的粮食秕糠，或者烹饪的过程中产生的废弃物，以及清理餐具之后产生的生活污水等，都构成了关在厕所里的猪的食物。用餐之后，一旦清洗餐具，就会产生刷碗水。济州岛人用这些刷碗水清洗住房内的抹布，而不直接喂猪。经过此番再次利用，刷碗水变成污水，最终成为猪的食物。济州岛的水源非常珍贵，所以不能特意为猪准备饮用水，而是经过反复利用，收集起来，再次供猪饮用。我们可以从与厕所相关的济州岛人的生活中，发现济州岛文化的核心特点，就是资源的完整再次利用，从而实现零平均信息量运行。

在厕所饲养的猪，不仅可以为人类提供丰富的高蛋白质营养猪肉和脂肪，而且还成了筹办各种仪礼的常备财产。每个厕所都养着两三头猪。这些猪有时成为老父老母的葬礼祭品，有时成为女儿的婚礼嫁妆，有时还成为解决家庭现金短缺的"储蓄罐"。与厕所相关的济州岛文化，不需要准备饲料，也可以饲养出多重用途的猪。

在自然的物质运行过程中，即使是毫不起眼的利用价值，人类也会当做生存和生活的适应战略去加以利用。我们所指的文化，就是应用及创造成适应战略的过程。我们从济州岛人经营农业的方式中，可以再次认识到文化就是摆脱自然的独裁，为人类创造解放空间的工具。

古代中国文献中与农业相关的记载表明，为了使土壤变得更肥沃，提出了将人粪及畜粪与杂草同时处理的方法制作肥料（《吕氏春秋》），并将上述方法称作"粪田"（《礼记》）。据《吕氏春秋·季夏纪》卷六记载，"是月也，土润溽暑，大雨时行，烧薙行水，利以杀草。如以热汤，可以粪田畴，可以美土疆"。而《齐民要术·杂说》记载："踏粪法：凡人家秋收后，治粮场上，所有穰谷、积等，并须收贮一处，每日布牛脚下，三寸厚，每平旦收聚堆积之，还依前布之，经宿即堆聚，计经冬一具牛，踏成三十车粪，至十二月、正月之间，即载粪粪地……"春秋战国时期《荀子·富国篇》中，还记载"多粪肥田，是农夫众庶之事也"，建议一定要用粪做堆肥（罗明典，1980：233）。西汉时期《泛胜之书》指出："将腐烂好的人粪，撒到耕田，栽种稗子和小豆。有时，还当成猪的饲料使用，使猪长肉。即用粪使耕田肥沃起来（以粪肥田）。"其解释的内容中，还强调："在厕所（溷）使粪腐烂（使人粪腐烂）"（罗明典，1980：234）。此外，东汉的崔实著作《四民月令》，也记录了类似的内容（罗明典，1980：235）。

与上述记载相比较时，对于济州岛而言，"踏粪法"称作"粪种法"更加准确。这是因为，济州岛人是把种子掺入到堆肥之后，将粘住种子的堆肥撒到耕田中。济州岛的上述耕种过程非常独特。

养猪的目的很多。据有关资料介绍，中国新石器时代的姜寨和半坡文化遗址都属于仰韶文化的不同地方类型，上述两种文化遗址中均出土有喂养过的猪的遗骨，也发现了与济州岛厕所相似，可以养猪的遗址。据姜寨和半坡的全面考古资料介绍，出土了许多畜圈和饲养的猪骨头（西安半坡博物馆，1982；半坡博物馆：陕西省考古研究所，盐境县博物馆，1988：50，525），可是却没有单独发现为人类准备的排便设施。在西安半坡博物馆的著作《西安半坡》中，图53圈楼和图54圈楼复原图，可以使人更加准确地了解半坡的厕所遗址。比较遗迹的照片和复原图，可以发现复原图存在错误。照片的遗迹与济州岛的厕所非常相似，附着于右侧下端的部分似乎是人类使用的厕所。复原图忽略了这个部分，应该在忽略的位置画上猪。存在疑问的照片右侧下端比其他平面略低。此外，还可以看见与之连接的其他遗址。

笔者认为，半坡遗址就是厕所的始祖。半坡遗址没有单独设置人类的排便设施，处理人类粪尿的厕所就是附带猪圈的厕所。另外，中国最佳新石器遗址浙江省河姆渡遗址，出土的软质黑陶片上刻有猪和谷物的历史纹样。这反映当时养猪和农业的紧密关系（河姆渡遗址考古队，1980：9）。有鉴于此，厕所传统体现了与农业共同发展的养猪文化。

两汉魏晋时代的"带厕猪圈"，也反映了中国传统的养猪和农业的最佳结合方式。对此，中国考古学，特别是，汉代考古学领域，已经做出了详细的阐述。猪圈提供的能量成了支撑大汉帝国农业生产方式的基础。可想而知，厕所具有重要而深远的意义。"带厕猪圈"是两汉魏晋时期的标志性遗址，出土范围极广，几乎包含中国的各个地区。但是，从南北朝开始，其发展突然中断（萧磻，1986：623）。图7-1是在中国的长沙、广州、贵县等地区发现的各种形态的猪圈遗址（冈崎敬，1959）。

在解释字的过程中，也可以发现相同的文化现象。"以豕表示厕"（萧磻，1986：619）的同时，据韩国崔世珍著作《训蒙字会》的释文，将"溷"字训成"厕所，溷"，将"厕"字训成"厕，所厕"。分析"溷"字的形态时，会更有趣。根据字形，在湿漉漉的圈里关着表示猪的"豕"字。换言之，人排便的厕所就是猪圈。这不就是两汉魏晋时代的"带厕猪圈"，济州岛的厕所和琉球的豚小屋吗？（小野胜年，1951）。在琉球，把"厕"念成"furu"，指用石头盖成的厕所，其后面建造了可以饲养猪的空间。这个空间里通常饲养着1头猪，或者2～3头小猪。人粪通过厕所一端的孔，流到猪圈里（金城朝永，1930）。另外，据《太朝实录》卷一，恭让王十九年庚戌五月陈述，"令士卒各作溷厕、马厩"也反映了如上内容。

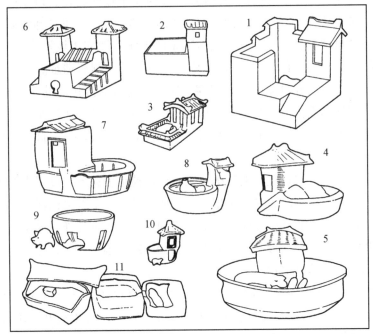

1.河北省望都东关；2.河南省郑州南关 外；3.安徽省合肥；4.江苏省南京西善桥；
5.湖北省武昌长春观（湖北省博物馆所见）；6.湖南省长沙杨家公山1号墓；
7.湖南省长沙沙湖桥A 41号墓；8.湖南省长沙南塘冲；9.湖南省长沙沙湖桥F号墓；
10.湖南省耒阳耒野营5号墓；11.湖南省耒阳花石拗

图7-1　汉代猪图

第四节　粪尿污水处理厂——高平均信息量文化

在城市化和产业化的过程中，必然发生的问题就是粪尿污水处理。在人口密度不高的农村，处理粪尿并不难。即使不采用厕所模式，也会将家庭发生的粪尿做成农用堆肥，所以不会由于粪尿的堆积影响居住环境和生活空间。可是，在人口密度较高的城市，没有足够的土地供做可以为生产堆肥储存粪尿的用地。在人口密度高的地方，不能采用堆肥的生产方式解决产生的全部粪尿。因此，为了引进既健康又科学的处理方式，出现了通过物理、化学工序，一次性处理大批量的人粪尿的工厂模式。我们将此类工厂称作粪尿污水处理厂或者污水清理厂。

据有关资料统计，每天1人排泄的粪尿量大概是大便0.14升和小便0.9升，共1.04升左右（崔义昭和赵光明，1978：237）。济州岛的情况大致为，50万人口每天排泄的粪尿总量达到 50 万升，相关资料见表 7-1。

表 7-1 济州岛的粪尿处理现状（1990～1991 年）

	设施容量	1 日发生量	1 日平均处理量	排放场地
6 处	290 公斤/日	437 公斤/日	168 公斤/日	
济州岛	160		114	南海
西归浦	70		30	南海
朝天	15			南海
翰林	15			南海
大静	15			南海
城山	15			南海

资料来源：韩国国政监察局

　　如上所述，济州岛通过粪尿处理厂处理的人粪尿量还不到总量的一半，实际上，不少粪尿被排放到海洋。应用相当量的资金和人力去处理粪尿的结果是，相当多的问题被转移到了下一个阶段。根本上没有处理的粪尿量达到 269 升，而处理之后的排放场地则成了大海。由此可知，大海的污染，令人非常担忧。海岸地区的传统生产有赖于大海，应该对这种"非反效应"保持警惕。据专家报告，根据生物学方法对粪尿的处理存在着许多后遗问题。即使经过了粪尿处理厂的处理，仍然存在设施工程费用高、维护管理费用高以及水源污染严重等问题。汉城地区的设施相关内容如下。安养污水处理厂内，按厌氧性方式处理的设备需要33 亿韩元工程费用，每年消耗的维护管理费用大约达到 2 亿韩元。采用相同方式的北部处理厂的设施共需要 34 亿韩元的工程费用，以及大约 5 亿韩元的维护管理费用。安养污水处理厂、北部处理厂，按固液分离方式处理的设备分别需要大约 17 亿韩元。而北部处理厂，按标准稀释通风方式处理需要 40 亿韩元以上的设备及工程费用，以及每年 12 亿韩元以上的维护管理费用（金左冠，1989：69）。

　　从厕所文化的结构来说，家庭产生的所有生活废水都要通过厕所进行处理。可是没有厕所的济州岛家庭，只能将全部生活污水排放到污水管，由污水管汇集到一处，然后将生活污水排放到排水终端的处理厂，加以处理之后，再泄入到指定地点。与粪尿处理厂相同，排水处理厂也需要设备费和维护管理费，而处理之后发生的水质和海洋污染问题逐渐变得更加严重。有关济州岛排水终端处理厂的简短资料（表 7-2）恰好反映了这种弊端。

表 7-2　济州岛在建污水终端处理厂现状（1991 年）

地区	设施容量/(千吨/日)	总项目费用/百万韩元	年运营费用/百万韩元
济州岛市	60	32 487	467
西归浦市	30	31 545	234
合计	90	64 032	701

资料来源：韩国国政监察局

在取消生物学方法获得堆肥的状态下，农田里只能施用通过化学方式制造的无机肥料。结果，土壤污染问题也成了济州岛农业的一大灾难。由于济州岛土壤基质透水力强，水分和肥料很容易穿过土壤流失（柳顺浩和宋冠哲，1991）。如果不从厕所获得优质"黏肥料"改善土壤理化性农作物就很难正常生长。生物性堆肥很容易分解，因此，通过植物或者基岩的透水过程吸附净化后，不会造成地下水的水质污染。可是，植物对化学肥料的分解能力低，土壤里残留的化学物质透过土壤和基岩层后，还会给地下水造成严重的水质污染。

据有关资料显示，上述内容没有涉及的畜产粪尿问题会显得更加严重。在观察韩国的整体情况（1988 年 12 月末）时，饲养家畜的粪尿发生量监测结果见表 7-3。

表 7-3　韩国饲养家畜的粪尿发生量

项目	每头家畜平均粪尿排泄量（公斤/日）	饲养的家畜数量	粪尿总发生量（吨/日）
韩肉牛	7.1	1 558 900	26 657
奶牛	19.3	480 000	9 264
猪	5.1	4 852 000	24 745
鸡	0.04	58 500 000	2 340

资料来源：国立环境研究院资料；李吉哲，1990：5

每天产生的粪尿总量达到 63 006 吨，累计 1 年，其总量将达到 22 997 190 吨。预计在大约 2300 万吨的家畜粪尿中，60% 左右可以利用沼气技术获得能量。将这一数量折算成现金，每日大约达到 2400 万韩元（李吉哲，1990：7-8）。据另一种研究资料显示，10 万头牛生产的干式有机物垃圾，每年大约达到 15 万吨，而生产的沼气则高达 30 亿立方米左右，相当于大约 3 万人口消耗的天然气数量。以 1975 年为准计算时，其现金价值大约达到 51 万美元到 99 万美元（Schwartz，1976：13）。印度考虑到上述问题，正在建设沼气设备。基于将牛粪作为燃料使用的传统文化，计划从生态学角度实现完善的尖端技术改造。用代入法将韩国生产的家畜粪尿 2300 万吨计入上述计算方案时，每年可以生产沼气的量，至少可供450万人口使用。将家畜粪尿转化成沼气使用，比得到经济利益更重要的是，它可以有效防止粪尿带来的环境污染。

第五节 结 论

以传统厕所的事例为代表，说明了低平均信息量文化的热力学，人类把从自身及家畜产生的粪尿和污水重新用做猪的食物，而猪的粪尿和农产品秕糠则利用为肥料，为农田的农作物生产提高土壤肥沃度。在这种系统下饲养的猪，成了人类必备蛋白质的主要供应源。当然，适用于上述技术的组织和观念问题也是可以深入研究的内容。在这种模式中，无法计算出平均信息量。在物质循环的各个阶段，每个阶段产生的"垃圾"都要重新应用到下一个阶段，上述循环关系形成了一个系统。因此，在这个系统内，至少不会产生任何垃圾。

在这个过程中，我们不能不注意到各个阶段都包含着充当分解催化剂的微生物和酵母素的存在。人类排泄的"粪便"在猪的体内分解过程中，微生物和酵母素起到重要的作用。在猪产生的排泄物转化为堆肥的过程中，微生物和酵母素也是不可或缺的生物因素。当然，植物从堆肥摄取养料的过程中，同样需要微生物发挥作用。从形式上看，构成上述系统的各个阶段，在有机体的体内或体外，都运行着充当分解催化剂的微生物，与各阶段转化相连接的过程，也需要微生物发挥作用，这些微生物的活动是保证零平均信息量运行的充要条件。

在上述物质循环过程中，对于某类有机体而言，有时也会发生负面作用，使其不能始终顺利地参与循环运行。从生态系统整体角度来看，运行不构成任何问题，但对某种有机体而言，也许会遇到致命的伤害。这种现象就是寄生虫学家已经研究过的寄生虫病问题，济州岛的人和猪在参与循环的过程中有时会不幸感染上致命的寄生虫病。

为了解决上述问题，笔者曾经提出过有关利用沼气（以沼气为中心）的意见。在厕所产生的畜粪和其他秕糠不能直接用在农田，但可以成为生产燃料的原料，用于沼气生产设施，从而生产出有用的燃料来，解决燃料问题。据中国的有关资料显示，在储存70多天的沼气生产过程中，可以消灭几乎大部分的寄生虫卵。生产沼气之后，可以安全的将废渣用做农田施肥。

随着对厕所方式"不洁净"认识的泛滥，以及认为传统厕所阻碍旅游开发提法的出台，传统厕所陆续消失。与此同时，出现了所谓"科学"的粪尿污水处理厂。尽管科学的处理方法消耗了很多资金，可是仍然在大量排放公害物质。

建造规模更庞大的科学性设施需要选定土地，于是，出现地区之间的公用土地占用纠纷，从而爆发了居民针对政府的抵抗运动，狁来洞的情况极好地表明了这种弊端。居民因参加抗议而被拘留，市政府和居民持续反目。人类"科学"的介入，使环境和文化的作用产生了变化，构成了恶性循环中的重要环节。为了解决这种问题而引进的方法反而成了引起另一种弊端的导因。

在低平均信息量文化中，猪和厕所起到了相当于高平均信息量文化粪尿污水处理厂的作用。可是，后者增加了平均信息量，对前者起到资源作用的粪尿，在后者却变成了必须花钱处理的垃圾，成了污染海洋的主要污染源。由于平均信息量的增加，对生态环境增加了负面压力，这种影响产生了另一种后果，地区共同体随之而解体。然而，生态系统与文化结成了密切关系，需要人类充当其间的介质。生态系统和文化并不是人类分别运行的个别系统，而是通过人类连接的整体系统。高平均信息量文化追求科学意图和合理选择，而且建议人类摆脱追求日常意图和经验选择的低平均信息量文化窠臼。生态危机是人类通过上述过程一手造成的。借助萨尕尔的话来说，高平均信息量文化才是驱使人类下火坑的最非人本主义的"冒牌"文化。

根据"科学"处理的幻想性选择，济州岛的生活模式沿着高平均信息量文化的方向发展。我们需要反省上述幻想性选择，幻想性假借地区开发的名义向济州岛急剧扩张。长期错误对待厕所文化，将传统厕所视为"落后"的生活模式，最终直接威胁了居民的生活空间。如果违反生态系统的能源流动和物质循环过程，虽然我们无法预测遥远的未来会怎么样，但是，可以清楚看到的是，我们即将为此付出惨重的代价。

第八章　生态型不均衡与共同体文化的危机
——虫祭与农药的生态人类学

第一节　绪　　论

环境决定论之所以被轻易地否定，是因为由人类创造且成为人类洞穴的文化的存在以及人类对文化的认识作为其前提。以文化为研究主题的人类学家们所开发出的文化的概念数不胜数，但基本上大同小异。作为较为通用的对文化的说明，最具代表性的是"对生活样式和思考方式的整合"。这种说明之所以不能作为完整的概念定义，是因为还需要对生活样式的概念及其思考方式的概念进行说明。

对文化概念的定义的困难，有时会使人类学这种学问的界限变得模糊，但这种界限却正是人类所处的实际状况。人类作为文化的创造者又成为其文化的囚徒的这种状况似乎相互矛盾，但是这种对人类现状的不断提问会使人类继续探询自己的状态。科林斯王之所以会反复地将石头滚上山的原因正在于此，且这种问题就是哲学性的"大问题"（Langer，1948）。

在本章中我们将避免论及这种层面上的庞大理论，以符合中范围水平理论的实质性的资料为对象，在生态人类学的立场对人类和环境、环境与文化、文化与人类的关系进行讨论。换言之，通过引用从生态人类学发展而来的中范围水平理论对微观民俗志（micro ethnography）的事例进行说明。

集中研究人类、环境、文化三者之间的关系的生态人类学所研究一个的出发点在于：随着人类对环境的关心逐渐升温，人们希望公立地从实用性的层面对环境、人类、文化的关系进行说明。而另一个出发点在于：为对作为人类学主要研究主题的文化进行说明的中范围理论的发展做出贡献。因此，生态人类学家规避了利用庞大理论对文化进行说明的如"生活样式和思考方式的整合"等重复式的说明方法，提出了在对文化进行说明的过程中真正适用的中范围水平的概念。

文化作为一种社会团体是对人类所开发的环境的一种适应样式，这种适应样式主要有如下三种范畴构成，即技术（technology）、社会组织（social organization）、观念（ideology）等三个主要范畴被功能性地整合的总体性适应样式（Kaplan and Manners，1972；Steward，1955；White，1959）。

构成居住地的房屋即"物质文化"不能只通过构成物质进行说明，它是在某种物质中添加技术或通过上述技术的作用以文化的形态出现的，且技术与使用该技术的人们的团体相关联，同时，在构筑房屋这种居住地的过程中还具有某种观念的作用。文化的总体性性格在于不会分开体现技术、社会组织和观念等三者，但可以根据其观点对上述三种主要范畴的次序进行调整。首先考虑到技术的人们具有唯物论倾向，而在对文化进行说明的过程中首先考虑到观念的人们可以被视为具有唯心论或象征主义倾向。重要的是对文化的总体性的理解，且希望对总体性这一观点进行合理说明的企图与一般体系理论（general systems theory）相同（von Bertalanffy，1968）。

从一般体系理论中得到暗示的生态人类学家们之所以在对文化进行说明的过程中强调体系化思考（systemic thinking），是因为他们将这三种主要范畴——技术、组织及观念的体系特征，即"一切与一切相互混合"的命题（Gerlach and Hine，1973）作为文化理解的前提。

生态人类学家们的信念在于，能够通过体系化思考对整体性这一文化的特征进行组织性论述，而这种信念的体现则是作为中范围层面上提出的适应样式——文化。"什么是体系"是需要单独进行讨论的问题。在本章中通过引用以如上所述的体系及体系化思考为基础的立场，确立环境、人类及文化等三者之间的关系的基本观点，并在这一基本观点的基础上对当前面临的现实问题进行判断。笔者将以人类学的实地研究的经验为基础，并以实地研究时发现的民俗志事例为起点。因为这些事例均坚持着微观民俗志的立场，所以相信在其中提出的问题难以满足可视经济学或大规模环境科学。但生态人类学以微观民俗志的立场为根据这一事实，并不说明生态人类学家与研究可视经济学或环境科学的人们属于不同的类别。生态人类学家并不是通过试验和系数的调整展开其讨论，而是通过对从生活中的真实主人公那里了解到的故事进行整理并挖掘其生活的原理。因此，生态人类学家们至少不会利用调整系数的方法对生命造成杀伤。

第二节 虫祭文化论

在从 1975 年起至 1976 年进行的本地研究资料中，笔者从中抽取了一部分作为本章的参考资料。这些资料是在约 1 年时间内一直居住和生活在一个叫下沙渓

（家族名称）的村庄中整理下来的，在进行研究的时候该村庄的规模约为74户人家，350人，（Chun，1984）。

下面，将以位于全罗南道珍岛郡中的下沙渼村庄中奉行的被称之为虫祭的民俗活动为例，对序言中所提到的问题意识进行进一步的讨论。在半农半渔形态的下沙渼村庄（大部分韩国渔村都属于这种类型），为了农事在不同季节分别举行岁时礼仪性的活动。在农事中，最让农民们头痛的就是病虫害所带来的损失，因此下沙渼村庄里的人们每年在病虫害多发的夏季都会以驱赶和防除虫害为目的举行虫祭。虫祭是在阴历六月初的第一个巳日举行的，为此村民们将事先根据生辰八字选择一名祭官和一名副手。在一年之中，这段时间也是农田里的病虫害最为严重的时期。

他们利用村庄里为其准备的祭费购买一只雄壮的公鸡并准备几种蔬菜和大锤，在祭日的中午之前爬到村后的大岩石上，这个大岩石就是祭祀的祭场。从当天上午开始，村长将通过广播向全体村民传达举行虫祭时的禁忌事项。村民在举行虫祭的期间内应该尽可能地保持安静和严肃，且妇女们要尤其注意不得将衣物晾晒在太阳照射之下。在日常生活中负责洗涤衣物的通常多是妇女，而妇女们在洗涤好衣物之后晾晒衣物的地方通常有三处：一是在院子里搭上的晾衣绳，二是在海边的岩石上，三是山上的杂木和灌木丛中。村长将从祭日的清晨开始，通过广播不断提醒上述行为均属于禁忌事项。

在祭官的家中，所准备的大锤、蔬菜和活公鸡将作为祭品奉上，且在祭官怀揣村庄的长老所书写的虫祭祝祷文并聆听村庄的长辈及其前任祭官们所讲述的祭司步骤的过程中，副手将细心地磨亮祭官家的菜刀。村庄后作为祭场的大岩石周围已经拉满了禁行布条，且在中午前的约一小时由副手用推车推着祭官和祭品到达祭场。当祭官和副手在大岩石的中央铺上所带去的稻草并摆放好祭品之后，祭坛准备就绪。到达中午之后，祭官取出怀中的祝祷文并高声朗读，而副手会利用菜刀砍断双腿被捆牢的公鸡的脖子。在祭官朗读祝祷文的过程中，副手会将从公鸡的脖子中喷涌而出的鸡血洒向大岩石的四周。至此，虫祭的所有步骤全部完成。

之后，村中的妇女和孩子们会将收起的衣物重新晾晒到室外各处，下沙渼村庄也将从礼仪活动中重新恢复到正常的日常生活中。

虫祭祝

祭官所朗读的虫祭祝祷文的最后一部分，有一句"剿绝灭后遗种"。下沙渼村庄的村民们为了能够得到丰收，通过祭官向山神委托驱虫和防虫工作。在向山神请求"庄稼因为各种虫害而无法丰收，请求去除那些虫子"的同时，人们会请求山神"留下种子"。请求清除那些为人们带来烦恼的虫子（剿绝灭）的同时又请求保留种子（遗种）或许是相互矛盾的意识表现，但同时包含灭种的认识体系和遗种的认识体系正是下沙渓虫祭中的礼仪。在其礼仪中，我们可以发现"体系"概念中最重要的属性即均衡（equilibrium）。也就是说，虽然为了庄稼得到丰收而举行用于驱虫和防虫的虫祭，但下沙渓人的虫祭中包含着一种意识，那就是不能完全去除构成生态系的虫子的"种子"。

在举行虫祭的过程中所有村民们都要遵守的禁忌事项是晾衣服，下面则是下沙渓人对上述禁忌事项的解释。下沙渓人之所以会将公鸡作为贡献给山神的祭物，其意图可以理解为模仿咒术。人们可以轻易获得且形状与虫子类似的有翅膀的家禽就是鸡，因此公鸡会被选择作为祭品。砍断公鸡的脖子并在大岩石上撒下公鸡的血时虫祭仪式达到高潮，他们认为鸡血升上天并传递给山神时人们的愿望也能同时传递到山神处。向山神传递人们的愿望的鸡血一定要非常浓，因为鸡血的浓度就是人们向山神祈求的愿望的浓度。因此，如果人类的其他行为导致了鸡血浓度的下降，则无法向山神传递人类的愿望。

人们认为晾晒衣物的行为就会使传递到山神处的鸡血的浓度下降，这是因为从衣物中蒸发出的水蒸气会与奉献给山神的鸡血混合从而降低其浓度。与鸡血相关的上述解释，应该是为了努力满足其思维的合理性。即使在满足其思维合理性的方面解释出了鸡血的象征意义，但这种层面上的理解并不能说明我们已经掌握了虫祭的意义。因为礼仪中所包含的禁忌的意义，还需要在共同体的整体性方面进行研究和发现。

禁忌的具体内容并不是重要的问题，最重要的是所有共同体成员需要共同遵守的禁忌所包含的意义。晾晒衣物的地点被限定且晾晒衣物的行为也很容易被其他人所认知，而禁止晾晒衣物的禁忌是谁都能够比较容易遵守的禁忌。与禁食一天或在祭祀举行期间紧闭双眼进行祷告等假想性的行为相比，晾晒衣物的禁忌是相对容易遵守的禁忌。假设虫祭及其相关的禁忌事项较之过去有一些弱化，此时如晾晒衣物的禁忌等执行起来比较容易的禁忌事项似乎也有适应性的一面。意义的强度被弱化的共同体礼仪伴随的禁忌的程度之所以较低，应该是为了提高其共同体成员的参与程度。总而言之，村庄这一共同体通过村庄共同体的活动——虫祭实现了同一个目标的团结与整合。

通过上述过程中的重叠性的累积，即以多种形态呈现的共同体的礼仪将村庄投影为一个共同体文化。通过虫祭这种礼仪实现了村庄共同体的整合，并为文化的连续性提供了铺垫。

通过下沙渼的虫祭，我们可以发现虫祭这种观念借助咒术这种行为提供了能够圆满完成庄稼收获的愿望。下沙渼人通过虫祭希望借助于山神的力量抵御病虫害而使用的咒术明显也是一种技术，而通过咒术这种技术发挥的咒力则是人们向山神要求的事项。且为了实现这种观念，村庄这一共同体在选择祭官和副手并准备祭品的过程中以社会组织的形式参与了虫祭。

通过下达到村庄村民中的禁忌事项，我们可以窥视到与虫祭相关的观念和组织的混合形态。因此，下沙渼的虫祭可以被视为是观念和技术及其组织相互混合体现出的一种象征性演出法（dramaturgy）。

在这种演出法中，我们可以发现其总体性体现——体系概念和生态均衡的概念。虫祭是一种以农事和病虫害为根据的适应于环境的适应样式，是一种文化性体现。

第三节　农药环境论

在经济开发和绿色革命观念指导下，农村部门的粮食增产运动于1970年初期开始展开。政府对韩国农村的功能上的定义从"人们安居乐业的地方"转换成了"粮食生产工厂"。政府希望通过对农用土地进行高效管理，对城市部门扩张引起的侵蚀农村土地的状况进行缓解；同时，为了通过将农田里的农民转换为工厂里的职工而创造工厂产业人力，政府努力对剩余的少数农业人口进行有效管理。手段之一，就是努力向劳动密集型的农业结构投入资本和技术。这可以说是对过去20年间的韩国农村农业结构所经历的变化进行的总结。如果在农村共同体的层面对这种变化进行简单的说明，则可以说是因为人口的流出而导致的社会组织的激变现象。"没有人怎么举行祭祀活动啊？"这种叹息显示出了韩国农村所经历的社会组织的变化。因为原来通过人类的劳动力完成的农事中绝大部分被资本和技术所替代。

韩国农村的格局被重新调整，化肥和农药替代了迁移到工厂去的那部分人而完成了本应该由他们完成的工作。下沙渼村庄当然也不能摆脱如上所述的农村结构调整的命运。

首先，年轻人开始离开村庄，接着整个家庭随着年轻人的迁移纷纷移居城市。离开的人们所留下来的农田由剩下来的人们进行耕种，而能够熟练驾驭牛进行犁地的人们纷纷消失，很自然地使"农业机械化"进入了农村的各个角落。

结果，所剩余的少数村民耕种起了比以往更为广阔的土地，也因此需要向广范围的田地喷洒各种农药。在如今的下沙渼村庄中，农药占据了非常重要的地位。利用铁铲和雇工的劳动密集型工作在没有劳动力资源的情况下因为"没有人的原因"而无法继续，因此农事自然地向以个人和家庭为单位的个体化劳动方向发展。在人们聚集在一起共同劳动的集团劳动形式下进行的共同体性的活动、礼仪和工作形态已经不见了踪影，都成为了老人们或许会提起的古老故事。

20 世纪 60 年代以后，随着社会对近代化和产业化追求的不断升温，科学这一概念的象征意义使韩国社会的思考方式发生了巨大的变化。因为只要不接受那些被定性为科学性的物质或思想，就会被归类为野蛮和迷信的一类，所以人们只能接受被标注为"科学性"的一切。虽然科学与技术两种概念截然不同，但是新开发出的技术全部都以科学为幌子而大肆发展，因此传统的技术被定义为迷信，并且，与科学相对立的、被归类为迷信的传统技术被轻易地排挤出人们的生活。

希望通过经济开发和绿色革命"致富"的观念，辅助上述观念的农药和肥料以及机械技术的引入，以及符合上述观念和技术的组织结构使韩国农村发生了一种体系化的革命。为了明确在本章所简述的论点，我们将从上面讲述的内容中提取有关农药的部分。

为了"灭绝"农田中频频发生的病虫害，农药通过官方的政府机构纷纷派送到农民手中，且为了使农民能够在必要时单独进行购买，农药商和农民也建立了直接的交易关系。为了防止病虫害的发生，以"科学性"方法出现的农药很自然地将"迷信"方法——虫祭排挤到了人们的生活之外。结果，原本崇尚于"迷信的"虫祭活动的下沙渼人开始崇尚于"科学的"农药。但是为了抵御病虫害而出现的农药，在使病虫害"绝种"的同时还为农村带来了另外一个预想不到的问题。

引入农药这一技术的人们，暂时忘记了生态系是一种以庞大的体系形成的科学性对象。暂时戴上了科学面具的技术的本质，在这种侧面上露出了马脚。利用驱虫剂抵御病虫害、利用除草剂去除杂草、利用化学肥料提高产量等一题一解式（one problem, one solution）的"合理性"思考方式的科学主义，最终代替了生态主义（ecologism）。驱虫剂这种农药使得生活在表土层中能够产生有机物的虫子们濒临灭绝，因此在农业活动中起到最重要作用的表土层中不再有有机物存活，最终导致了表土层全部成为"死土"的悲剧发生。为了解决这个意想不到的问题，则需要人工地添加一种能够提高表土层生产能力的化学肥料。

农药和肥料的使用，使得生活在水田中的各种鱼类、甲壳类及贝类灭种，并因此使农民们丧失了不同季度下的各种蛋白质供应源。

先进的农药也会置人于死地，其中有一些是缓缓置人于死地，而有一些是突如其来的。在农作物中累计的农药残留物已经成为了非常深刻的社会问题，但因为其致害过程比较缓慢，很多人没有认识到农药问题，更有些人根本不愿意去认识这种问题。一气之下喝下农药致死的票老汉，使得原来构成下沙渼一部分的新平村逐渐消失。不小心用废弃在田边的农药瓶盛水饮用的明绅大叔的儿子也死亡了。直接饮用农药的人的死亡非常迅速，但是那些残留在农作物中的农药残留物则会使大量的人口逐渐的、在不可见的状态下一步步地走向死亡。似乎可以说，应该由一个人饮用的农药正在被多个人分别饮用并逐渐走向死亡。

人体可以被理解为一种适应机理，因此或许有人会认为逐渐进入人体内的农药会导致人类逐渐"死亡"的观点并不正确。对于主张这种观点的人，我们只能持反对的态度。因为一种主张必须具有可以说服别人的咒力，在为了验证其咒力的有效性而利用他人的身体逐渐致他人死亡之前，必须使主张者本身身体力行地向我们证明其咒力的试验结果。即使上述他人是指一种试验动物，上述主张者希望通过试验动物的最终结果来对自己的逻辑进行应对及论证的这种做法，必将被定性为故意杀人行为。期望农药或环境污染对人类造成的反应属于理化学性的这种思想，来源于人类希望对社会学性、心理学性实体进行忽视的意图。能够进行理化学性反应的人类，已经是从正常状态的人类范畴中推理出的一种被扭曲的人类。人类对农药渗透的反应只能是社会结构性的，且这种反应才是最为正常的现象。

构成与农药这种技术相关的一系列体系的观念被理解为对绿色革命和经济开发进行支撑的科学主义，且其体系和社会组织性的层面体现于政府的行政能力和基层管理能力。以工业中心的经济开发为主的全社会的重组所体现的形态，正是这种社会组织的背景。通过引入农药这种高级技术，下沙渼人不再感觉到需要举行那已经被定义为"迷信"的虫祭的必要性，因为农药为下沙渼人提供了期望抵御病虫害的功能。

虫祭过程中的"遗种"的生态型思考逻辑与分散的行为没有丝毫的关系，但那种传说能够灭绝病虫害的农药的使用也没有能够实现与举行虫祭不同的效果。即使在使用了农药之后，每年也会有更加强烈的病虫害不断来袭，最终的结果是借助虫祭的山神的力量可以实现"遗种"的目的，而农药却无法实现。因为农药的使用，反而使生态系的循环过程出现了问题。

通过使用农药技术一时实现了技术乐观主义的体系，伴随的是长期性的生态悲观主义。技术乐观主义有可能与生态悲观主义构成双面性的这种观点，就是与农药相关的体系带给我们的教训。

第四节　生态系抹杀的代价

我们的讨论并不能终止于指出为了代替虫祭而引入的以高级技术（high technology）为主的农药最终导致了环境破坏的这一层面上，而我们的问题也不仅限于已经适应环境的虫祭文化在被新引入的高级技术农药取代的过程中出现的预料之外的生态系的不均衡问题。导致这种生态系不均衡现象出现的人类，需要等待能够适应新环境的新文化的出现。在上述过程，即形成一种适应样式的过程中，人类需要为自己的行为错误付出代价。如上所述，这种代价体现为瞬间性的人类死亡，但更为可怕的是随之而来的更大规模的灾难。同时，掌管着虫祭和农药的山神是否会将破坏生态系的代价止于少数人类的死亡还是未知数，谁也不知道最终需要付出的代价究竟是什么。

但在目前的情况下，至少有一种可以明确补充的代价，那就是共同体文化的破坏现象，推崇虫祭的共同体氛围的文化在引入农药的过程中被完全抹杀。作为所有下沙渼人的禁忌事项，全心全意举行虫祭并共同参与的生活形态，在引入农药的过程中被那种由个人单独使用的生活形态所替代。过分地依赖于虫祭有可能是幼稚的浪漫主义的表现，我们并不是要为那种幼稚的浪漫主义而拒绝新的高级技术，而是对高级技术的引入所带来的生态系的不均衡问题及其相应的代价，即共同体文化的破坏现象进行关注。这值得我们去担忧。

如同构成生态系的环境作为一种巨大的体系存在，文化作为适应其环境的样式也与类似于环境的体系存在。人类过着由环境和文化这两大支柱支撑的生活。即使在存在一些外部干扰的状态下，环境也维持着它原有的形态。这并不是因为环境具有无限大的包容能力，而是通过构成环境的体系所具有的特殊属性——环流，在干扰的程度不超过其限度的范围内可以不停地进行否定环流（negative feedback）；如果超过临界值即超过其收容能力，则通过其肯定环流（positive feedback）的作用在环境中出现一场革命。一旦发生这种状况，目前的人类的存在只能被否定，这是因为支撑着人类生活的支柱之一出现了革命，在此之前被赋予人类的意义将丧失其价值。

受到人类力量的较多作用的文化这一体系的环流属性远比环境所具有的属性

脆弱，因此我们可以较为轻松地谈论文化的变动，并有意识地诱导着文化的变动。以虫祭为基础的共同体文化因为农药的导入而逐渐消失，其共同体文化也逐渐向个体化方向发展，而这种个体化与农药的能够由个人单独使用的特性相同。随着群居生活所创造出的共同体文化的个体化，当群居生活的意义完全褪色之后，我们所有人的生活将与鲁滨逊·克鲁索在荒岛上所过的日子别无二致，而其最终的结果将是这个社会不复存在。共同播种、除草、举行虫祭、秋收并在秋收之后共同举行谢恩祭的共同体性生活状态，将随着促进劳动结构个体化的技术的引入自然地转换成以家庭为单位或以个人为主的生活状态。邻居有可能从相互协助的友好对象关系转变成相互竞争的敌对关系，这种生活构成将使社会丧失其存在的基础。因此，作为社会组织的原理而发生作用的文化的存在基础也将变得毫无意义，最终导致人生的意义蒸发无影。

人类对共同体文化的意识性或非意识性的虐待和不关心，必将使人类付出相应的代价。人类对生态系的破坏总是遭到环境无情地反击，而人类对共同体的破坏也必将遭到文化给予的反击。这种反击在短时间内呈现为使我们被相互孤立的个体化形态，但谁也不知道最终的反击效果将如何。因为不知道环境最终给予的反击是何种形态，所以人类只能对环境和文化的反击结果进行预想和猜测。但是，人类最大的悲剧在于没有勇气去模拟所预想的后果，认清事实并想办法接触问题的所在。

在这种悲剧转化成为现实之前，人类应该做的就是去彻底理解以生态系的形态呈现的环境，以及在共同体的基础上创立的文化。应该以体系化结构去理解环境和文化，并掌握其体系的属性。被人们认为是迷信的虫祭的生态学应该被理解为文化和环境相遇的体系的一部分，且被引入到这一体系中的新技术和组织及其观念应该是适合于现有体系的。盲目地引入高级技术，将导致问题的出现并无法预计其将向何种状态发展。因此，以环境与文化的相遇为基础对人生进行思考的生态人类学家们，需要考虑符合体系的技术，即适当技术（appropriate technology）（Long and Oleson，1980）。

第五节　适当技术的概念

技术不同于科学，技术应该与自然资源或人工资源一起在资源的体系中进行理解，且技术在其适用的文化范围内对意识决定具有一定的影响力，同时技术还具有社会控制的功能（全京秀，1989：99）。因此，特定技术具有需要在与所具有的环境和文化体系关联的情况下进行考虑的当然性。而在如上所述的当然性被忽略的状态下将有关传统技术的观点分为高级技术（high technology）和低级技术（low technology），是其观点过度倾向于科学主义而导致的产物，而这种观点来源于所谓西欧文明中心的两分法世界观。

将以科学为基础的农药视为高级技术而将以迷信为基础的虫祭视为低级技术的这种思考方式的界限表露无遗，然而高级与低级之间的标准并不明确（Bernard and Pelto，1972）。同时，在价值判断中认为高级技术全都优越而低级技术全部不良的逻辑也大有矛盾。因此，我们可以从我们的世界观中排除上述传统的高级技术-低级技术的二分法，取而代之的则是我们可以从环境和文化体系中学习到适当技术这一概念。

在对虫祭和农药进行比较讨论的过程中，我们可以得出适当技术是能够同时满足环境体系和文化体系的技术这一暂定型的结论，其中环境体系构成生态系，而文化体系是技术、组织、观念这三项的综合体。也就是说，适当技术是能够同时满足生态的健康性、组织的正当性，以及其观念的收容性的技术。虫祭所内含的技术是否为适当技术这一问题，需要在社会性体系中进行检讨。即使是具备了生态学上的健康性和社会组织上的正当性，如果在观念（即信念）、宗教或世界观上无法接受的话，虫祭就不能算是适当技术。农药是否为适当技术这一问题，同样能够在相同的脉络体系中进行检讨。

因此，为了在没有生态悲观主义的前提下实现技术乐观主义，我们需要确定适当技术的概念，哪种技术属于适当技术这一问题属于适用的范围。如果首先确定了正确的适当技术概念，则需要付出不断的努力去发现符合环境和文化状况的脉络。对环境和文化的理解采取体系化思考方法，是在此过程中可以采用的最佳方法。

我们对希望通过虫祭活动抵御农田里的病虫害的下沙渼人的技术水平和相关的组织侧面及其观念问题进行了分析，并对因为社会的较大变化而使下沙渼社会采用农药的过程也进行了简单的讨论。同时，我们已经了解了上述变化过程本身的体系化特性，即其中某一部分的变化必然对构成其整体的其他部分产生影响，并因此而经历整个的变化过程。在虫祭被农药所替代的过程中，人们只注意到了戴着科学产品面具的农药是高级技术这一点，而忽略了这种高级技术所伴随的生态性的不均衡问题。因此，后续出现的对环境的破坏不仅让下沙渼人遇到了始料不及的诸多问题，还使其丧失了与虫祭相关的共同体文化。在引入农药的过程中，他们根本没有想到适当技术的概念，被科学主义蒙蔽的双眼使得他们根本没有考虑到所引入的高级技术将对生态系统造成良好的影响还是不良的影响，更没有考虑到现有的社会组织是否具有对新技术进行正当化的收容能力。在没有形成用于向使用者们详细传授农药的相关教育和体系化知识的良好渠道的状态下，只借助于行政力和商品宣传媒体传递至农民手中的农药随时都有可能被误用。同时，在此过程中，以科学性标称的农药怒斥虫祭和相关的信念体系为迷信思想。

虫祭及其相关的世界观所形成的对宇宙秩序的观点和农药及其相关的世界观所形成的对宇宙秩序的观点是两个种类截然不同的概念。认为前者是不良的观念、低级的观念、愚昧的观念体系，而认为后者是良好的观念、高级的观念、文明的观念体系的做法，是违反其文化相对性的思考方式。在支持其中某一方观念的立场下对另一方的观念进行的评价，是世界观的霸权主义，且这种霸权主义只能将其视为与自我民族中心主义（ethnocentrism）相同脉络的立场的滋生物。认为信奉金钱的人的世界观优于信奉物质的人的观点，或认为信奉上帝的人的世界观优于信奉山神的人的观点等，都是以自我民族中心主义为背景的霸权主义的表露。

第六节　小　　结

热带大草原的树木无法生长得太高，有一些草木适合于在热带大草原生长，也有一些草木适合于在热带雨林中生长。作为一种观念，在以为能够在热带雨林茁壮生长的树木也适合于热带大草原的思考方式的作用之下，将热带雨林中的树种移植到热带大草原中是无视生态系基本原理的做法。而为了栽植热带雨林中的树种，挖掘热带大草原中的干燥地带并种植树木的做法无疑又是对热带大草原的生态系的破坏。即使有那么几株勉强生存下来的热带雨林中的树木，也将只会对热带大草原的生态体系造成不良的影响。在热带大草原中普遍生长的是草，而这些草在高大树木的底下根本无法生长，因此会造成热带大草原生态系的不均衡。

笔者曾经服过3年的兵役，而在最初进入军队时面临最大冲击就是"让你的脚适应你的鞋"这种毫无道理的要求。笔者的足长为305cm，而过小的鞋子害得笔者的十根脚趾在几天之内全部化脓，更使得十根脚趾甲全部脱落。虽然平时所穿的白胶鞋也有些小，但是因为其具有一定的伸缩性而没有为其带来脚趾甲脱落的巨大痛苦。军鞋虽然比白胶鞋更结实更好，但却没有白胶鞋所具有的伸缩性。硬生生地将脚强塞进去的军鞋虽然在表面上看不出任何不妥，但塞进军鞋内的脚却为了适应军鞋的大小而饱受痛苦并最终导致疾病发生。军鞋对于我的脚并不是适当技术，而我的脚要求"合脚的鞋子"也是理所当然的。

据居住在庆尚北道义城郡的金永袁先生讲述，"我们的祖先在种植大豆时会在一个孔中撒下三粒豆种，一粒被天空中飞翔的鸟儿啄去，一粒被土壤中的虫儿吃掉，最后一粒才是留给人们自己收获的"①。我们可以发现，构成生态系的生命体共同追求共同体生活的生态学意义逐渐被重新发现。以这种生态哲学为背景的知识在文化层面上被再次发现，且以生态哲学的再生运动为基础的共同体生活的恢复这一主张，向人们要求着以人类和生命的名义去应对这个高科技为主的现代社会所引发的环境污染和公害问题的勇气。笔者将以生态哲学为基础追求共同体生活的意识形态称为生态主义，认为这种生态主义应该被理解为超出资本主义和社会主义，以及这种两极体系所制造出的任何种类的意识形态的概念。

随着以"剿绝灭后遗种"的生态系哲学为背景的下沙渼的虫祭被农药所替代，对下沙渼人进行支撑的环境和文化出现了问题。对环境中所出现的问题进行集中所得出的概念是生态系的不均衡，而对文化中所出现的问题进行象征化所得出的概念则是共同体文化的危机，且上述两个概念是相互关联的连续过程的体现。在指出如上所述的问题的过程中，我们对适当技术的概念及其作为应对如上所述问题的对策的可行性展开了讨论，并暂时将适当技术作为符合环境与文化的技术进行了探讨。

---

① KBS1 电视台于 1989 年 10 月 25 日播放的电视剧《主妇韩慧淑的生活日记》，导演李奎焕。

第九章　用水文化、公共财产及地下水
——以济州道地下水开发的反生态性为中心

第一节　绪论：黯淡无光

据预测，人类首次想到管制水源始自农耕。依靠狩猎和采集方式的生存经济供应产物的方式中，水源始终没有成为管制目标。可是，随着人类耕种植物及畜养动物，人们开始将大自然融入到人类活动范围，同时感觉到了应该对动植物需要的适量水源加以管制。

如果上述逻辑成立，就可以根据《高丽史》的乙那神话（全京秀，1994），类推出济州人首次管制水源的起始时间。由于日本国使者带来了五谷和牛马等供品，耽罗人必须得到五谷和牛马需要的水源。当然，神话里没有包含这种内容，可是了解神话内容里蕴含的全部体系，不难得出这样的类推。从那时起，水源不是等来的资源，而是成了到处寻找的目标。

随着人口增长，引进新的农业经营方法，以及产业系统的变化，对水源的需求也急剧增长，使得济州岛的自然环境发生了重大的变化。水源寻找方式的变化，必然使济州岛大自然发生变化。由于上述变化，最终引发了威胁济州道生存基础的综合病症。为了过上更富裕的生活，人们引进发展的概念，并作为论证这一概念的一种方案，采取新的方式寻找了水源。可这反而造成了综合病症，彻底威胁了生存的基础。笔者认为，由于人类的生存与任何形态的大自然紧密相连，可以使文化和环境共同进化的理论观点（Durham，1991；全京秀，1992）占据一席之地，而且对于共同进化现象适用"生态学方面健全，文化方面可以接受的环境持续发展"依据（全京秀，1993），代入"济州道的水源"相关事例，可以论证目前正在进行的济州道地下水开发产生的混乱状态以及半生态性。

本章目的有以下两个：第一，依据共同进化和环境持续发展的两个理论及概念，通过生态学观点，努力理解济州道的用水文化；第二，为了摸索出可以改变面临危机的济州道生态状况的对策，引进公共财产概念。笔者认为，公共财产概念将优先考虑济州道民众的自然资源使用权，它应该是地方自治时代的公共财产概念。

本章并没有将论证性资料视为基础，而是从观念性的角度提出逻辑方面的问题。这也许是本章内容的局限性所在。

第二节　济州道的用水文化

"水是生命，它也是为一切生物准备的食物。可是，水并不是维持大自然完整形态的全部内容，因而水不能成为真正的食物"（Cocannouer，1962：6）。

济州道民众的传统水源大体上分为四种：涌出水、涌泉水、奉天水及稻草辫水缸储水。若用专门术语述说涌出水，可以分成海中涌出水（崖月邑高内里的河口地区和新奄里等地）、地表涌出水（从地表涌出的泉水类），以及海岸涌出水（三阳或城山浦等地的海岸水源）（建设部，济州道，韩国水资源公社，1993）。海岸涌出水是居住在海岸边的居民主要使用的泉水，位于大海沿岸带（此时，经常使用涌水术语）。以汉拿山为中心，落到济州岛的雨水经由土壤和岩石的缝隙形成地下水。这就使济州岛的地表下面有非常丰富而发达的地下水带，其中的一部分沿着火山岩缝从海岸边喷出。居民在落潮时，会很容易地从喷口获取淡水。龙头岩附近的龙渊、挟才海水浴场边及咸德海水浴场边，很容易观察到这样的海岸伏流涌出。南元邑新礼里的公泉浦地带的海岸涌泉也是典型的涌出水露点。泰兴里女妓沼是淡水与海水交汇的地方，这里的海岸涌出水略带咸味。"旋盘水"位于济州市内陆较近的地方，自古以来，很多居民都仰仗此泉水。挑水的姑娘们一手拖着水缸，一手游泳，游到涌出水口才能去汲取淡水。

涌泉水主要指在海拔稍高的地方喷出的地下水。涌泉水不仅为人类提供水源，多余的水资源还汇流成小溪。代表性的涌泉水是立岛上的泉水，居民时常在这里举行洗清水仪礼。在汉拿山山坡的某些地方也可以见到丰沛的涌泉水。从宏观角度来讲，似乎应该将涌出水和涌泉水统称为涌泉水，但有些学者将涌泉水称为上位涌出水，将涌出水称为基底涌出水（崔顺鹤，1993：57）[1]。

奉天水主要是中山间地区村民获得水源的方式。在村庄后侧稍高的地方或者

---

[1]　上述两个俗语都属于喷泉，济州岛地区多喷泉与其地质结构有关，由于当地相对海拔差异较大，火上基岩又布满缝隙，地表有较大的压力，出口后，水可以喷出的高度往往高于出口地面，济州岛人之所以要分开涌出水和涌泉水，是因为前者的出口较低往往与海水相混而略带咸味，后者流出的水则是纯净的淡水，这种区分极富地方特色。——译者注

在村庄中央选择具有一定地理条件的地点，要求是地势比四周凹陷，可以存水的地方，通过人力加工或建设形成大型的人工水池，让雨水自然而然地聚集起来，供居民使用。如大静邑逢雨水（也叫冰水或者冰开水）、仙屹里海风池和丘垄桶等都是为居民或牛马提供水源的人工水池，这类水池的名称通常在名字后面加上"池"或"桶"一类的词缀。我们在仙屹里发现大约50处此类水源，它们都属于奉天水（吴盛赞，1992：104-109）。奉天水的缺陷在于时常会受到居民或牛马的侵扰而被污染。因此，居民必须采用严格的用水管理方式，发现谁侵害奉天水，就以村庄的名义加以严惩。而且，由于牛马的侵扰，筹集奉天水的设施很容易受损，"牧人"们不能不特别小心。另外，奉天水与涌泉水不同，它以人工方式储存，是没有经过自然净化的天然雨水。因此，主要以奉天水为水源的中山间等村庄的居民必须特别小心谨慎地监控水质，管理出水设施。济州岛中山间村庄保留着好几处这种奉天水池，可是在最近一段时间，由于各种原因的影响，很多地方的奉天水池被填塞掉。泉水非常珍贵的岛屿地区通常都要仰仗这种方法提供水源。直到如今，孤岛灯塔仍然采用奉天水解决水源供应问题。

关于稻草辫水缸和稻草辫水缸的使用状况，可以参考以下的引文而获知其梗概。"有一种装置是利用住房后院生长着的树木储集水源。就像女人编发辫一样，将稻草编成辫状，再捆在分叉的树枝上形成可以汇聚雨水的漏斗形前置，我们把它称作'稻草辫'。它的正下方放着储备清水的水缸，这就是稻草辫水缸。雨水滴到树叶之间，滴落的雨水沿着树枝滑落，聚集到稻草辫水缸里，经过稻草辫过滤后的雨水缓慢滴进稻草辫水缸里。水缸的雨水便越来越多了。为了提高水质还要抓来几只青蛙放到稻草辫水缸里。而后，蛇为了吃掉缸里的青蛙，会在稻草辫水缸周围爬来爬去。（当地居民认为）连蛇这样的生物都会在周围窜来窜去的水源，应当是富有生机的水源。"（金永敦，文武丙，高光敏，1993：147）上述引文意在表明，当地居民将晒干的稻草编成辫，捆到树枝上，使滴落到树叶的雨水储存到水缸里。这种稻草辫并不只起到汇集雨水的作用，同时还起到过滤雨水的作用。也就是说，使雨水沉浸到用稻草辫做成的过滤装置中，达到净化雨水的效果。把稻草辫水缸放在后院并放入几只青蛙以便引诱蛇前来，都具有特殊意义。把稻草辫水缸放在后院是为了选择比较僻静的地方，以防水源被其他动物污染，同时似乎还有利于招来蛇的光顾。另外，水缸里放入几只青蛙意在利用青蛙清除水里的寄生虫，有利于提高水质。①

---

① 引诱蛇前来光顾的用意，可能是为了驱逐会污染水源的小动物，如鸟、鼠等。——译者注

如果将稻草辫水缸比喻成地下水带，那么稻草辫则可以比喻成雨水经过的厚厚土层和岩石层。但土层和岩石层的综合性生态功能与稻草辫不同，雨水经过土壤和岩石层的时候，雨水连带维持了大地上的众多生命，可稻草辫则仅是将雨水汇集和过滤到一处供人类使用。

济州道居民并不仅仅依赖后院的树木配置稻草辫，而且还将稻草辫用于汇集从棚顶滑落的雨水。在这样的情况下，同样需要采用稻草辫水缸储水。具体做法与利用树枝时相同。使用稻草辫水缸蓄水可以大大节约远程汲水耗费的劳力。居民认为，要保持水源的安全和洁净，人们不能居住在离奉天水或涌泉水很近的地方。为了根本上杜绝可以预测的污染源，汲水的水源通常都在比较远的地方。因此，通过稻草辫水缸得获取水源可以达到大大节约劳动力的效果。

根据海岸村庄和中山间村庄的不同，对比济州的传统水源，海岸地区是使用涌出水，而中山间地区则是使用奉天水、稻草辫水缸及涌泉水。毋庸置疑，这些传统水源的最终来源还是雨水。"雨水的构成非常接近纯粹的 H_2O，从表面上看也很洁净，可是，如果雨水没有经过大自然的水净化装置，还不能认为是严格意义上的优质水源。"（Cocannouer，1962：29）因此，雨水经过完整的沉浸过程达到地下水带为止，雨水不是纯净含义上的优质水源。如上所述，涌泉水是地下水通过自然伏流涌出，我们可以认为它是优质水源。在用水方面，济州道具备了世界上最好的自然条件。

第三节   地下水开发和公共财产悲剧

我们可以认为，地下水问题基本上要包括到可采量和水质两个方面的问题。地下水的开采必然与可采量和水质两个方面综合关联。具体表现为两种状态：第一，开采地下水后降低了地下水带的高度；第二，在海岸带，开采淡水之后，水体将渗入咸水。也就是说，既会导致储水量枯竭，又会造成水质降低的弊端。据有关研究报告显示，地下水开采诱发的环境问题，最终表现为地面沉陷和土壤盐化（Goudie，1994：206）。

此前不久，韩国才开始才关注地下水问题。到 20 世纪 50 年代为止，韩国尚处于观察和了解地下水状况的时期；而 60 ~ 70 年代，韩国开始了大力开发地下水的时代；80 年代，韩国开始重视保存和防范污染地下水问题；到 90 年代，韩国才开始认真对待环境问题，也才开始极其重视水源污染问题、地表水和大气污染等环境问题（南奇英，1993）。在济州道，随着人口的日益增长，才开始施行水供应政策，从而最终开展了地下水的储量调查。为了确保淡水资源供应的需要，济州道着手按用水数量制订计划开发地下水管井。从此，人们开始将济州道的地下水看成一种自然资源。结果，济州道的自来水供应率达到99.9%，创下全国最高纪录。济州道于1992年共开发了3169口管井，其中，国营管井达到371口，其余的2798口管井均分属于私人。在这些管井中，修筑材质比较好的管井大约达到450口（建设部，济州道，韩国水资源公社，1993：V-3）。也就是说，目前还没有纳入管理系统的管井高达管井总数量的86%。据各种调查资料显示，因此而产生的水质问题已经非常严重了（崔顺鹤，1993）。

值得我们注意的是，济州道开发的总地下水管井中，大约88%是私人管井。这就涉及个人是否有权力为个人私用而建筑地下水管井的开发权问题。根据济州道的历史传统，共同体遗产的观念非常强烈。在济州道，村庄拥有共享的共同牧场和海岸资源，这些传统从生产的基础部分开始，保留公共财产，直到今天还仍然发挥着重要作用。可是，随着村庄的共同牧场被出让，村庄共同体的传统也随之而解体，村庄开始面临生存的危机，公共财产的存废要求我们提出崭新的概念去加以说明。根据各村庄不同的具体规定，公共财产可以表现为很不同的范畴。最近，由于环境问题日益严重，越来越多的人更多地忧虑公害，针对公害提出的重要问题正好是公共财产的存废问题。笔者认为，空气、水及土壤等都是具有代表性的公共财产。济州道的地下水正好是从公共财产的角度提出问题的优先代表。

假设济州道出现了新版凤儿金善达——他抽取地下水去满足自己的私欲，那么任何济州道人也不会容忍这种事情。可是"新版金善达"组织了巨大的帮派登上了济州岛，并像当年凤儿金善达出售大同江水致富那样，新版凤儿金善达也不放过任何致富的机会。大同江水和济州道的地下水有什么不同吗？他们的差异只在于，大同江水可以看得见，而济州道的地下水在地表却看不见。假如有个人要在汉江岸安装巨大的水泵抽地下水出售，我们能容忍他的行为吗？可在济州道，目前正在不断发生许多本质上类似的事情。对于公共财产，不能适用本质上的私有化或者私人所有制，而如今的社会还没有完全确立这种概念。我们需要进一步注意，在这一过程中，公共财产发生的悲剧最终会蹂躏济州道的生态系统，威胁济州岛人的生命基础。

1968年，生物学家及生态人类学家加勒特·哈丁首次提出公共财产概念，为生态系统的保存和环境公害的治理掀起了巨大的浪潮。据有关人士评价，在资本主义意识形态起作用的市场经济下，这一概念的引入，对建立兼顾环境问题的认识基础做出了巨大的贡献。哈丁指出，公共财产的概念和范围包括水、空气及土壤等自然资源，而市场机制在利用这种公共财产时，造成了巨大的失败。他还强调，由于上述自然资源是公共财产，随意的私有化，会导致环境和自然资源被破坏等一系列特征。尽管承认哈丁的论点正确无疑，可他的论点也存在一定的局限性。也就是，随着把公共财产概念只限于自然资源所带来的问题意识的局限性。有些观点认为，应当将自然公共财产的利用者权利，也就是利用权包含于公共财产的概念之中（McCay and Acheson，1987：8-9）。

人类的生存必然要利用自然资源，但人类出现在特定的生态系统中时，会派生两个新的问题，其一是人类要以生态系统形成一个整体性的结果，其二是人类群体可以采用不同的强制性方法去利用公共财产，这样的强制性利用方法中有的对公共财产而言具有超复合性。兼顾上述几个方面，去认识公共财产的概念，必然得出这样一种认识，只从生物学角度适用"公共财产悲剧"必然会带有很大的局限性。对于捕获野生动物或鱼类的人类群体而言，所适用的公共财产概念必然限定于可以捕获的目标动物这一范畴之内。同时，必然排斥整体性的生态系统观点。然而，可捕获的目标生物赖以生存的栖息地，如果得不到妥善的管理和保护，那么，野生动物或鱼类本身也不可能继续存在。正因为如此，界定公共财产概念需要考虑的领域必须加以拓展。也就是说，从生态学的角度来讲，对于包含特定野生动物或鱼类的整体领域也应当纳入公共财产概念去加以考虑才算较为妥当。从另一种角度来讲，除了适用于人类公共财产的领域外，还存在着其他适用于其他生物体的公共财产概念，它们也要利用这份公共财产，因此必须坚持兼顾整体食物链的公共财产观点。另外，在界定利用公共财产群体的权力时，也就是公共财产的使用权时，还需要将公共财产概念拓展到适用范畴去。

将上述逻辑应用于水资源时，可以分解为公共财产概念适用于水资源本身和适用于整个水文循环系统两个范畴。如果公共财产概念只适用于济州地下水，那么对于维护水质的水文循环系统，公共财产概念就不能适用了。然而，开发地下水的过程，必然要使水文循环系统变得更脆弱，也就是说，为了开发地下水，需要开凿土层和岩石层。在这一过程中，必然将雨水经由的土层和岩石层排除到公共财产保护的概念之外，并威胁通过利用包含其土壤和岩石层的水文循环过程生存的生物体。这样一来，依赖土层和岩石层获得生存的生物体，肯定会因为地下水开发而受到生存威胁，我们不得不指出，只将水纳入公共财产概念是非常狭隘的观点。进而，笔者认为，应该接受将整个水文循环包含在公共财产系统内的观点。

将公共财产概念限定在狭隘范围时，也就是说，只将水、土壤或者空气等单项自然资源范围纳入公共财产概念，必然会造成理解上的重大偏颇，因为，该公共财产连接的生物体，以及利用并管理公共财产的人类必定要从上述公共财产的论证中被排除掉。为了从普遍性的角度管理好水、土壤或者空气等，公共财产的适用范围自然得以拓展，于是有些观点指出，公共财产的概念很难将地区的特殊性考虑进去，只有外部权威的介入，才可能解决与公共财产相关的复杂问题。缩小公共财产的概念，可能发生另一种问题，这就是也许会促进共同财产的私有化。将整个公共财产分成土地、水、树木等容易分类的实体，忽略利用上述公共财产的人群或地区共同体的潜在力，那么最终很容易产生可以有效管理的私有财产，但公共财产则不然，因为公共财产利用权必然与众多的问题相连接，要将连接的所有问题逐一说清，论证起来几乎力不从心。

"从本质及历史上讲，公共财产系统是以特殊的时间和空间为基础，逐步构建起来的社会文化系统"（Peters，1987：172），因此，公共财产需要整体地仔细研究，剖析与它相关的人类群体活动对该公共财产的形成所产生的全部影响。公共财产转移到所有权范畴时必然发生的弊端将威胁生态系统的安全，最终将排斥在该公共财产的基础上生存的人类群体。也就是说，公共财产悲剧必然发展成社会文化系统的悲剧，而这种悲剧在发生的过程中，必然以文化和环境共同进化的方式表现出来。

第四节　地下水的开发是一种打胎行为

1852 年，英国诗人阿诺德在其诗集《被埋葬的生命》中写道：

The same heart beats in every human breast … The unregarded river of our life pursue with indiscernible flow its way; And that we should not see the buried stream, and seem to be eddying at large in blind uncertainty, through driving on with it eternally. But often, in the world's most crowded streets, but often, in the din of strife, there arises an unspeakable desire after the knowledge *of our buried life*; A thirst to spend our fire and restless force in tracking out our true, original course; A longing to inquire into the mystery of this heart which beats so wild, so deep in us- to know whence our lives come and where they go… （Goldfarb，1991：123-124，斜体字由笔者添加）。

我们可以将地下水称为"被埋葬的生命"，它也可以比喻成在人类的身体里跳动的心脏，它掌握着我们的生命。

"被埋葬的生命"，它就像在安全的母体里静静地等待足月出生的胎儿。沿着水文循环轨迹移动的水经过地下水带，以海岸涌出水的形式自然出生，这是"被埋葬的生命"顺利走过了生命的旅程。

这里，我们需要具体说明孕育"被埋葬的生命"的"子宫"。这个子宫一直发挥着保护婴儿安全的功能。从子宫强制引产胎儿是一种打胎行为。那么，抽取地下水这种"被埋葬的生命"，也应该理解为是一种打胎行为。笔者认为，打胎是一种杀害生命的行为，地下水的开发过程正包含着这种新角度的象征意义。从土地挖出矿物的过程表示象征性的强制性引产（Merchant，1984），而强制引产等同于打胎。事实上，打胎就是在"杀人"。

子宫长7厘米，宽5厘米，厚2.5厘米，"它由子宫内膜、子宫肌层、子宫外膜等三层构成……子宫内膜由上皮和厚厚的固有层组成，但没有黏膜肌板和黏膜下层组织。上皮是单层柱状组织，随处分布着纤毛细胞。固有层是细致的网状组织，具有硕大椭圆形核的星形胶质细胞形成了细胞网，血管密布。月经来潮之前出现淋巴球和浆细胞。基质上有很多糖蛋白，还存在只分成单管状腺或腺底部的管状腺形态的子宫腺。腺细胞分泌黏液，而核则主要分布于细胞的基底端。从子宫动脉分支而贯通肌层的弓形动脉在固有层分成两个系统，从而形成基底动脉和螺旋动脉。其中，基底动脉只为接近于子宫内膜肌层的薄基底层供应营养，而螺旋动脉形成特殊的螺旋状，分布在除了基底层之外的黏膜表层，即功能层上。子宫肌层是平滑肌，厚度达到1厘米以上。它分成黏膜下层、血管层、血管上层及浆膜下层，并呈横纹肌、无纹肌及斜纹肌等粗度不相同的肌束状态，各层的分解并不一定明确"（郭尚奎外，1992：194）。将保存地下水的地下水层比喻成子宫时，我们可以从子宫的结构剖析雨水经过地表面和岩石层的过程。微生物要介入到这一过程中，它们是参与上述生态系统全部过程的关键性角色。界定公共财产的概念涉及或者不涉及上述过程，其间必然表现为环境维护观点上的根本性差异。

"将自然比喻成人体时，水资源就是其血脉。畅通的血脉是健康的基本因素"（南奇英，1993：5）。可是，因人类活动而介入的各种潜在污染源会污染大自然的血脉，最终会使大自然病入膏肓。我们向大气排放的垃圾，不管它属于什么种类，都会通过降水，最终到达地下水。地下水被污染的过程，我们的安全管制模式完全无法控制。我们扔到地面或者埋到地下的垃圾，不管它属于什么种类，最终会渗透到地下水里。我们从地下水脉抽水的时候，任何时候都会诱发地面的塌陷和地表水渗入增加等风险。保护湿地生态系统不仅是为了保护相关野生动物的栖息地，而且还能保护我们不受洪水和污染的侵害。与此同时，湿地还会成为守护地下水源安全与无公害的前提。"被埋葬的生命"通过上述方法可以使我们的存在充实起来（Goldfarb, 1991: 125 126）。人类作为生态系统的成员，应该努力使"被埋葬的生命"不受污染，而且要确保它的生命安全成长，使它能够顺利与成功地"分娩"。

济州道民众早已通过涌泉水的形式利用了"自然分娩"的地下水。在不干扰自然状态的范围内，完善生存方法并发展了用水文化。可是，后来人们根据不同的用途，使水的需要量迅速暴涨，生活用水占据的比例进一步提高。据专家预测，水的供应量和需求量之间的差距会越来越大。因此，通过开发地下水充分供应用水量的思维方式在未来将占据主导地位。换言之，人们将以技术乐观论去保障人们的生命。在这一过程中，尽管通过科学研究已经证明，地下水等生态系统已经遭受到严重破坏正在走向毁灭，然而，技术乐观论仍然占据着主导地位。

如今，正在忽略技术也经常伴随着悲观，这并不只是受到了商业资本主义的影响。不努力减少生活用水的使用量，反而持续增加其供应量，这必然使水的使用模式走向浪费。再也找不到用稻草辫水缸节省水资源的"节约精神"，只剩下浪费的盛行。不研究如何完整地应用未经使用直接流到大海的涌泉水，反而致力于研究开采地下水管井的穿凿技术，这到底是为了谁？管理不善的管井竟然达到86%，对此，我们可以坐视不管吗？

第五节　结论——为济州道的环境声明

"文明和公害的含义正在逐渐靠拢"（Cocannouer, 1962: 16），济州道的水资源供应模式以高达99.9%的自来水普及率而自鸣得意。这真的是可取的发展方向吗？传统的济州道用水文化采用的是涌出水、涌泉水及奉天水和稻草辫水缸等，然而，今天已经发生了显著的变化。由于文明的私欲使水龙头得到普及，奉天水和稻草辫水缸已经不是水资源的正常供水方法。沿着开发智囊团引导的方向去发展的结果，济州道的传统生活模式发生了剧变。变化本身并不构成问题，问题出在变化过程中介入了"进步"的概念，水龙头变成"文明"标志，稻草辫水缸和奉天水变成"野蛮"的标志。这一过程才是问题的关键。随着抛弃"野蛮"、追求"文明"这一"文明"意识的膨胀，济州道的传统用水模式部分地被人们遗弃。遗憾的是，我们事实上还没有完全了解传统生存模式中蕴含的价值。

如上所述，为了满足高平均信息量文化的需求，着手开采地下水，并在这一过程中，直接干扰生态系统的运行。在开采过程中，济州道居民的生存模式并不是被"珍惜"，而是被变相地"使用"。随着生产资源不是珍惜的而仅是供人们使用这一认识的泛滥，恶性循环的模式已经开始运作。未曾存在过的"生活排水"概念已经变成了日常术语，这充分表明济州道的用水文化已经开始变质。

过去，滴落到房顶的雨水全部流到稻草辫水缸，滴落到村庄的雨水全部进入奉天水池，滴落到济州道的雨滴全部经过地下水带，从涌出水口和涌泉水喷出。可这种概念已经被人们视为"陈旧不堪"，成了应当遗弃的旧观念。新观念填充了旧观念曾经占据过的位置，并在济州道的大自然中兴建了新的结构。汉拿山是在"雪门带婆婆"指导下创建而成，是一座岩石山（金永敦，玄勇俊，玄吉延，1985：511-512）。可是，今天的人们正在伤害它的"子宫"，挖开它的圣体，以破坏大自然为代价，去满足文明的贪婪。事实上，任何人也没有做出保证，堂堂正正地支付该付的代价。这些人，在概念中认定，根据文明去反生态不需要支付任何代价。

济州道的地下水是济州道人的公共财产。济州道居民呼吸的空气和饮用的水，都是济州道居民具有优先权利的公共财产。即使外地人来到济州道呼吸，任何人也没有支付报酬。可是，人们逐渐认识到了空气和水都是宝贵的资源，而且为了取得这些资源，开始兴建大规模的土木工程。我们需要重新回顾一下公共财产的概念。被开发的公共财产与环绕人们的生态系统，其间有着密切的关系，公共财产产生于这种密切关系之中，因而公共资源具有独立存在的价值。将某一部分从生态系统分离出来，不仅会对该生态系统造成损害，而且必然剥夺该生态系统成员的生存保障，由于人群也是这样的成员，这种剥夺必然也包括剥夺人群拥有的公共财产利用权。结果，公共财产的概念里并不只包含特定物质，也应当包含依赖其物质生存的群体的利用权。

济州道的自然资源已经染上了病毒，我们要全力恢复它的健康。大自然始终要求恢复原状，只要人们不再继续干扰，大自然就有能力恢复原状。对于垃圾，大自然具有消化的能力，剩下的只是时间长短的问题。"不存在垃圾。无论采用何种方式也要把从城市排放的垃圾处理成'土壤食物'，以便重新建设被破坏的大自然。重新建设大自然的含义是，维护介入到水循环过程的土壤部分。清除威胁健康的因素，继而，为生产保证健康的食物，建设土壤，以便生产安全的水和优质食物。"（Cocannouer，1962：17）维护济州道的地下水，就是在守护生命，换言之，用环境持续发展的概念守护地下水。从生态学的角度，采用健康和符合济州文化的方式利用地下水，就是文化和环境共同进化的环境持续发展概念。"只有地下水得到继续生存，而且可以为地下的生命提供地下水，依赖其地下水为生的人们才可以继续生存下去。地下水为所有人类以及今后在这片土地上生存的所有生命体提供生命的源泉。"（南奇英，1993：14）

毋庸置疑，开采资源和开采地下水都必然导致生态环境的破坏。外地人离开济州道后，对于济州道的生存环境不会有任何忧虑。让外地人支付公共财产利用费是合情合理的维护方式。而且，对于外地人要进行济州生存方式的旅游培训教育。环境影响评估方式也要遵循济州道的模式。由于济州道的生态系统与大田或釜山等本质上各不相同，我们需要采用符合济州道实际情况的环境影响评估方法。另外，为了维护济州道的生态系统，还要为济州的环境发出声明。只有这样，济州才得以生还。我们所有的人都要共同研究有效运作上述声明的具体行动方案。

第十章 有关亲环保居住模式的探索
——通过有机物垃圾再循环建构生态化公寓

第一节 绪 论

不同社会的特定居住形态和建筑物是人类在追求物质享受和文化含义的过程中，独占大自然的结果，这一点现代化城市也不例外。在工业化城市中，人类和自然的互惠的关系，早已失去了和谐。越是生产力水平高的社会，对大自然的独占方式越是集团化及社会化。作为个人的人类，不能直接与大自然接触，而是在城市的人工环境下生活，生活的环境是纯粹的城市人造生态系统。

一位建筑学家在创造居住形态的同时，将人类对于大自然的态度分成了三种（Rapoport，1985：109-113），即宗教型（宇宙论型）、共生型和剥削型。在前两种形态中，大自然和生活环境是你自己可以享用的，关系是共生型，大自然一直在发挥作用。在第三种形态中，大自然由于人类的作用，置于被剥削和被利用的地位，因此大自然远离人类而去，你无法享用，关系成了个人的，大自然的作用被人截断。

人类学家编写的民俗志中，凡属于原始社会的基本上相当于第一种居住形态，原始人的世界观不会与大自然发生冲突，更不会企图征服大自然，而是和大自然和谐并存。在原始社会，人类及非人类的概念比任何社会都具有相互依赖性。由于人类存在于大自然中，不能以同等的地位去对待大自然，只能将人类自己融入到大自然中。

在传统的农耕社会，人类把自己当做大地和大自然运行中的一个部分去参与生态系统的循环，并通过大自然的帮助和恩赐去获得农作物来维持生计。在这种社会形态下，居住类型属于第二种，社会整体生产力通过与自然生态系统之间的协调而得到了合适的发展。对大自然和大地的这种态度对村庄和住宅的所有形态造成了深远的影响。例如，由洞窟组成的普埃布罗族人（居住在美国西南部）住宅中，人们集体居住在一起，这似乎在反映他们的大自然和人类的和谐观念，居住形态和自然景观融为一体，构成了一种人为地貌。普埃布罗印第安人将整体生活所产生影响的周围环境及整体景观视为与住宅一样神圣的珍重对象，谷物的栽种是一种宗教行为，本质上占据了精神生活的一部分。他们甚至在砍伐树木或者猎杀兔子的时候，都要向神祷告请求原谅。

传统农耕社会的住宅和村庄形态可以称为土俗建筑，它满足了居民的文化、实用及象征方面的各项要求，遵循自然景观，使住宅与大地融为一体。他们的观念认为，不可能存在没有住宅及村庄的大地，也没有不依托于大地的住宅。许多建筑学家将传统农业社会土俗建筑形态与城市的人工建筑形态做出比较之后，赞叹土俗自然环境及周围景观之间的完美和谐。结果，无论是从景观的角度，还是从功能的角度，传统农业的土俗建筑都能极好地适应所处自然生态系统。并且，这种居住形态又与传统农耕社会相互协调。

工业化城市的人工建筑（高端设计）及居住形态属于第三种类型。在这一类型中，人类修改了大自然，并制造仅属于人类自己的生活环境。可是，这种形态切断自然生态系统与人类之间的直接相互作用，追求对大自然和土地的最大剥削，并把这种剥削视为提高效率，从而彻底破坏了环境。建筑学家如此评价融入大自然与农村建筑并存的乡间别墅："这是优秀的建筑学家的作品，还是笨拙的建筑学家的作品？我们并不清楚。我只知道它破坏了景观中和谐与美丽的部分。不管是优秀，还是笨拙，为什么所有建筑学家都在伤害湖水？农夫却不会这样做。"

目前，我们社会处在发达城市的阴影下，急剧出现因破坏环境而发生的危机。如今，其危险正在逐渐威胁着人类社会的生存。不少人对破坏环境产生了危机意识，开始组织市民团体开展环境运动。这些团体向行政机关、言论机关、企业及市民宣传恢复自然的意愿，推动环保浪潮等。可是，目前的环境运动，主要针对确认市民意识的传统去开展活动，至今没有取得理想的效果，即实现环境的实质性变化。要环境运动取得实质性效果，需要从制度及专业技术的角度建立明确的对策。

本章的目的在于，以一种社会文化制度的视角，去探讨居住形态转变以及环保模式，为了制定相应的制度，去探索尝试性对策。在准备本文的过程中，笔者意外地发现至今仍然缺乏有关现代城市居住生活经验的研究。尽管提出了伴随人类生活变化的实用性提议，可是不能感悟有关其生活的知识。因此，本章将从更技术性的角度着重介绍环保型住宅模式的基本内涵。

笔者认为，构成现代城市居住形态的公寓最适合开发成环保住宅模式。其间，从单层住房到生态住宅，进行了各种探索试验。可是，这种试验除了技术完成度之外，在费用、规模以及效益方面似乎很难取得成功。与此相比，公寓具有各种优点，非常适合在其内部建立生态循环系统加以运营。

并不是只研究特定建筑物的结构，就可以开发出环保型的居住模式。住宅与人类的生活模式紧密相连，住宅是一种文化产物。因此，不研究对于居住形态起决定作用的文化因素，建筑理论只不过是在创造单纯的理论模式。笔者在努力理解社会文化因素对居住形态的决定性关系的同时，深入探讨了居住形态适应于生态环境的相关问题。

第二节　居住形态的决定因素和生态适应性

人类为什么要创造特定形态的建筑物和居住形态？长期以来，很多建筑理论家一直把这个题目作为关注的问题和研究的主题，这在一定程度上与人类学家研究何种因素产生特定的文化遗产十分相似。因此，处于人类学和建筑学之间的相关学者的论点，对于建筑与居住形态的相关说明可以提供决定性的帮助。笔者认为，将居住形态理解为一种文化产物，了解它产生的原因以及存在的意义时，可以按如下的流程操作：社会文化整体性—特定的居住形态—对于环境的生态适应性。

认识环境和居住模式的相互关系时，也许应该将上述流程图视为还原论。生态人类学将特定的社会文化因素总和理解为对所处社会生态环境做出反应的结果。还原论的基本思想是，社会文化因素作为生态环境的反应产物，对于居住形态或者居住模式产生整体性的影响，并重新适应于环境，达到相当广泛的范围为止。

根据分析水平的需要，也许应当提出许多相关的问题。其中的关键在于，在众多的文化因素中，将何种社会文化因素理解为对居住模式产生影响的因素，并在生态人类学方法论中，进行反诘上述还原论的有关论证。比起生态环境直接决定人类生活而言，更准确的观点应当是，生态环境与人类生活的物理条件相互作用，从而决定了人类以多元化的方式反馈生态环境。换言之，为了使环境条件的影响成为现实，必须经过人类的行为和认识。也就是说使人类在相同的环境，通过民俗志资料去显示生存模式，表达其存在的变化。从更长期的观点观察问题时可以证明，有时人类行为表现出来的选择性对策并不一定适应于环境。

在实际的分析中，最核心的工作有三个：其一是从众多因素中寻找更直接、更重要的决定因素；其二是观察这些被选出的因素，看它们如何发生影响；其三是分析这些因素在环境适应中的价值。三者相结合，才能揭示居住形态形成的社会文化根源。上述做法在目前给定的时间范围内研究居住模式的文化成因时会显得十分方便。特定的居住模式是否能长期适应于环境必然是人人可以提出的疑问。因此，采用分析研究的对策应当是人们理解的一种前景更好的生态环境选择的主导方式。从建筑理论来讲，分析的出发点和结论必须立足于建筑物和居住形态结构本身，它们的具体形象必然具有特定的原因和含义，从理论上分析理解其含义，自然可以较好地认识和理解它们的适用性。在此将其实用性的标准设定为更好地适应生态环境，换言之，更具有环保特性。

不同学者对于居住形态的成因和居住形态变迁的直接原因的分析结论互有区别。姜永焕（姜永焕，1989：18-22）在研究韩国传统民居时指出，过去的研究方法偏重于类型的划分，划分的依据包括时代、社会经济及地区背景等，而划定的民居类型又往往与民居的具体形态为标志。此类传统研究方法的不足在于，对居住形态的解释有孤立化的倾向。民居形态与整体环境之间的关系在研究中没有得到揭示。姜永焕将民居形态理解为以含义、论证和整体解释融为一体的表达，他把民居文化置于上述理解中归纳出主要变量，从而可以做到对居住形态的分析获得整体背景的理解。传统的文化人类学的文化定义为：人类在适应环境的过程中，积累起来的工具、技术、社会组织、语言、习惯、信仰等要素是一个整体。可是姜永焕超越了上述观点，接受了将文化理解为：规范和引导行为的标准与规则是一个系统。这是一种追求严谨性和明确性的文化新概念。根据上述观点，韩国的传统民居只不过是相关居住文化的产物，是人们对居住或者房屋形成的知识体系的表达。

拉帕波特（Rapoport，1985：72-75）对于影响居住形态的社会文化因素启用生活模式术语加以分析，因而进一步提出了广义论分析法。为了批评传统理论居住形态的研究，他指出，根据单一因素的决定论和根据物理因素的决定论来分析居住形态的成因，是不可能做得很充分的。尽管气候、材料、结构及施工方法、土地等物理因素对居住形态的形成有影响，但是使用者对住所的必要性、防御、经济、宗教等因素的理解，对于居住形态的形成同样会产生一定的影响。可是，任何因素都不能理解为单一或核心的因素，因而他把自己的分析方法称为广义论，也就是多因素综合决定论。房屋和村庄都是包含着文化、精神、物质、社会等概念的物质实体，是生活模式的物理表现，因此必然包含着丰富的象征意义。此外，居住形态是一种人类的事实，是连续生存的人类，是按其价值观做出的文化选择，做出这一选择总是按照极其严重的物理局限和有限的技术条件兼容的原则，在这个原则下，人们可以采用多样化的房屋建筑去表达。

拉帕波特（Rapoport，1985：87-102）认为，将住宅和村庄形态解释成包含一切物理条件有很大的局限性。因而，他更强调物理的局限性，认为人们总是在可能实现的范围内，选择了多种可能性中的一种。他借助临界点概念表述了物理局限性，即气候、材料、技术、经济等的局限性越大，各个因素的临界值也就越高，相反文化选择的幅度就也越小。

在上述临界值允许的范围之内，居住形态的选择可能在若干种文化因素中选择某些因素建立联系，可供选择的包括如下一些基本范畴，如家属、女人的地位、隐私权、个人要求以及社会关系等五种。为了突出生活模式的整体性，上述选择变得更致力于追求特殊和具体，其结果表现为完全适用于民族志事例。以下通过民族志事例做一个简单的说明。

第一个因素包括若干种基本要求，如在人类生活最基本的内容中，社会个别成员形成的认知方式、观念及爱好等。因纽特人即使在圆顶建筑的某一个角落闻到了不熟悉的异味也不会介意，而日本人的传统住宅必须要忍受洗手间的臭味。某种文化恐惧夜晚的氛围，喜欢封闭的空间，而美国和英国的文化则体现了对于窗户的爱好。另外，每一种文化对于适合照明亮度或取暖舒适感的要求都各不相同，这对房屋结构必然产生明显的影响。

用餐和烹饪习惯也会对居住形态产生重要影响。在阿兹特克族人的住宅，厨房是独立的建筑。印加人在开放的中庭烹饪，而图瓦雷格族即使帐篷内有取暖用火，也要在帐篷外面烹饪。一家人聚在一起用餐的中国人和男人先用餐之后女人再用餐的日本人的不同用餐习惯也同样影响着他们的住宅结构。另外，坐姿也是一种影响居住形态的因素。例如，亚洲人的蹲坐休息的文化、澳大利亚土著人或若干种非洲土著人的一脚单立的文化，也会影响他们的居住形态。

第二个因素是家庭的结构和类型。它对于居住形态也会产生很大的影响。非洲通行一夫多妻制，因此，在传统的非洲住宅里，男人没有自己的房间，而是轮番访问拥有自己房间的妻子们。即使是相邻的地区，根据一夫一妻制及一夫多妻制，居住形态也不相同，其具体情况如图 10-1 所示。

第三个因素是女人的地位。就局部而言，以与家族制度具有密切的关系，可是不具备需要单独论证的重要性。地中海沿岸存在两种住宅：一种是分布于从叙利亚、加泰罗尼亚和巴尔干半岛的海岸地区及岛屿上户外楼梯型双层结构石雕住宅。另一种是分布地相同的中庭式住宅。这种中庭式住宅与希腊、北非、拉丁美洲的中庭式住宅非常相似。这些地区的共同习惯是把隐居着的女人作为自己的隐

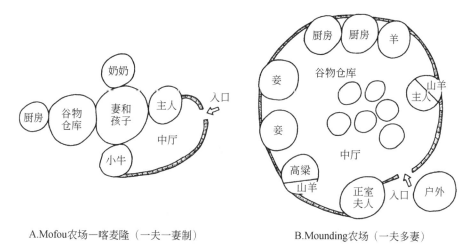

A.Mofou农场—喀麦隆（一夫一妻制）　　　　　　B.Mounding农场（一夫多妻）

图 10-1　喀麦隆两个父系社会的居住结构比较（拉帕波特，1985）

私去保护，想必这些地区的居住结构也源于此。这些中庭式住宅的窗户和顶棚设计独特，无法过于接近。而且，街道对面的住宅入口也不相望。与此相比，双层结构石雕住宅的户外楼梯象征着从希腊米克诺斯岛带来嫁妆的女人的身份。

　　住宅内，女人地位的表现形式非常丰富。比如，非洲的男人没有自己的房子，而是轮番访问拥有自己房子的妻子们。再比如，英国和美国的住宅明确划分了男人和女人的领域。日本把厨房视为女人的领域，在其外观上，与住宅的其他地方相互隔离。在伊斯兰文化背景下，通常单独设置隔离女人的帷幕遮蔽女主人的房间等。上述各种因素都影响着居住和村庄的形态。

　　第四个因素是隐私权的表达。西欧文化圈的建筑学家主张隐私权是住房形态的基本要求。根据比较文化资料，它植根于对性和羞涩感的保护态度、领域划分等，表现的程度又存在着显著差异。尼泊尔的夏尔巴族人由于对性的态度十分开放，根本不需要保护隐私权。传统社会的日本也相同，在封闭的住宅领域内对于性和羞涩感的保护意识非常弱，体现了开放和自由的特性。与此同时，日本人的隐私权保护依赖于领域的划分。用很高的墙壁或篱笆围住了住宅的外侧，只有商店、办公室、作坊等非居住建筑才向街道方向开门。然而，高高的围墙与隐私权之间并不存在太多的关系，即使不隔音也无妨。有些住宅是可以从外侧看到里面的。每到傍晚，男人或者女客人或者一家人混住。关于隐私权依赖的领域方面，日本和西方的差异见图 10-2。

　　各种文化频繁碰撞的共同住宅内，也要根据隐私权的不同需要去决定是否需要开放或者严格划分领域。可是在划分的空间里是否需要再分出更小的房间，则

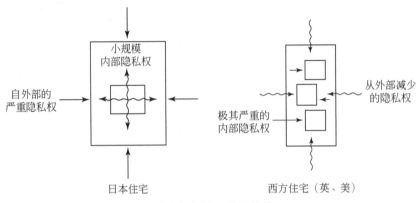

图 10-2　隐私权领域（拉帕波特，1985）

视具体情况而定。印度的住宅是一幢一幢地被围墙围绕起来，或者住宅的各种设施位于中央的中庭周围，所以在公路两侧只能看到封闭式围墙。伊斯兰教徒为了防止外人看见妇女，必须用布帘遮挡门窗。而南印度受此影响的程度较低，不经常利用中庭，住宅结构更具有开放的特征。

　　第五个因素是社会接触，也就是不管是住宅，还是咖啡屋、澡堂、街道，人们在特定地点相互接触本身会给居住形态造成深远的影响。中国的村民们在中心街道的广场见面。可是在北非，女人在井边见面，男人在小餐馆见面。班图族人居住地区的围墙和畜圈之间的空间成为见面的地点。尤卡坦半岛（Chancom）地区的村庄小商店楼梯及土耳其和马来半岛的咖啡厅是人们见面的地点。而法国人通常选择咖啡厅或木构酒坊，但绝对不把客人请到家里来。目前，这种情况发生了变化，并向利用住宅见面的方向发展。这种趋势直接影响着居住形态和城市的变迁。

　　到目前为止，通过各种文化资料的比较，我们了解了有关居住形态的文化以及具体的决定因素。很多学者指出，还没有高端设计建筑的传统社会，也就是通常所说的前工业社会，其居住形态更适应于环境，它至少可以与周边环境相协调。

　　乔丹和考普斯（Jordan and Kaups，1968）所分析的美国中部和北欧的临时住宅设施是带有通道的，对其起源和发展历程的研究，呈现了在文化体系和生态系统中为理解居住形态提供了一种模式。他们首先通过文化体系研究了临时居宅用木屋的基本结构，这种木屋的文化体系逐步成了美国的先驱文化。初期的美国移民在开拓过程中形成的生活模式，直接影响了这样的木屋，使木屋的结构和功能在适应于开拓生活的需要方面起到了决定性的影响。可是，美国中部出现的木屋与北欧的木屋在基本结构上相似。这是欧洲文化在移民过程中传播的结果。然而，重要的是，由于住宅的具体形态要适应于不同地区的生态环境，结构就不得不有所改变。

美国的先驱文化通常表现为无阶级分野的特征。人们不关注中央政府的机构，心目中蕴含了高度个人主义、个人自由以及同舟共济精神。以核心家族或者以家族为单位的血缘关系在生活中占据着主导地位，并通过文化及基础交换关系①与印第安人相混合。一个人的一生要搬迁无数次，几乎没有人长期地定居在一个地方。居民点零散地分布在广阔的原野上，人们过着低人口密度的狩猎、捕鱼、采集和烧垦农耕生活，这些主要生存模式使得他们不关注自然产品的储存。人们在分散的农场组成的聚落中生活，在广阔草原上饲养猪或牛等"家畜"，他们住在用水平木板建成的粗糙木屋里，使用带通道的住房。总之，住房有简单、有效、容易互换等特点，这是开拓者的生活模式作用的结果。美国中部的开拓者文化还可以根据地区的不同，以多元化的适应体系出现，并通过居住地的变化和移居派生了新的特征。

某种居住形态或者居住模式是否可以留存和广泛普及，这涉及个人之间以何种方式共享的文化形态，居住形态发生何种变化和做出何种选择，以及在各种计划中，如何适应个别地区的环境条件。在美国中部，木屋是可以互换的产物之一，首先它对森林的开拓表现出很高的适应性。房屋、仓库和其他外部建筑的组合，可以从以一间房子为核心，发展成相互连接的两间房子或三间房子的建筑模式。带通道的住宅是上述发展的产物，其建筑的简易性和空间扩张的弹性以及多功能性，成了这种建筑定型的原因。按照森林开拓者的目的，对临时住房的修建、设计越简单越好。此时，连接的、相同形态的两间屋子就成了普遍采取的选择。随着开拓时间拉长，调拨粮食的方法以及为了更长期、更有效的开拓新土地，必然给居住形态提出了新的要求，加上随着出生率的提高和家族规模的扩大，住宅的空间也需要更宽大。于是，人们很自然地从若干种带通道的住宅结构中，选择出一种更适用的模式。

从文化及生态的角度观察时，带通道的住宅从若干种形态得到了发展。建筑简单、多功能性、规模、地位、兼容性等都为森林开拓的需要提供了相应妥当的特性。开拓持续期间的条件，将以选择的可能性继续存在。在具有相同文化生态体系的北欧萨沃–卡累利阿地区也发现了类似结构的木屋，这就提供了文化及生态条件的有关论据，足以支持居住形态起源于传播的研究。

---

① 基础交换关系是指食物、原材料等方面的交换关系。——译者注

综上所述，社会文化因素整体性—居住形态—适应生态环境的上述分析模式成了从文化角度理解居住形态的一种手段。下一节将使用上述观点和模式去分析成为现代韩国社会一种居住形态的公寓模式。韩国的公寓是在特殊的社会文化条件下得到发展的一种居住形态。可是，公寓居住形态不适应所处的环境，直接显示了工业化的城市体系抹杀环境的秉性。因此，需要论证公寓居住形态是否适应环境。其核心问题在于，如何适应环境或者如何发展成更环保的形态。为此，通过拉帕波特提出的五类因素去研究形成公寓居住模式的社会文化因素，再提出将公寓建设成环保住宅模式的技术。

第三节 公寓居住模式的形成

现代的韩国城市中出现各种形态的居住模式。不同规格、标准、特征的社区不断涌现经济公寓、高档公寓、现代化的独立住宅、传统家庭的独立住宅、包含多家户的独立住宅以及没有取得房产许可证的板屋区等，可谓千姿百态、多样并存。可是，对现存的居住模式及住宅现已形成明确的分类标准。在这样的背景下，居住及住宅模式仍然在不断发展变化。若按常识性的标准去表达这种趋势，只能宽泛地说，传统的住宅及其生活模式已经消失，现代及西欧结构的住宅涌现成了时尚。其中，为了缓解住宅供应紧张的问题，政府通过政策支持不断兴建的公寓成了当前最普遍的居住模式。当然，对于经济条件极其贫穷的贫民阶层来说，这样的公寓仍然是难以获得的生活资源。公寓居民的阶层分化的幅度也越来越大，各种规格和形态的公寓并存，顺应了不同住户的经济水平承受能力。

从20世纪60年代开始，工业化、资本主义化及现代化三者的进程，使韩国的居住模式发生了史无前例的变化。朝鲜战争结束之后，由于战争中住房设施遭到了严重的破坏，更由于难民的住宅需求量大，住房严重缺乏。政府希望通过5年计划去全面解决住宅问题，于1962年创办了大韩住宅公社，开展了住宅建设事业。由于住宅的用地不充足，又要应对大批量建设需求，只好采用社区化居住模式。随着工业化的发展，水泥、钢筋、玻璃等现代化建筑材料被大批量生产出来，引进钢筋混凝土结构建筑技术成为可能，从而为建筑高层化住宅创造了条件。也就是说，由于可以在小块地段建筑更多的住宅，选择了适合高层集合居住的公寓居住模式。

住宅公社于1961年开始建设麻浦公寓，这成了韩国公寓文化的新起点。麻浦公寓的建造目的在于提高土地的利用率，增强集体生活的适应能力。麻浦公寓楼高 6 层，由 6 个洞构成，总共可以居住 450 户居民。可是，对习惯于居住低层住宅的人们来说，除了害怕之外，还觉得没有院落的住宅非常不方便。而且，由于设施过于简陋，自来水管及排水管每年都被冻裂，煤气管频繁泄漏，谁也不愿意入住。麻浦公寓之后，不谷洞、东大门、弘济洞、敦岩洞等地也相继建设公寓。经过多次的反复修整，逐步改善了不合理的内部空间和设施，城市居民也认识到了公寓的便利特性（姜永焕，1991：181-182）。

通过建筑学、考古学、民俗学、人类学、地理学和社会学等若干学科的研究，从不同角度探讨了韩国的传统居住文化。韩国的传统居住形态以"民居"这一术语形成居住概念，而且根据地区差异产生了建筑类型的差异，对建筑类型的分类一直是重要的研究主题（张宝应，1981；赵成奇，1985；金鸿植，1980）。近来，与居住形态相关的传统文化理念、仪礼、居住生活等也参与到形态分析中来，做出了更综合性的阐述（金光言，1988）。还有一些学者从居住形态的文化角度进行了"含义论"方面的解释（姜永焕，1989）。可是，几乎没有人研究现代韩国人的居住文化。对此，笔者认为需要新的观点和研究框架。

姜永焕（1989：40-92）通过分析地方木匠的知识体系，研究了韩国的传统民居，了解到往往是建筑商和委托建造的中间商经过协商决定住宅的具体形态。现存的传统民居主要保留在农村，房屋的建造过程与城市多少有些不同，可是它的具体形态取决于地域共享的知识体系和价值观，这些要求都可以经过建造商和消费者的实际协商决定。这可以帮助我们理解公寓的现代居住模式。

凭借直接创造居住形态的各种社会文化因素分析，正是住宅文化研究的核心内容。研究的关键在于，如何决定居住形态的问题上，应该具体分析是谁在决定？建造各个公寓的目的是什么？在资本主义社会体系中，将住宅的建造商和消费者完全分离，住宅则作为一种商品被交换。因此，要了解公寓住宅形态的形成因素，需要分离生产商和消费者去观察问题。

从住宅建造商的角度来说，首先要考虑的问题是住宅建造体系和过程的特性。在建造公寓的过程中，建造商必须严格分离设计者和劳动者的工作，前者预计了建筑物的建筑形态，后者根据这种预计落实建筑物的形态。建筑师的设计受到经济能力和文化观念等综合影响，还要满足消费者的需求，去决定住宅内部的空间安排、确定其用途等一系列相关事宜。大部分设计师为了顺利完成工作，习惯于借鉴由西欧知识体系构成的建筑学，并将这种知识转换到（韩国）现实生活之中。当然，并不完全遵循设计师的理论去形成住宅的内部形态。设计师的构想动机中，企业家的经济费用问题始终是重要因素。因此，设计师的理论知识隶属于委托设计的企业家制订的建造计划。总之，决定居住形态时，设计师可以从住宅建造商的意图，去类推出减少建造费用的办法，于是，企业家要考虑消费者需求，又要在经济上划算，而作为专家的住宅设计师则需要将西欧的建筑理论知识与企业家的意图相结合。

从住宅的消费者来说，居住者不能具体决定自身的居住形态。唯一体现消费者的需求和观念的形态是经济上划算和能够承担。这样一来，消费者和住房者的所有住房概念，很少有体现的机会。由于过去一段时间，在住宅流通过程中发生过不少投机行为，致使住宅购买者更难于涉足内部空间的安排。只有通过需求选择，消费者才可以参与决定自己的居住形态。

关键在于，我们需要了解涉及公寓创造需求的因素。随着资本主义的发展，从农村流入到城市的雇工正是上述因素赖以存在的客观背景。在农耕社会，不可能分离土地所有权和居住权，因此，绝对不可能存在以占据并非自己土地的特定大小空间作为自己居住空间的事实与观念。而大部分城市居民的生活则不同，个人的工作和住房出现了严格分离的现象，使房子和家庭的功能集中到为劳动力再生产的休息空间。这就是公寓的居住形态，这是可以按照一般性的形态得到定位的因素。

城市雇工队伍的扩大只能说明公寓需求扩大的背景因素，但不能解释现代韩国城市，在这里已经将能住进公寓视为中产阶层身份的象征。对此，我们可以通过城市人口的土地占有面积相对紧张的实情，去做出相关的解释。可是，韩国似乎存在着比这更重要的社会问题。由于朝鲜战争和工业化的急剧发展，韩国没有机会形成其他类型的一般性城市居住形态。随着传统居住形态遭到破坏，韩国公益住宅似乎与现代产物存在着一条代沟。这就是公寓与政府的供应政策相结合，公寓也就成了可以使城市居民提高社会地位和接触现代产物的对策性居住形态。

总而言之，要创造公寓的个别需求，需要两种因素协同作用，也就是经济能力以及将公寓视为生活条件的文化观念。在韩国，这两种因素以独特的方式得到融合，使公寓居住形态可以体现中产阶层的社会文化优越感和品位。

综上所述，生产和消费之间、供应和需求之间相互产生作用的过程，成了创造特定形态文化观念和内容的一种制度。住宅的建造商通过供应过程，在自己创造的居住形态里融入了居住者的居住需求和文化观念。与此相反，公寓的购买者通过需求实现的过程，去追求符合本身文化优越感和品位的居住空间，并向供应商以暗示的方式要求符合其需求的居住形态。

为了从文化的观点分析公寓如何成为现代韩国社会的一般性居住模式，我们应该将公寓居住模式理解为经过生产、流通、消费等经济过程的文化产物。在这儿拉帕波特的理论也同样适用。首先，可以通过临界概念去剖析住宅的物理或者文化因素。第一，除了非常炎热的热带气候地区之外，对于公寓的气候适应临界值要求非常低。也就是说，韩国的公寓几乎不受气候的制约。第二，就材料方面而言，由于都是统　的钢混结构，临界值也非常低。在韩国，进入工业化阶段之后，使用于建造公寓的钢筋、水泥等建材，已经成了既便宜又容易买到的材料。第三，随着西欧建筑学知识的日益普及，结构及施工方法全然不构成问题。第四，由于公寓的建筑模式可以最大限度地提高土地的利用效率，建筑用地也全然不构成问题。由此看来，在韩国，公寓是完全不受物理限制的建筑模式。接下来研究何种社会文化因素对于公寓的建造能够产生影响。

第一，在公寓的建造初期，人们的生活基本需求出现了与韩国传统文化观念相悖的情况。可是，经过一段时间之后，围绕居住生活的文化观念，出现了建造商和居住者之间相互磨合的现象。对于公寓居住的文化观念包含了三个因素，一是进入中产阶层，二是接受西欧式生活价值，三是追求现代品位。公寓的建造商通过公寓居住形态体现了上述观念的居住模式。很多建筑形态可以融入上述三个因素的观念。可是，韩国的公寓也是通过文化选择的结果。对于公寓居住者来说，并不是一开始就清晰具备了上述观念，而是经过积累经验去逐步获得上述三个方面的理解，积累的过程则在公寓的生活环境中逐渐完成。因此，我们可以认为，即使发生暂时性的矛盾，居住者都可以依据生活环境的需要对的公寓居住形态提出具体的需求，使矛盾得以解决。

第二，家庭形态的变化是形成公寓居住模式的必备条件。在工业化之前，农业社会已经解体，因而人们最乐意扩展直系家庭，以核心家族为单位的家庭群体形成了社会的主流，从而促使公寓的需求急剧增长。另外，大部分的家庭只有2名以下子女，批量供应的公寓面积可以满足这种家庭规模的需求。以核心家族为单位的居住模式，削弱了传统亲属之间的纽带关系。

第三，在家庭或社会，女人的地位越高，公寓居住模式越受到欢迎。对于上班族女性来说，公寓可以减轻家务的压力，成了最合适的居住模式。即使是专职太太，公寓也非常便于她们替代男主人管理家务。而且，公寓的生活使女人缩短家务劳动时间，减轻家务压力，提供了更多机会参加休闲及社会活动、兼职劳动以及专职劳动等。

第四，公寓的居住模式可以满足个人隐私权的保密需要。从公寓的结构来说，以套房为分界保障以家庭为单位的隐私不会外泄，并以各个房间为单位保障个人的隐私权。进入现代社会之后，越来越多的居住者以个人或家庭为单位保障隐私权，而公寓为这种趋势做出了一定贡献，因而成了可以满足上述要求的可靠社会装置。

第五，从社会交往方面来说，村庄地区群体的解体成了韩国显著的社会变数。随着农耕社会的解体，整个社会开始强调职业群体中的社会关系，以居住地为中心的邻里关系急剧萎缩。上述趋势随经济阶层不同多少有些差异；越是没有稳定工作的贫民阶层，为防止经济灾难，从保险的角度考虑，越是重视邻里的社会关系。由于各种原因，具有稳定工作，且生活方式从属于其稳定工作的阶层将削弱邻里关系。总之，公寓的居住模式与传统的社会组织的解体存在着密切的关系。

综上所述，通过向资本主义经济体系转变的过程，从拉帕波特提出的五种社会文化因素去剖析公寓居住模式的形成背景，最能揭示社会文化因素对公寓居住模式形成的影响。笔者认为，今后还会有更多的类似研究。以下将介绍将现有公寓转变成生态住宅的技术模式，并研究相关的问题。

第四节　亲环保居住公寓

从长时段的角度观察人类社会的生存问题时，工业化城市的居住模式如何重新适应并参与到自然生态系统的循环当中，将是一个亟待探讨的新课题。到目前为止，韩国社会进行的工业化进程、以资本主义价值为基础的无限开发政策、不重视承担环境费用的大企业和不能承担环境费用的中小企业，它们都来不及思考环保问题，更说不上提出相关的期望。韩国至今还没有从改善国家政策和工业体系的角度去提出救助性的方案，以便解决环境危机问题。只有清醒的少数知识分子和多少有些闲暇时间的市民，认真地对待了韩国的环保问题，并以小规模的形态开展市民环保运动。

为了改变城市环境，使其适应生态系统的循环，需要对用于居住或各种用途的建筑物所构成的人工环境做出整体性的计划。最终目标在于，有机而有体系地结合工业城市的各种因素，使利用资源和排放垃圾的过程对自然生态系统的侵害和破坏有效降低。使城市成为能量循环的封闭系统，意味着人类对自然环境和资源施加的压力逐步减少（Golueke and Oswald，1976：34）。可是，要将城市建设成封闭系统，就必须全面修改资本主义社会体系和价值体系，同时还得将高端工程知识作为前提，所以在韩国暂时不能成为有效的对策。

关键在于，在何种单位建造能量循环的封闭系统，选择该系统内的何种因素提高能量的使用效率。为了应对人类社会或某个城市建造大规模环境工程的必要性，应该将适当规模作为工作目标，持续积累某一个部分的实验成果。对此，西欧发达国家已经进行了很多试验，努力实现居住环保化设计实用化的目标。苟柳克和奥斯瓦德（Golueke and Oswald，1976）提出了可以在独立住宅内实现剩余物再循环和能量循环利用的建筑设计，即研究出高端功能性住宅结构（如图 10-3）。将工业化的能量和资源，如电气、煤气、自来水等，以及自然流入到住宅内部的其他能量和资源，如太阳能、雨、风能等，有效地转变成可以利用的物质和能量，经过一次循环后，将剩余的残余物重新用于其他用途（如厨房污水），或者通过有机物发酵分解（栽培花草及藻类）获得煤气等可以再应用的能源，同时获得供栽培花草用的肥料。这只不过是一种理想的试验，要使费用降低、管理容易、生活本身容易接受，还需要进一步研究很多具体的问题。

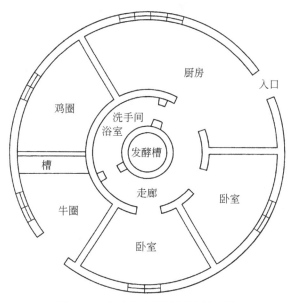

图 10-3　生态住宅概念图的平面图

　　笔者要扩展封闭系统的单位，缩小再应用或者再循环的能量因素，并创建部分连接生态系统循环的因素，从独立住宅的范围扩张其规模，而再循环的因素要尽可能降低费用，使之成为实践中可以实现的目标。我们并不是要个人直接适应于自然生态系统的循环，而是要引导人们重新连接已经断开的生态系统循环链，使居住形态获得环保价值。在实践中越是扩大集团化水平，其效率也越高。从逻辑的角度来讲，整个社会都可以实现集团化，可是由于现实的局限性，似乎很难确定适当的规模。而且，选择能量再利用的因素也应该在现实的系统中得到满足。无条件地提高能量使用效率不可能成为现实。关键在于，要考虑到人类的生活模式及文化。普通人绝不会为了自己住宅的生态管理而牺牲文化。因此，选择的因素应当与人类生活的自然发展紧密相关。

在上述背景下，笔者对于环保居住模式的提议集中到可以再利用生活废弃物（垃圾）的公寓设计草案。当然，笔者提议的生态观点设计草案一定要得到经济学和建筑学的帮助，才可以绘制成设计图。更重要的是，人类的生活模式和文化观念必须要认真地对待，力图实现兼容。生活废弃物由城市居民排放，是不能简单利用的有机物，数量相当庞大。再利用的含义是指这些有机物变成可以再次使用的资源。到目前为止，在以城市为单位的循环系统中已经有了垃圾处理设施。可是，在这样的过程中，有机物垃圾也超越生态系统的承受能力，破坏了生态系统的循环秩序。根据笔者的创意，在以公寓为单位的循环系统内处理上述有机物垃圾，并将其过程中的一部分转移到公寓规模的生物化学设施中，创造部分封闭的循环利用系统。对于自然过程的这种意识性提议，可以从社会角度发展市民环保运动提供具体的方案。有幸的是，垃圾分类收购最近已经成为一种政策。这为本提案的实现提供了重要的文化及意识基础，有助于本提案的实施，并在实施中体验到它的生态意义。

以下介绍两个事例作为具体实现笔者提案的类似模式，以便更好的研究这一提案的可能性和局限性。第一个事例是笔者于1984年研究过的济州岛松堂里沼气设施的装置及其使用。其基本结构如本书（利用沼气相关事例研究）的图6-1。

济州岛松堂里的沼气利用事例似乎可以成为环保公寓建设的一种模式。在本书中，笔者提议以公寓洞或者社区为单位安装沼气设施。因公寓的共同居住而产生的大量有机物垃圾，往往会成为破坏环境的主要因素，同时又会成为再利用的核心对象。正如松堂里的事例，沼气设施的安装后，最核心的部分就是原材料的供应问题。由于群体居住，公寓自然而然地聚集了数量庞大的人粪和生活垃圾，都迫切需要再循环，而且，还可为沼气设施提供充足的原料。另外，无法估计通过上述能量再循环过程还能够得到的生态学效果。

我们要注意的问题如下。第一，如何使城市公寓的建筑商、设计师以及居民认识到沼气设施。正如松堂里的居民，如果传统的文化观念非常保守，那在居民看来，沼气设施可能既繁琐又肮脏。而且，对于建筑商来说，他们会从经济的角度更保守地衡量是否值得接受这一创新。第二，需要仔细研究经济费用问题。这对于住宅的建造商和消费者而言，都会起到决定性的作用。在本提案变成现实之前，这些问题是应该重点解决的研究主题。

本提案中，更核心的课题是进一步仔细研究从农业系统转变到城市环境时，某一部分的过程中产生的工程学及建筑学问题。为此，还要介绍另一个研究事例，它对于安装沼气设施的技术问题，可以提供很多参考方案。沃尔夫（Wolf，1976）研究了如何通过设置非抽水式洗手间，将人粪和有机物垃圾在一个住宅内进行再循环利用以及发挥相关的生态学效果。

20 世纪 70 年代初期，瑞典在全国范围内报道能完成有机物合成的洗手间广告，这个发明对于人类废弃物处理问题做出了完整答复。所有的废弃物都不转移到住宅外面，完全不使用外加能量，丝毫也不存在化学材料、污水、配管工程、清洁以及恶臭等副作用，还可以生产优质化肥。可是令人感到遗憾的是，Clivus Multrum 公司的产品只卖出了 250 件。Multrum 公司的销售部负责人指出："很多消费者认为非抽水式洗手间只不过是利用重力的户外厕所。"

Multrum 洗手间（Wolf，1976：113-117）与户外厕所存在很大的差异，它是通过生物学作用处理厨房产生的有机物垃圾，既现代化又有效。这样的设施可以独立完成全部工序（见图 10-4）。

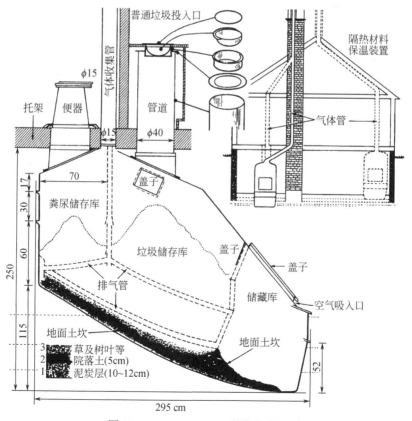

图 10-4　Clivus Multrum 的住宅设置图

Multrum 为了处理垃圾，使用纤维玻璃罐。这种罐的一个流入口位于洗手间地面正下方，而与其不太远的地方有收垃圾（主要来自厨房）的另一个流入口。流入口构成烟囱状，将上述两种污垢移动到主储存罐。主储存罐分成三个部分。一个部分堆积洗手间的垃圾，另一个部分堆积来自厨房的垃圾，其余的一个部分则储存两者的混合物。流入口应该保持适当的温度，以免凝结从垃圾产生的水蒸气。Clivus Multrum 的弊端之一就是，必须单独设置刷碗水、洗衣水及洗澡水的处理设施。当然，一定程度上增加流入的水量，也不会对 Multrum 设施的运行产生作用。为了使干燥的物质吸收水分，往往需要增加水量。整个设施都安置在地下。此外，还可以设置在房子的一楼或者二楼以及住宅外侧的户外厕所。但关键在于如何防止冬季的冰冻。

在住宅的地下安装设施时，应该将洗手间便器设置在正上方。此时，为了使厨房的垃圾收集到另一个袋子里，将厨房的垃圾管道设置在与洗手间墙壁不相同的位置。可是，通常为了节省自来水的配管费用，使厨房和洗手间的墙壁相邻，因此很难做出这样的安排。

要启动 Clivus，还需要事先做好准备。在罐的最底端地面准备 4~5 英寸厚的煤粉层。在它的上面，铺上 2 英寸厚的泥土，再铺上割来的巴茅草、落叶以及院落的垃圾。煤粉吸收尿和氨气成分，通过上述过滤过程，分解有机物质的微生物才能增强分解活动。尿本身接触到垃圾堆时，转换成硝酸盐，进而分解占据大部分垃圾构成因素的纤维素。

聚集垃圾和污水沉渣之后，经过分解过程，向罐的储存部分缓缓移动。如此移动的量缩小到原先垃圾量的 1/10 左右。据瑞典的调查资料表明，这种设施每启动一年，每户住宅产生的肥料价值达到 60 英镑。

只要是使用过户外厕所的人，都会认为"设施肯定好用，不过会产生恶臭气体"。Clivus 具备了非常优秀的空气循环系统，安装妥当，不会有异味。洗手间和垃圾流入口被打开时，出现向下方的通风现象，所以只能使住宅内的空气流入到设施内，而不能使设施内的异味扩散到宅内。设施系统本身不断地吸入空气，因此不会发生恶臭现象。

垃圾在罐里发生化学反应的时候，不需要任何设施管理，也不需要清理罐的构成部分中堆积人粪和垃圾的袋子。唯一需要管理的部分是从储存袋子拿出完全填充或者变成肥料的储存物。完全清除储存物的时间间隔是 2~4 年。

在体温正常的状态下，微生物分解有机物的能力很强，因此，罐内的温度大概维持在华氏 90 度以下。此温度还达不到杀掉病原体的程度，但病原体流入到罐内之后，经过一段时间，将窒息而死。另外，分解垃圾纤维素的微生物是捕食这种病原菌的主要生物菌，且已经开发了若干种抑制病原菌的生存环境的方法。如图 10-4 所示，Multrum 的局限性在于，其设计只适合设置在普通的独立住宅。这是因为，罐正上方必须有配套洗手间，而且在离它不太远的地方还要设置收集厨房垃圾的流入口。另外，它的局限性还在于，只有通过单一流入口，才可以投入洗手间的人粪（二楼时，各个楼层都要在相同的位置安装便器）。

Multrum 发明家的儿子卡尔·林德斯特罗姆又开发了水平式输送系统。在输送装置内部，用 4 英寸塑胶导管造成了用电力驱动的螺旋推进器。每个便器里，水平输送装置需要 1/2 杯清水，而电动机一次转动 30 秒。这尽管解决了传统设施具有的设计局限性，可从生态系统的角度来讲，在需要电力与清水方面，并不是完美无缺的设施。在不需要修改设施的住宅，只要安装以往的设施即可。我们可以认为，水平式输送装置是解决建筑结构问题最灵活的方法。

Multrum 的关键并不在于设计，而在于行政机构的推广安装和使用许可证问题。尽管 Multrum 公司继续宣传此设施，建议允许安装，可是当时的美国各个州管理公共保健业务的行政机构几乎不关注 Multrum 的实用化过程。稍微关注的行政机构又提出了工程及技术问题，以及使用的过程中可能发生的社会问题等。在这种情况下，安全性成了 Multrum 的关键问题。具体阐述的弊端在于，流到 Multrum 系统外面的污水，以及可能堆积到罐和流入口里的气体和各种病原菌等。

首先，单独排放的污水与 Multrum 系统无关。使用 Multrum 系统的时候，以 4 口家庭成员为准，每年可以节省 4~5 万加仑。而且，如图 10-4 所示，堆积到设施内的气体和异味通过以工程学设计的排气管道，既安全又准确地排到烟囱外面。其次，瑞典的一家生物学研究中心，反复进行了相关试验，证明该系统在分解垃圾的过程中可以完全杀灭病原菌。对此，研究中心已经做出了有力的证明。

如上所述，Multrum 设施对生活垃圾再应用的实用化进程迈出了一大步，并以一家公司的销售产品在市场出售，所以无论在工程上还是在技术上，都相对完善。因此，可以直接支持笔者关于开发生态公寓的提案。如何改进与笔者的观点有些差异的部分是核心问题，这需要新的模拟研究。

第一，为了从生态学观点提高能量的效率，需要从工程学的角度研究如何添加沼气设施。第二，如图 10-4 所示，假设该种设施结构的主要目的是安装在院式住宅，应该从建筑学的角度研究如何改变共同住宅的公寓结构。

第五节　结　论

本章提出公寓的生态住宅化，但还没有超越提出问题及归纳创意的阶段。要实现上述创意，今后必须进行众多阶段性研究。在此过程中，由于住宅的建造商和消费者都必须接受这种模式，所以需要更多的研究与关注。住宅与人类生活的最基本部分密切相关，因此，需要通过严谨的模拟研究，连细小部分可能发生的问题也要考虑进行。由于建筑业相关人士追求经济利润，如果没有充分验证及认识到生态住宅经济性，那么这种住宅的供应本身也会成为一场空。

在生态住宅的实用化之前，首先要尽快开发实现可能性极高的生态住宅模式。现代韩国的城市环境大幅超过自然生态系统的接收能力，进入了严重的恶性循环，从而威胁人类社会的生存本身，对于无限竞争和无限开发的资本主义价值敲出警钟。在这种状况下，生态住宅的开发可以在一定程度上管制造成环境污染和破坏的部分原因。为此，必须要进行各种学问分派都参与的综合性科学研究。

笔者提议有机物垃圾再循环，以及利用由此产生的生物气体，它的生态学使用价值被认可之后，同样要得到自然科学、工程学、建筑学、地理学、家庭学、人类学等的知识和理论的帮助。为了实现笔者的创意，需要以下程序：第一，需要对于垃圾储存罐的生物化学过程进行试验。第二，应该从工程学的角度设计出可以同时储存有机物垃圾和利用生物气体的方案。第三，应该从建筑学的角度设计具有效率的适当规模。第四，应该经过创建实际模式之后研究弊端，再重新建造的过程。第五，应该对于最终模式分析经济效益和对环境的影响等。第六，具体分析最终模式对于公寓居民的居住生活产生的影响，并检验居民的青睐程度。第七，应该使宣传环保意识及分离有机物垃圾成为居民生活的一部分。

第十一章　环境的持续发展和环保型未来企业

第一节　资本主义式发展的局限性

众所周知，"地球只有一个""资源是有限的"。热力学定义在任何角落都适用，人类的生存问题也不例外。因此，我们不得不重新反省"环境决定论"的思维方式。

随着人类对于自然适应能力的增强，夸大人类的"自然征服"评估，人们开始批评"环境决定论"的错误，为此还创建了"环境功能论"（Moran，1979：24）。可是，人们不得不重新反省是否可以以发展功能的自然征服为依据，探讨在环境决定论的范畴内理解环境的持续发展，似乎可以进而探讨将环境持续发展运用于环境决定论范畴之外的问题。尽管如此，我们对生存方式的多元化仍然存在着相当程度的幻想，如我们可以使用的资源是无限的。只要人类无限"发展"的思想仍然占据主导地位，环保一类的术语只能成为一堆空话。人类在发展过程中，曾经断然拒绝过环保决定论，而且随着进步的刷新和科学的发展，人们曾经幻想过人类不再受到自然条件的限制了。

生态学和热力学定义指出，那种认为人类通过"无限竞争"就可以达到无限发展的概念，只会伤害其他人或者伤害今后的子孙，却并不能扩张自然条件本身。笔者认为，在不理解物质循环及能量流动等生态系统运行规则的状况下，资本主义的发展只限于社会学、经济学及政治学的人类内部问题，它并不能延伸到不同的动物、植物物种中去，也不能延伸到生态系统中去。

回顾过去的500多年，殖民主义剥削思想认为不先抢占有限的资源，就会遭到损失，它并不只是在人类群体内部发挥动力，而且是通过在人类活动延伸线上进行的自然独占过程中发挥动力，使殖民主义以惊人的规模扩张到自然环境的各个领域。达尔文的进化论和弱肉强食理念是被人们认为是以物质循环机制为依据建构起来的食物链理论。在进化论的基础上形成的资本主义认为，由"万物之灵"的人类，特别是其中的强者独占应该循环的物质是物质运行的理想状态，于是资本主义极力倡导哪怕是一瞬间也要运行包含物质循环的热力学定义。

自然环境逐渐失去灵活性和活力。随着对它的认识逐渐加深，人们不得不关注企业的存在模式，因为企业的存在模式是以资本主义极端的行为建构起来的制度。等到自然环境完全失去活力的时候，具备如今模式的企业和企业活动还可以继续存在下去吗？为了维护资本主义意识形态，研究以最佳制度为方针的企业果然在抹杀环境吗？在未来存在可以不受环境制约的企业吗？对于这些提问，任何人都不愿意做出肯定性的答复。其原因在于，以资本主义独占自然方式组织起来的企业，为了自身的存在，不管是什么样的形态，都要经过独占自然的过程。独占自然的对象其关键就是环境，所以根本不存在不抹杀环境的资本主义制度（任何种类的生态模式都适用）。

到目前为止，资本主义形态的企业还可以继续存在的原因仅仅在于，环境的活力直到今天还有一定的保障。由于破坏和公害造成的伤害，环境正在逐步失去活力，接收能力也暴露出了局限性。有鉴于此，我们为了未来企业的存在，不得不努力创造新的价值观。这需要人们一致认为，除了保障环境的接收能力、提高环境活力的方法之外，世界上不存在任何有意义的对策。

当然，生态系统的危机与人类的活动和存在直接相关。毋庸置疑，生态危机是人类对环境施加最不妥当的影响而出现的结果。由于人类群体内部客观存在着支配和从属关系，因而可以预计，生态危机的后遗症将首先出现在弱者之中。在预测上述状况的同时，我们不能不重新研究若干个重要问题。

第一，不管是何种形态的人类生存方式，都需要从根本上理解被利用的环境和生态系统的运行原理；第二，必须思考以资源有限为前提的环保发展概念；第三，无论是目前最强有力的企业还是影响人类社会未来的企业都需要思考改变对环保问题的认识。尽管上述三个问题处在一个庞大的问题意识中，以相互连贯的板块而存在，但它们同时也是可以在各自独立的逻辑中加以理解的问题。

第二节　没有发展的开发

在巴西里约热内卢召开的地球首脑会议上提出《议题 21》等有关环境问题的文件，这些文件最终创造出的象征术语可以归结为 "ESSD—environmentally sound & sustainable development"。《21 世纪地球环境实践纲领》通过韩国经济策划院下属地球环境对策规划团得以翻译及出刊发行。关注环境问题的人们和机构立即把 "ESSD" 当做宣传标语或商标，正在像鹦鹉学舌一样异口同声地背诵。目前，不具体研究上述概念的准确含义，却在到处滥用这一术语。

笔者认为，在翻译这些术语的过程中，翻译人员也许没有具体了解这些术语的含义，而是机械地进行了单词对单词的硬译。这种情况连环境领域的专家也不加验证，仅仅依赖《英韩词典》（其水平还达不到高中学生准备考高考的程度）去进行所谓的翻译，他们的工作是否存在随意使用术语的错误，值得人们质疑。对此，笔者不得不深表忧虑。很多人们将 ESSD 的 "environmentally sound & sustainable development" 理解为点缀或者非常繁琐的形容词，因而喜欢简洁术语的人们干脆只留下 "sustainable development"，将 ESSD 翻译及理解成 "可持续的发展"。

结果，韩国通常理解的 ESSD，其内容最终变成了 SD。这样一来，今后有关环境问题的最佳方法理所当然地变得只需从 "可持续的发展" 角度去进行验证就算了事。开发优先论者必然拒绝有关环境的验证，而他们极力欢迎的术语——可持续发展，恰好是由关注环境的人们去替他们创建的。这真是一个辛辣的讽刺，这实在是太可怕的误会，它同时也是无知的结果。这就是目前韩国上下引起共鸣的 "ESSD"。因此，笔者不得不从教育的角度提出下述两个问题，希望借此引导民众正确理解 "ESSD"。

第一，韩国理解这一概念的方向问题。简而言之，关注环境的韩国知识分子认为这一术语的核心在于发展。事实上，其术语的基本精神并不在于 "development"（发展），而在于形容词 "environmentally sound & sustainable"。其词语蕴含着如何持续维持生态现象，即环境的问题意识。德语更明确地定义了该词语的原先含义。此单词的德语标示法是 "Nachhaltigkeit"，即表示在某时间段之后继续维持，表示强烈的维持、持续性含义。论证的核心在于，"sustainable"并不是以经济持续可能性为前提，而是针对生态的持续可能性。在韩国，森林学者的正确建议早已提出将术语翻译成 "维持持续"。

另外，在这个术语中部分使用的 "development" 一词并不是指韩国人通常喜欢的 "土地开发、城市开发、政策开发" 等 "开发"。这个词语应当正确理解为"发展"。有些人被 "良性" 成长为基础的 "开发" 含义所迷惑，抹杀了比关注人类生存质量的 "发展" 更广泛的含义。因此，笔者认为，"ESSD" 这个术语的原先含义是 "以环境的持续和健康为前提的发展"，也就是说，该术语蕴含着生态持续可能性的含义（郑奎浩，1994：21）。

第二，创设这个术语的过程中，由于最初参与的人是西欧人，应该正面指出这个术语本身的弊端。也就是说，这个术语的基础是西欧文化的认知结构。因此，这个术语包含 "环境健康" 这个形容词，含义在于仅满足西欧人的需求。

其终极含义是，以生态持续发展为前提条件提出了生态健康方面的状态。据此，笔者感觉到了这个术语潜意识地融入了以西欧为中心的文化帝国主义风格。这个概念仅仅强调了自然生态，而全然没有考虑到在其中生存的人们的思维方式和行为模式，也就是文化。以西欧人为中心观察问题时，人们当然没有必要暗示西欧文化的存在，这是因为，在他们的共同体中谈论已达成默契的共识。可是，问题涉及西欧之外的文化概念时，情况就大不一样了，在这种情况下，理所当然地应该包含其他人的生存前提在内，为此，必须将一种新文化概念体现在这个术语之中，这个新的文化概念应该脱离以西欧为中心的文化概念。

应该创建生态方面的健康，也应当创建文化方面的健康，也就是说，应当创建同时兼容生态"环境"和文化"环境"的环境持续发展概念。必须郑重指出，不能将环境仅仅理解为纯粹自然环境的术语，应当创建一个包含心理、识别等方面的有效环境概念（Netting，1965：81-96）。有鉴于此，笔者提议在术语"ESSD"中的 ES 和 SD 之间插入文化方面可以接受的术语"CA"，从而将这个术语修改为"ESCASD"（ecologically sound and culturally acceptable sustainable development）。这是完善该术语至关重要的补充。

由于上述概念暗含着西欧中心主义前提和抹杀文化意识的曲解，目前已经使韩国遭受了严重的伤害，韩国人甚至感觉到有些冤屈。可是到目前为止还没有找到可以昭雪其冤屈的理论根据，所以问题显得更为严重。具体表现为以大米为代表的农产品问题。韩国农民反对大米进口市场的开放，可以接受这种文化概念的术语就是笔者提议的环境持续发展（ESCASD）。这个术语在提出"生态健康"的前提条件时，一并揭露了新形态的帝国主义，指出韩国等第三世界居民，要承受来自提出纯自然环境观的发达国家的压力，而第四世界的少数民族则更要遭受主流民族的施暴，面临种族被灭绝的伤痛。我们可以将"ESSD"的提出者指认为环境帝国主义。由于存在着环境帝国主义的行为，如果今后不采用"文化方面可以接受"的前提条件，环境帝国主义必然承袭过去的文化帝国主义而得以蹂躏全人类。

第三节　追求低平均信息量文化的未来企业

韩国在经济发展的过程中，开发和保护始终相持不下。由于开发优先造成的环境破坏和生态危机已经达到了极限。由于市民意识的提高、环保运动的影响以及考虑未来的企业人的参与，目前保护的问题已经提到了议事日程。可是，不考虑已经发生的环境破坏和公害问题的保护肯定是纸上谈兵。

在韩国，环境破坏、自然损害和生态危机已经持续了相当长的时间。事实上，提出问题只是纸上谈兵，不能成为解决当前问题的积极对策。在这样的情况下，笔者认为，应当积极研究各种公害现场，针对公害现场生产的“垃圾”，去探索资源再利用的可行方案，这才是应当进行而且有必要进行的工作。正如解铃还需系铃人一样，有关人类所制造垃圾的再利用方案、坚持与公害问题相关的哲学立场和实质性再利用工程的可行性研究将对未来资源和公害问题解决做出实质性的贡献。

生态学概念源于希腊语 Oikos，与目前我们使用的经济学概念的基础相同。尽管工业革命以来发展最快的是经济学，而经济学追求的基本精神正是追求经济的超大规模发展，其思维模式正在于以最小的投资取得最大的效益。然而，正是由于上述经济学思维模式的作用，人类才制造出了如今我们面临的生态危机。在上述内容里，已经明确地阐述了这一过程。与此相反，我们也可以认为，应将生态学思维置于最高的地位，并重视构成生态系统各因素之间的平衡。在生态结构里，绝不会找到以经济超大规模发展为目的的剥削现象。

生态学和经济学的基础相同，可是却坚持着相反的研究方向，这不能不归咎于人类以自身为中心去剥削自然环境而导致的恶果。生态学逻辑和经济学逻辑二者的发展方向截然不同，而且在这一过程中人类都分别做出了巨大努力，因此，要弥合这一断层，只能由人类自身加以解决，将原先本是一个整体的生态学和经济学重新连接在一起。完成这一使命的核心机制在于，最终只能是考虑环境问题，恢复生态逻辑的新人类伦理学。也就是，只有新的人类伦理学才可以将形式上截然对立的生态学和经济学断环重新接上（Kellert and Bormann，1991：205-210）。

此时，新时代的人类伦理学并不只是人们用头脑思考的思维过程，而是立足于环境的实际，去校正现有发展观念的偏颇。这是因为，目前包含开发和建设含义的象征术语，也就是文明，已经越来越成为公害的代名词（Cocannouer，1962：16）。在恢复生态系统的均衡方面，必须探索全新的方法，务必使已经充满公害的环境恢复到原有最佳状态，为此必须通过创建应用工程学的技术以及相应的理念创意，去推动不断实践、不断纠正失误的过程。

针对经济开发造成的垃圾的处理问题，关键是要探索如何加以重新利用的办法，克服期间存在的技术难题，提出相关的利用计划。在这一利用过程中，应该从生态学方面创建如何重新利用垃圾的新技术。将追求超大规模发展的经济学逻辑，改变成立足于生态环境的适度发展逻辑。只有相关的创意为人们所接受，探讨再次利用"垃圾"的技术，才会成为人们的主导研究趋向。任何新的发展计划，如果它的本意是要搞一次另一种形态的经济超大规模发展，那么，这样的计划从一开始就犯了错误。这是观念转变中必须避免的陷阱。

就终极意义而言，垃圾并没有在生态系统的循环过程中产生，而仅是在人类的经济过程中产生。所有物质都可以根据时间的变量，最终被分解掉，因此，我们面临的垃圾问题，其实质在于是否可以缩短它在自然状态下分解的时间。我们仅是把大量堆积、分解时间长的物质称为垃圾。从这个角度上讲，我们可以认为，垃圾是指在一定时间内不能分解的物质，这样的物质会对于生态系统产生恶性的影响。然而，垃圾毕竟是由物质构成，只要是物质，就必然存在可利用的可能。

将"垃圾"视为可以通过再利用技术转化为生态系统外的因素，那么，"垃圾"就再也不是垃圾了，而是可供利用的生产资源。垃圾处理的难度成了韩国经济发展的阴影，同时成了环境破坏和公害泛滥的象征。从这个角度来讲，我们可以认为，对于上述垃圾再利用的研究，实质上就是在重新发现和恢复客观存在的生态学逻辑。

垃圾处理的难度并不是人类有意造成的，而是失去平衡的政策运营和开发优先经济政策理念的产物，它的产生根源在于无视生态系统的规律。没有将开发过程和结果同时纳入发展的观念中，其恶果正是今天我们必然面临的难题。因此，垃圾再利用的创意目前还只不过是一种纸面的创意，并没有提出可以确信其过程和结果的模式。触碰这一充满难度的问题，也许会造成捅马蜂窝的结果。但我们必须捅这个马蜂窝，为此，我们应当从不同的角度非常小心谨慎地进行模拟研究。如今，追求经济超大规模发展的势头还会延续一段时间，摆脱目前这种生存模式的关键就是处理难度类似的地区发展问题。我们的目标正是要控制这种地区的无限膨胀，将地区引入生态健康、文化方面也可以接受的持续发展轨道，为此，我们需要了解类似的以往研究，研究有关再利用垃圾的社会和文化机制。在这一过程中，我们需要探讨人们的参与方式、社会组织的配合，以及如何降低平均信息量等三个方面的相关问题。

在资本主义社会，企业是一种公共机构。企业作为公共机构，目前正在相当程度地逐渐膨胀。它涉及的社会作用并不仅限于私人领域，而是要向消费者传达所创造的产品，并在这一过程中产生利润，现在的问题是要将这样的利润返还给社会，为支撑社会公共领域做出贡献，从而实现企业存在的公共意义。从这个角度来讲，"企业主健在，可企业在破产"其含义是指私人领域健在，可公共领域正在消亡。如果这种解释妥当，期间做出不光彩事情的企业，只不过是为了企业主私人领域的利益，未曾承担过公共领域的责任。换言之，我们可以认为，企业主健在的情况下出现破产企业的现象，是资本主义社会正常状况下不会发生的奇特现象。

从企业文化论的角度观察问题时，企业经营涉及技术和组织及观念的组合方式。笔者认为，这种组合方式的过程就是经营。例如，纺织厂的生产线呈现为劳动集约型时，其会有相应的特征。当然，追求利润的是资本主义经营的目标，经济逻辑观念没有任何变化也无关大局。劳动集约型生产模式和技术集约型生产模式分别属于不相同的形态，也就是不同的文化现象。我们可以认为，从前者转移到后者就是文化的变迁。其间，即使技术相同，根据运用其技术的组织差异，企业文化也不相同。在今天的企业中，既存在少数垄断技术的独裁型，也存在多数共享技术的民主型。我们只需要改变技术的利用方式，也就可以收到推动文化变迁的实效。可以根据技术、组织和组合创造的利润分配方式，对企业形态进行改造。引导文化变迁的目标也就可以实现，实现这一目标的要害正在于调整劳资关系，因为劳资关系就是上述问题转变的社会枢纽。

要求在企业的观念上发生变化，最近一段时间已经成了一种潮流。由于资本主义的企业立足于经济学逻辑，通过经济超大规模发展去追求利润。现在越来越多的人高声疾呼，不能再让资本主义的企业侵蚀社会。人们逐步清醒，剥削自然环境的经济学逻辑只能冲击企业自身的存在基础，越来越多的人要求企业放弃经济的超大规模发展，接受追求最佳状态的生态学逻辑，并对企业施加压力。笔者认为，未来型的企业文化观就是应当走这样的发展方向。

笔者认为，需要从技术、组织以及观念的角度，系统分析传统的技术文化，并与未来型的企业文化相互对比，从而基于国际化角度考虑未来型的企业模型的构拟（表11-1）。

表11-1 传统企业和未来企业的对比

因素	传统企业	未来企业
技术	经济逻辑、经济超大规模发展：开发和剥削	生态逻辑，最佳化：保护和再利用
组织	现代化（西欧化）：世界主义者	未来化（本地化）：国际化
观念	进步：无限竞争	平衡：同甘共苦

资本主义社会的典型企业，基于经营合理化，炮制了没有国籍（世界主义者）的人和没有国籍的组织，连同炮制了相应的管理制度，从而建构了一种"坩埚现象"（我们应该注意到事实上，地球并不存在"坩埚现象"），企业技术成了按经济学逻辑追求利润的工具，无限地破坏与剥削资源，企业观念则是接过殖民地的衣钵，通过无限竞争去炮制进步的幻影。这样的企业，从离开无限竞争就无法进步的错觉出发，在无限竞争的轨道上，逐步形成了唯我独尊的生存模式，而将其他人置于剥削对象的位置，让他们只能为"我"的生存服务。典型的剥削手段是原材料的剥夺和商品倾销。我们需要回顾"进步"观念和殖民主义之间相互关系的众多论点，只有这样，我们才有可能从殖民主义式思维反面去批判无限竞争。

巴西的舆论用"只追求黄金的黄色人"来形容由韩国移民构成的同胞社会。这些韩国人不分黑白昼夜，无休止地剥削低薪劳工，急于追求财富，这使得韩国人感到一种压力。这种生存模式只是财富的奴隶，不可能宽宏大量地为别人着想。这些同胞尽管在多民族国家与别人共同生存，可是选择了唯我独尊的生存模式。然而，在我的身边，与我共同生存的别人却会提出符合实际的观念。最近，韩国向国际机构申请提交基金，共同分享利润份额的权利，并积极应对海外派兵的邀请，这可能是一个危险的信号。笔者认为，为了剥削的目标采取行动的行为与追求低平均信息量的韩国传统文化相差甚远。

未来企业的观念在于平衡。将没有剥削（不仅包括人类之间的剥削，还包括人类和其他物种之间的剥削以及对于自然的剥削）的现象视为均衡观念，而且要达到生态系统成员之间的均衡，各成员之间应该同甘共苦。实现这一观念的技术是基于生态逻辑的最佳保护和再利用手段。同甘共苦的观念虽然微不足道，但却是真诚认可对方的方式，未来的企业与规模的大小无关，而是以相关地区的认可并接受特殊性的约束原则为前提。未来的企业并不是模仿西欧去实现现代化，而是基于本地特殊性去探索国际化。这种组织的方式是最大限度发扬所有成员特殊性的结果，它与在世界上任何角落都可以适用的非特殊性"坩埚"截然不同。

任何社会都必须立足于文化的可接受性去规划自己的发展。从真正含义上摆脱殖民时代企业文化的羁绊，坚决抵制通过剥削去实现进步，坚决抛弃无限竞争，代之以同甘共苦，最终完成企业的国际化运行。

第四节　作为超越意识形态的生态主义

有人认为，在追求合理性方面，任何思维都比得上经济学的思维。由于这种认识是以经济超大规模发展作为前提去追求合理性，必然带来稀有性和公害性，并因此而导致人流、物流过高的病变现象。从结果来看，其结果必然会产生这样的疑问：经济合理性所追求的合理性就是普遍意义上的合理吗？相反，将最佳化作为基本结构的生态学的合理性匡正了上述弊端。我们可以认为，这是"经济合理性"已经走到绝路之后，人们不得不重新选择的真正合理性。生态合理性不仅要揭露走到绝路的经济合理性的全部弊端，而且也要引导面临困境的人类走向光明。

立足于技术乐观主义去设计未来的人们，已经认识到人类已有过程的生态悲观现象，因而认定人类的生存不能仅仅限于技术方面，而是要从组织方面做出努力，因为组织方面也和技术一样，按相同的轨迹出现了严重的问题。苏联解体是生态系统被破坏导致社会组织重新调整的最好例证（全京秀，1990：184–205）。国家是当今时代最强有力的组织，而国家发生质的变化，必然引起企业的组织变化。意识形态方面也同样需要来一个质的变化。我们不能盲目地认为，结束冷战的时代就是脱离意识形态的社会。笔者认为，资本主义和社会主义的二分化结构中，意识形态问题正在要求超越"意识形态"的生态主义。

接受挑战的当代生存模式，大部分不认可别人的生存模式。这是因为人们都按照无限竞争的经济学逻辑形式，各方始终在相互剥削的结构中生存。因而对别人的生存模式都充满敌意。在针对有限资源的无限竞争中，执行一种只让"我"生存的理念，而只生存"我"一个人的地方，不可能存在共同体观念。按照禅学传法的规则，不可能"痛苦"只属于别人，而"我"只拥有幸福的生存结构。生态系统的秩序极好地体现了苦乐共存的生存结构，将生态系统的基本结构置于不顾，极力追求无限竞争的结果只能使我们的生存走向灭亡。最终就是在无限竞争中取得胜利的人也将死无葬身之地。

未来企业的发展方向已经非常明确。我们只能追求可以延续的生命，而可以延续的生命必须同甘共苦，处在同一系统中的成员必须相互平衡，只有建立了这样的理念，追求延续的生命才会成为可能。无论何时何地，未来企业都要将人类和环境有效的整合起来。这是因为以往的企业介入到两者的关系之间，以两者相互忽视的代价去积累财富。正如印度的契普克运动（chipko movement）那样，将森林和人类连接起来，未来企业的运动也应当负责连接人类和环境。产生环保企业概念的原因就在于此。企业再也不能成为剥削公共财产的组织。私人领域的企业不允许依赖于留存在公共领域的公共财产为生，所以应当积极地转移到公共领域，而且企业都可以做到这一点。依赖公共财产的企业可以在生态结构的公共领域中体现自身的价值。由此可知，环保企业的责任和实质非常明确。

无限竞争不存在胜利者。只有同甘共苦，我们每一个人才可以成为胜利者。同甘共苦绝不是立足于人类中心主义，而应当超越人类中心主义，坚持生态主义。今后在任何情况下，都要坚持环保理念。因此，坚持生态逻辑的最佳技术（生态方面健康）和与之配套的本土化（文化方面可以接受）将是未来企业的基础，这样的企业将以国际化为自己的发展方向。这一发展方向无须选择，因为实际上人类已经别无选择了。

第二篇　实　践　篇

引言：摆脱虚伪才有批判

《粪便也是资源》（1992）出版时，我收到了很多不同的反应，大多是评论书的内容很难并且与题目不相称。因此，1997 年，在人类学专刊上又以"环保型人类学"的题目出版了。对于我在书中所提出的问题，有人站在文明论的立场上展开讨论，也有人用"粪便？"这样的反问表现出略带嘲讽的质疑。

我对这种两极化的反应并没有做出任何答复。我只是坚持走我的路，直到走了 30 年才回答说"是啊，怎么样'粪便也是资源'"，并以此为题出版了环境论文集。当然，在"也"字上的用力发音是对那些产生质疑者的坚定的回复。

在我们的周围会看到离自己最近的地方所发生的最寒心之事。这不只是一般程度上的寒心，而是看清了虚伪的表象下面真实的样貌后的寒心。所以这种寒心比一般程度更甚。一些人外表上露出严肃的样子，内在里却充满着机会主义，完全表里不一，这样就必然会产生很多谎言。

我谈论粪便的最终目的是要提到相关环境问题的内容，但这其中还包含着另一个目的，那就是对因表里不同而生出谎言这一现象做出警告。其实每个人的身体内都存在粪便，但大家对其并不表现出一贯的感情和态度，而只是随着不同的情况做出与之相反的言行，这其实是需要反省的。尤其是那些自称是人类学家但又不能用谦虚的态度对待从自己身体里产生出来的东西的人。我认为，那样的人连作为人类学家所要具备的最起码的素质都没有。

伪君子多的社会并不健康。现在就连看待环境问题都变得如此虚伪，所以我决定以粪便的主题来表示对此的不满，这也是我为什么要出版《粪便也是资源》的原因。此书把过去二十多年来通过各种刊物发表过的与"用人类学眼光看环境问题"有关的文章归纳到了一起。因为发表时间的关系各文章在表现上也会有所不同，为了尽量努力做到所有作品现时化，进行了相应校正。20 年前写的论文现在还能用，这充分说明环境问题根本还在原地踏步。

在过去的 20 年里，我打算以生态人类学专业知识以及文化理论为后盾研究人类学，这其实并不容易，在此期间的教授和完成学业的过程对我来说也是一段不容易度过的日子。现在我们学界和社会中，往往认为对"人文"和"自然"的界限过于决绝且明显的区分是学制所致，但在实践阶段，坚持各种特殊立场的自私性像痼疾一样存在于我们的学界之中。

现在更大的问题是，在我们学界内像这样的痼疾患者比比皆是，而他们还全然不觉得自己已是患者。他们用各种诡辩来为自己辩护，在背后议论学界的病根和弊端，这些也都是使他们变得不自知的原因。我认为很多专家学者多看待环境问题时没能抓住主要视角也主要是由于学界的这些痼疾所引起的。

附录里的作品是把 2001 年春成均馆大学申秀姬学生采访我的内容发表在《成均》（成均馆大学校办杂志）刊物上。这是一篇把我的主张概括得很好的文章。前封面画是 1997 年李建模先生为月刊《新东亚》中我的专题报道而画的，并且在《东亚日报》安基石部长的帮助下才得以使用。后封面照片是我在首尔女子大学学报社所拍的照片。因为有了大家的帮助，才把零散的作品组成了一个整体。在此，对所有给予帮助的人士表示感谢。

原来是玉先生托付我的作品，但最终没能实现他的要求。这是因为我一直忙于设立知识院堂而没能守约。这使我觉得很对不起玉先生。即使这样我也还是会先为知识院堂和高丽大学的李镇奎教授的发展前途祝福。还有在我生活的银谷村周边地区成立了环境保护的团体的刘道镇教授（庆熙大学 社会学系），希望刘教授发起的这个团体成为根基，创造出一个大家所盼望的干净的生活根据地。还要感谢主管首尔大学环境团体的金正旭教授（环境大学院长），经常激励我的环境经济学者李正全教授和生态学者李道元教授（环境大学教授）、还有从头就一直支持我"粪便哲学"的金永玉教授。

为今年初以八十五岁高龄辞世的父亲（全麟卿）灵前和全世界便秘患者献上此书。其实，我是因一辈子患便秘的父亲而对粪便产生了深入的想法，是他告诉了我，在我们的生活中"快便是那么珍贵"这一道理。现在，我相信他生活在再也没有便秘的地方。并且已经完成了母亲生前的愿望，我想两位都住在再也不必为便秘而苦恼的世界。想到这些我的心情也轻松了。

2002 年中秋，在银谷

全京秀

第十二章　生态学是基础

第一节　生态学：为什么研究？怎么研究？

植物吸收二氧化碳，动物吸收氧气。吸入二氧化碳的植物放出氧气，吸入氧气的动物排出二氧化碳。这是极其简单的生物学道理，但就是这样简单的周期循环构成了地球上生命生存的基本模式。在很长的时间里，植物一直都是这样生存的，随后动物也跟着植物慢慢开始适应，这样便诞生了如今我们所知道的生态界。

研究这种现象的学问可以称为生态学，但实际上，在化学、物理学或生物学等领域早已经对构成生态界的这些因素做过充分的研究。我们不想像植物学和动物学一样，把生态学看成是一个分支科学。相反，生态学作为包含一切万物的学科、应当成为能够读懂这个世界的最好的钥匙。

那么，现在为什么要研究生态学呢？我认为"人是万物之灵"这样的认识构思是研究哲学和研究历史学的人捏造出来的。这样的认识，只不过是作为生态界构成部分的人类头脑得出来的窥探世界的观点。这种观点把人类自身放在生态界的最高位置上，这实际是一种自慰行为。

这正是蒙住我们眼睛的人类中心主义，是蔓延在哲学、历史学、文学和人文社会领域的痼疾，是一种精神疾病，是想把世界按人类中心的观点建设的妄想者。这是一种夸大妄想，就像公主病患者的妄想一样，是人类中心主义。然而，以这样的观点为基础的西欧中心思想支配了人类社会。我们也毫不犹豫地称之为文明史。这样的世界观致使我们把支配着地球生态界的认识构思叫做文明。

文明是征服自然的过程。文明过程的积累现象是要证明人类的吹嘘已经膨胀到再也没有器皿装得下了。至今，装它的器皿已经到了快要破裂的地步。随着这种症状在自然界中得到证实，人类也将面临选择：是要为人类灭亡准备宗教性的葬礼，还是要找出避免灭亡的现实性应对方案？研究生态学的人确信，只有生态学才是可以避免人类灭亡现象的唯一应对方案。

笔者要针对出现西欧中心产业革命的历史提出一个假设。如果说接受发明之母是西欧文明进展过程的必须，那么，需要产业革命的原因是什么呢？最近，世界历史界正热议所谓的"17世纪小冰河期"现象。就是在17世纪，全地球都发生了在粮食作物正值成熟期的夏天却下起了冰雹和雪的现象。说是从16世纪便开始的这一事实，在朝鲜王朝实录上也曾有记载为证。

对于"小冰河期"出现的气候变化现象，人们不得不开始深思能源和资源问题。我们需要的是就算人类经历自然灾害也能确保生存的战略。这样的需求最终成为了支配世界近代史的原动力，创造出那股力量的西欧称霸了地球。现在，我们还生活在那时产生的构思之中。然而如今已经过了三四百年，地球上到底发生了什么样的事情呢？当时武器使西欧变成强者，同时他们用其威胁人类。为了解决问题而招来的解决师却带来了一个没有预计到的问题。这就是典型系统现象。

撒哈拉沙漠在扩大，中亚的卡拉库姆和克孜勒库姆沙漠的渐渐扩大都威胁着周围的居民。撒哈拉沙漠的扩大影响着非洲的每个角落。非洲的居民对撒哈拉沙漠的膨胀和缩小现象也有较好的认识。如果把现在的气候变化认为是天灾之变的话，就会使我们失去问题的核心。

对于地球温暖化、臭氧层破坏和大海赤潮现象我们需要单独讨论，对非洲的粮食不足和大西洋鱼类资源减少问题我们需要单独讨论，对中非胡图族和图西族部族战争的杀戮问题也单独讨论，对在波日内奥的韩国木材公司的伐木问题也单独讨论。我们把所有的现象都拿来单独讨论，这就是问题所在。

产业革命导致大规模的气候温室效应。我们不应该把这看做是过去的天灾之变，而应看做是人灾之变。最终，为了解决我们面前的地球问题，在过去我们是要开发新的能源，而现在我们需要的是做出不同以往的新构思。如果没有由人类作为媒介而构成的文化体系的变化，就没法解决有天灾之变规模的人灾之变所引起的问题。

对于造成问题的主要原因应该如何相互联系，别说对此如果没有问题意识和自我观点就不能解决问题，就连从要正确诊断问题的方法开始都会发生错误。局部地区的问题局限于局部是由以前西欧形成的单一文明圈的事情引起的。由于西欧式单一文明圈而形成了全球的联网体系，从这一视角上看，再也没有孤立存在的地区，也没有由自己掌控的地区。并且因为构成地球的所有现象与所有别的现象都相互编织在一起，这样的现象本身，也威胁了以独立存在为前提的叫做国家的形象。

于1864年提出环境破坏问题的乔治·马什（George Marsh），在他的著作

《人类和自然》（*Man and Nature*）中强调了产业革命文明的弊端。当时人们都对这一观点表示蔑视，但在过了一百年的今天，我们都在试着体验马什曾经论证过的这个问题。这样的问题从他当时生活的时代就已经开始存在了，但是，症状的凸显却经过了大约一百年。

在我们的生态界中，如果把生活的方向设定错误，这便是很严重的问题。人类好像有针对出现的症状的自身治愈方法，这就是所谓靠新技术来处理的自信。但是，即使相信这一点，在过去三四百年间，对生活方向没有认识和诊断的状态下，要是只开发治疗的药物，那么对问题根源的认识就会继续停留在一种无知的状态下。

应该怎样去研究生态学？假如像经常谈论生态学一样，把生态学看做自然科学的一部分，只靠自然科学的实验方法来研究，就会把生态学既基本又深奥的观点平面化。其结果是不得不担心容易陷入科学主义的现代人会永远地放弃追寻问题的本质。奥德姆在其著作《生态学》的序言中写道：生态学不是一个分科学问，它包括人对自然现象的理解和观点，是大致可分为人文主义和科学主义的人类痼疾的二分法思维体系的引语。

文明和科学的发展带给人类的结果是物种的减少。生态界正在患病的最致命的证据就是物种的减少。如果说产业社会有罪，那就是因为它拥有减少物种的无机体系。毒瓦斯和毒物体是最真实的武器。那少数的物种会独占地球，幸亏或许人类也包括在这少数的物种里面。那么，还剩下什么呢？

在由灰色水泥围着的城市里长大的孩子对色彩的多样化并没有很深的感受。只是由一色的水泥颜色支配着感情。跟没有看到热带雨林植物的色彩斑斓和时时刻刻都在变化的水和天空的颜色的人一起谈论审美论是没有价值的。色彩来自自然，对色彩的感受其实是作为自然的树叶与人的视觉神经的自然对的结合的产物。

感受性是人文，那么脑细胞是自然或科学吗？在哪可以截断那部分？认为人的眼睛可以与自然合为一体，并且人的能力可以使两者分离，这好像是人类对自然的误会。现在我们正面临着地球上最危急的意识问题，就是对自然的误解和对存在的否定，以及对生态的破坏过程。

所有的存在来自自然，又存在于自然。有时候表现出样子在变，或味道也在变。但是外观上变化不能说明本质也在变化。无论是作为性感女人要素的臀部，还是用地下腐蚀的死尸做成的肉，在自然界里本质是同样的。但是人们能感觉到不同，并对那感觉赋予意义。意义的赋予是生的象征，但意义的赋予存在误会和否定，另外，破坏过程中并没有留出赋予意义的余地。

假如人类对于美没有切实的感受与信赖，那么对人类来说自然是不存在的。以毒瓦斯和毒物体的复合物组成无机体系的人类，丧失感受性的那天就是人类的忌日。所以，生态学和审美论应该要一起讨论。如果认为生态学的全部只是讨论资源和能源，那么审美论呢？只有生态学在审美论里完成的那一天，以及审美论在生态学里体现的那一天，人类才可以吃到完美的饭。追求生活质量的最终目的就在于此。

第二节　理解环境的前提条件

近来，人们经常谈论环境。稍微有文化的人都在喧嚷着环境问题。这些人想表现出自己也有对环境的问题意识。说那些装懂的人没有问题意识是不像话的，其实那些人喧闹的一方面是希望我们正确认识到环境这一用语正被我们搁置在一边。这就是今天我们所处的严峻现状。

因为现在的人都说环境、环境，所以就连那些为了利益连地狱也可以去的商贩也对环境关心起来，这也让急于凭借环境赚钱的人好好地把环境利用了起来。我们生活在为了利益而制造出无公害、天然食品，甚至低公害等的新潮词来出卖环境的漩涡中。化学药品为主原料做出来的洗发精上也用上了生态的词。现在已经到了那些所谓搞环境运动的人也以环境为借口来敲诈勒索的地步了。

我们生活在为了制作播放在电视节目前后的伪装养护环境、呼叫自然保护而投资数千万元的环境商品广告的错位中。报纸和广播也是同样的。说是错位，不如说成是总体的伪善和总体的混乱更为准确。

一方面人们让环境成为随便被剥削品或商品被出售，另一面又有人呼喊环境维护、自然保护。这跟使你生病，然后再为你治病是一样的道理。环境的忍耐也是有限的。所以，人类遭受洪水、火灾、公害、垃圾、核废弃物等的危害。

可能很多人已经意识到，问题不在于环境而是人类。人类随心所欲地摆弄着原本好好的环境，这跟拔睡狮的胡子是一样的。假如环境有问题，人类就是制造那问题的元凶。

事实上，环境是指构成生态界的全部。让我们可以呼吸的空气、滋润我们嗓子和使新陈代谢顺利进行的水、成为植物成长源泉的土地、作为食物的植物和动物，这都是环境。构成环境的各要素之间有着没有丝毫误差、又严密又精巧的循环原理。这些原理其实也支配着我们的生活。这就是构成环境生态界的原理。

笔者把这原理看做是正确理解环境的前提条件，借助日常生活用语来形容的话，就是"天知地知""世上没有光杆司令""积水易腐"和"天下没有白吃的宴席"。下面对这四个前提条件一一进行讲解。这样类似的故事美国的巴里·康门勒已经提出过几次。巴里当选过几次总统候选人，在选举游说的时候只主张过环境问题。更准确地说，他是因为环境养护运动而入选为总统候补委员的。

"天知地知"

因为人类也是组成环境的要素之一，所以人类不可能彻底了解环境。为什么这么说？因为人好像是井底之蛙，而环境则是井外的世界。要说人能对环境完全了解，那是人妄自尊大了。我们应该先认识到，以现在的科学水平要完全认识环境是逞能的事情。天知地知的环境问题，人怎么会知道？

天知地知是自然的认识论问题。西欧社会讴歌的征服自然的逻辑、哲学，以及宗教思想在这点上危险万分。用从犹太教和基督教发源的思想来举个例子。在《圣经》里，神（God）以自己的形象创造了人类，那么，人类生活的这个世界自然成了被神变形和创造的对象。换句话说，就是把自然和神分开以后，人站在神的一侧的构想。结果，人为了神的历史走向了征服自然的道路。反省地指出这样问题的是天主教的一个教派。

人不能够完全认识环境，能够认识环境的只有自然本身。而这样理解的理由是人再逞能也不能看透自己本身。人只能借助镜子或与此类似的东西才能清晰地看见自己。像这样，人类为了正确理解自己，要有照自己的对象。那对象就是草、动物、昆虫、风等自然生态界，所以古代人类或原始人类敬草、崇拜风和爱惜昆虫。

但是，当今社会，在我们周围发生了因环境破坏而逐渐失去可以照我们自己的镜子的现象。这都是人类"想要完全明白一切的幻想"造成的结果。因为自然对所有的东西最明白，所以我们有什么不懂的就得靠自然。这样才能够凭借自然的生存，人类受其福泽得以好好地生存下去。

"世上没有光杆司令"

"没有独自能在这世上生存的生物"，这句话所包含的道理在生态界被很好地反映了出来。看看人类生存的轨迹，人类绝不是只靠自己就能生存的物种，而是依靠别的物种，以别的物种为食，死后又成为别的物种的食物。因为构成环境的所有因素组成了一个巨大的食物链，所以离开这个食物链，人是不能单独生存的。假如任何一个物种只想自己好好生存而不管其他物种，随心所欲，那么这个物种必然会走向灭亡之路。人们所说的生态危机就是人类中心主义生活得到的后出的报应。

非洲面临每年约 50 万人因饥荒而死亡的危机，其原因是气候变化引起的天灾之变，但学过生态学的人都知道，那并不是天灾之变，而是人灾之变。撒哈拉沙漠以南的广大地区渐渐出现了沙漠化，原来这一地区的原住民是以小范围的牧业为生的。但是欧洲人占领后的剥削使这里变成了贫瘠之地。还有，另一个原因，欧洲人算是为了救济，引进了大规模牧场的经营方式。因为经营规模变得大型化，所以就引进了资本和劳动可以极度扩大效率的资本主义市场经济的逻辑。问题就是出在这里。

草地生态系也有它所承受的极限。因为大量引进的牛吃掉大量的草，草地只能逐渐变成沙漠。由此可以知道，草地沙漠化主要是人类经济活动造成的。随后，住在当地的穷人遭受了气候变化带来的灾难。

像这样的事情，在世界各地以不同的形式出现着。人们无法知道未来的事情，但能确信的是在食物链中没有光杆司令。

"积水易腐"

构成环境的元素随着食物链不断进行循环。物质在循环、能源在流动，这是生态界必须遵守的规定。发电厂发出来的电使灯泡可以发光，利用电能发热的电炉可以供人们做饭。能量就是以这样的形式循环利用着。但是，原来应该循环的东西不让它循环，理所当然就会被渐渐腐蚀掉。

如果一杯水放上好几天，那结果是一目了然的。我们现在都能体验到这样的道理，再好的能源不循环利用都会"腐蚀"掉。现在"腐蚀"的痕迹随处可见。在世界上研究寄生虫的人没有不知道韩国的金海的。金海的肝吸虫病已经传播到了釜山。这是因西洛东江形成的金海平原三角洲上游有东大水门，下游靠近大海的地方有绿山水门。原来，这里并没有水门，因一年一次的洪水，这里的农作物受灾很大。在日本统治时期，实行产米增产政策，两边修了水门。于是，在这里产出的大米，大量运往日本。一方面粮食产量高了是好事，但另一方面人的健康却出现了问题。

修水门的结果是大河变成了湖泊。江河生态系统变成了湖泊生态系统。积水以后，一种称为海藻的硅藻类最先开始繁殖。这种植物在积水中像绿色棉花一样生长起来了。有这种植物的存在，是湖水在腐蚀、湖泊在死亡的证据。田螺、蜗牛类生物喜欢这样的环境。银鱼喜欢生活在干净清澈的水里，鲤鱼和鲫鱼则生活在浑水里。

随着水质的变化，生活在那里的所有物种出现了迁移现象。以脏水为中心形成一个小的食物链。结果从蜗牛类开始的肝吸虫，经过鲫鱼寄生到人身上。

疾病也是构成环境的元素之一。人们想多打粮食，拦河积水，结果却使人感染了肝吸虫病。

"天下没有免费午餐"

听说路上捡到的钱要尽快花掉，因为如果舍不得花而留着，以后不知会出什么不好的事情。准确地说，在自然环境里没有任何要素是可以免费索取的。你以为我们呼吸的空气是白来的吗？现在你开的车利用空气燃烧燃料，排出废气。废气随着呼吸的空气吸入到肺，因而得了呼吸道疾病，还得买药喝。所以我们呼吸的空气并不是免费的。

严格地说，地下水不是地下10米或20米的水，而是地下100米或200米以下岩石下面的水。盖高楼大厦时为了打地基，砸碎地下岩石，污染地下水的事情不计其数。建设地下铁路时最难的问题就是处理从地下涌出来的水。这样大规模的土木工程应被判为污染纯净水的主犯。

韩国济州岛地下有相当规模的地下水带。因为首尔人时兴喝纯净水，所以济州岛地下水的销量大大增加了，好像卖大同江水的金善达在20世纪再生似的。卖水固然很好，但其所造成的不良影响是很严重的。

地下水资源不是无限的，因与大海的海水质量有差别，相互形成了界限。假如过多抽取地下水，淡水侧的压力就会逐渐减弱，最终发生咸水带向淡水带挤进的现象。就像水坝超过警戒水位会崩溃一样，地下水带崩塌的时刻也快要到来了。

现在济州岛东部的地下水已经被海水污染，污染程度已经到了那里的人们很难再找到食用水的地步。人们明知道类似的现象在夏威夷早已出现过，但人们根本没在乎，被眼前的利益蒙住了眼睛。这就是所谓"人"的物种。

有的人通过卖纯净水赚到了钱，但这个过程却酿成了别人失去食用水的后果。从部分来看，在这过程中有人得到利益，但从整体来看，利益和损失是共存的。少数人得到的利益是大多数人丢失的利益。

我们应该知道，环境生态界的借贷对照表上收方和借方的关系是始终一样的。如果一方得到利益，那么不管以什么样的形式，损失一定会尾随而来。蔚山工业园区的工业塔上写着这样的句子："那蔚蓝的天空中升起浓烟时……我们会过好日子的。"因为当时饿着肚子，对将来的事情没有思虑。结果怎么样呢？因为浓烟有的人过上好日子，但要明白，在这过程中，也有人因得了疾病而被赶了出来。这样的过程现在也还在进行中，所以还不知道，还能显露出多少恶劣的影响。

世上没有免费的午餐。糟蹋空气和水的后果就是到处是废水和粉尘的环境。

结 束 语

环境发生异常的证据能够用肉眼看到，那就说明环境已经患了很严重的疾病。在食物链上不存在"只有我没有事"的现象。"我可以不喝腐蚀的水"和"我不呼吸污染了的空气"的逻辑是不成立的。即使那"我"里侥幸不包括自己，但我的邻居或者我的子孙肯定属于"我"的范畴。邻居和子孙都受灾和损失，即"绝不存在侥幸的我"。这就是生态界的基本秩序。

其实，人类这种物种就算灭亡了自然界也照样存在。因为人类犯下的错误而使地球表面出现一点问题，这对自然界而言绝不是什么大事。因为由于人类犯下的错误而使自然环境出大事之前人类就会先受到足够的报复。所以，因为人类犯些错误，环境出了问题或许不是什么大问题。

问题在于人，而不在于环境。因为人类的不当行为引起了环境问题。于是人从环境问题引起的灾害中受到惩罚，这是人类的问题。要明白，问题的循环不在环境那侧而在人类这一侧。佩戴"环境保护"的徽章捡垃圾并不是为了保护环境而是一种人自己想为自己利用环境找的借口。

人们在大喊保护环境之前，应先看一下理解环境的前提条件。首先，不是只有人知道，而是天知地知。虽说人类是万物之灵，但在这个世界上没有光杆司令。再次，积水易腐。最后，需要再强调的是，天下没有免费的午餐。

以上的四个前提条件，应该成为理解环境问题的基本前提。目前，找到应对生态界危机的对策和克服方案，是以正确掌握环境问题的原因为前提的。因为，问题里就有答案。

第十三章　粪便哲学和粪便科学

第一节　粪便的气味

听说畸形儿中有没有肛门的婴儿。要是不做外科手术，这些婴儿就会死掉。人们认为粪便是脏的，但却是不能忽视。其实自己肚子里装的就是粪便。有着丰满的乳房，纤细的腰和腿，性感的臀部的美人肚子里装的也是粪便。所以，粪便脏，也不能轻视它。

但要明白，粪便固然脏而且还有臭味，但如果没有那个气味，人会死掉的。要让粪便没有气味，就要封锁气味的根源，就是把人的肛门堵住或把生产粪便的肠子去掉。这样，人还可以活吗？

其实，粪便本身不是脏东西，它只不过是一种物质。这种物质到底脏不脏是人判断的，是人自己认为粪便是脏的，而事实并非如此。认为粪便脏的人虽然主张把芳香剂放在卫生间里，中和粪便的气味，但是那粪便的气味还是会照样进到人的鼻子里，芳香剂也只是搅乱人的嗅觉罢了。嗅觉被搅乱后，人们只是因为自己感觉不到仍然存在的粪便气味而高兴。嗅觉功能的混乱就是人类的混乱。

这样的混乱状态并未到此结束，还存在着对粪便这种物质的人为混乱。因为对粪便的认识混乱，人类错误地处理这一物质，最后使粪便自身陷入混乱状态。这可以说是物质的混乱。通过人类混乱和物质混乱的状况可以看得出与粪便相关混乱状态。现在，在我们的日常生活中存在的处理粪便的方法也处于混乱状态。人类的日常生活和周围事物往往是彼此交融互为一体的，并不是自己走自己的路。文化和环境是一起共同进化的。

现在开始，我提出三个关于粪便的观点，目的是解答怎样才能恢复我们日常生活和周围环境的清洁度，同时也是怎样才能使我们的文化和环境进入正常轨道的答案。

回想起小时候在釜山赤旗附近避难时候的事情。因为四五个人在一个家庭里一起生活，用厕所也是按顺序使用，很不方便。大人们跺着脚等待如厕的时候，小孩子通常在房前的小水沟旁解决排便。粪便有的被水冲走了，但大部分还是落在水沟旁的道路上。即使这样，那条道并没有经常被粪便覆盖着，往往是小孩子还没有来得及抽身，粪便便被狗吃掉了。而且，为了争一堆粪便，小狗互相吼叫的样子也是路边不难找到的风景。

那个时代，还有用马、牛或骡子拉着车去挨家挨户收粪便的职业。对收购粪便的人来说没有比粪便更重要的了，因为他们是以此为生的人。

我认识的一位同事研究的结果与上述类似。隔着永山江住的木浦市民和乡下农民用粪便换大米。当然在数量上有差别，但农民们用装粪便的船装来的大米换取城市市民的粪便。

我比别人更崇拜粪便还有另一个理由。我有一位八十多岁去世的父亲，父亲过四十后患了严重的便秘，找遍了周围所有有点名气的大夫看病。母亲也为此煞费苦心。每当我给家里打电话时第一句总是，"父亲最近排便怎样？"这也是家里的兄弟姐妹给家里打电话时最重要的问候。

那时候开始，如果父亲进厕所，我们一家人都会以"希望顺利"的心情紧张着，因为从厕所出来的父亲的脸色决定了一天的心情。妈妈经常用"慢慢来"的话来声援。这让我深深觉得排便是件多么重要的事情。

有句"快便"的俗话，然而，这个事情在我们家不能顺利进行，因此排便也成为很重要的事情。治疗便秘的药品广告时常可见，看来便秘不单是我们家遇到的问题。

然而人们对待如此重要的问题却往往忽视。因为排便是经常发生的，于是人们就像马虎地对待空气和水似的马虎地对待这一日常事件。这就是人的本性。尽管吃饭和排便都是日常事件，但是人们只对吃饭很关心，也很努力地为之准备。

在人的身体中上面的孔穴是用来吃饭的，下面的孔穴是用来排便的。这两个孔穴是用一根长长的管子连接起来的。人们生存生产所需的能量是通过从上面的孔穴吃进食物到下面的孔穴排出粪便的一体活动而获得的，所以两个孔穴都有同样重要的作用。

当然，上面的孔穴除了吃饭以外还有说话的功能，而下面的孔穴只能排便。尽管有这样的区别，用韩国俗语来表示，嘴为什么不叫嘴眼或话眼，但下面排便的叫屁眼（肛门）？这是因为嘴有多种功能，但下面的孔穴只有排便的功能。

平时，我们经常跟同事、朋友和恋人一起去吃饭，但对南太平洋的特罗布里恩德岛的人来说，吃饭是比性行为更为隐私的事情。总统们所做的事情就是这样相对的。

但是对身体另一孔穴里发生的事情人们很忌讳谈论，比如打招呼的时候可以说"吃饭了吗?"但没有人说"拉屎了吗?"。对人们来说,嘴做的事情属于"公"的范围,但排便的事情完全属于"私"的范围。所以排便的事情是忌讳的事情,不像"公"的事情可以到处张扬。

对粪便或肛门表示忌讳是好的,但疏忽地对待它们就是错误的。这也反映了韩国人对"公"的范围重视,但对"私"的范围忽视的意识。在禁忌的东西里,有重视的,也有忽视的。人们对重视的东西已经有了认识,所以没有什么问题,但禁忌中所忽视的东西是人们日常生活中发生病态的真正原因所在。

几天前,去城南的牡丹场弄了一条黄狗。我对狗肉汤有独到之见,但找一条家养的纯种狗不是那么容易的事情。因为家养的狗与一般养殖场的狗味道不一样。

前一天晚上和我相遇的那条狗,第二天就变成了佳肴出现在我的饭桌上。以前我每天早上大便都不怎么舒畅,但吃完狗肉的那天排便特别舒畅,量也特别多。这时候我不禁想起大便因抽水式马桶白白流掉太可惜了。可惜是可惜,但我也不能采取别的方法把它留住。

这不是我的问题,是构造的问题。抽水式马桶存在问题,但主要是集体居住设施的现代建筑造成的问题。人们对这个问题没深刻地思考过,就随随便便更换居住样式。因为人们只对吃、住、打扮等事情重视,根本没有对排便的事情提起重视,于是出现了现在的构造问题。

表面上看只是按一下粪便就会从眼前消失,但严格地说,粪便并不是白白消失,而是消耗了相当量的水和能源才消失的。如果一个正常人一天排便约一公升,那么我家四口人排的粪便大概有四公升,这些便足以喂饱两条狗和一头猪。

我住的公寓里一幢楼大概住 150 户人家,每天早晨排出来的粪便量可以喂150 头猪吃一顿。但事实是这些饲料不仅白白成了垃圾而流掉,而且还污染了汉江。所以,我对晚上吃的食物很好,然后第二天早上再排出去的粪便被白白冲走却感到可惜,也感觉到委屈,我心疼,把那么可惜的东西花钱排出去,还纳税进行排污处理。我心疼,不用花一分钱就能得到,并可以喂饱别的动物的肚子的东西被白白流掉,我为此感到可惜。

排便对人是很重要的一件事情,所以对粪便也不能忽视,也不能把它看做肮脏的东西。粪便是肮脏的,这样的想法是从外国进口的。原先的农业经营方式和养猪方式从西洋人到这里以后便被认为是肮脏的。因为盲目崇拜西洋生活方式,我们最终把无公害的饲料和自然肥料——粪便认为是肮脏的。

我们应该有这样的问题意识:我们的生活和思维本身会受到帝国主义影响。

假如在西洋人面前或受西洋文化影响的我们的文化人面前，我主张粪便是珍贵的，那么我会受到指斥。其实我们的文化人也认为粪便是贵重的，但他们因西方文化的思考方式而抛弃了自己的观念。这是今天我们生活破碎的一面。

我们恍然感觉到，不仅生活因为破碎而停止了，围绕在这种破碎生活周围的环境也都在消失。如果这样的过程多次反复地发生，那么我就会把我忘掉。我们已经有过这样的历史经历。

粪便可以做出粮食，粪便弄好了便会成为珍贵的东西。还有粪便是不能像垃圾一样扔掉的有价值的物质。这一观点看上去会很普通，而且也是日常生活里常见的事实。

当然，粪便不可能形成任何东西，这本身也是问题。这些东西就是形成我们生活的基础。但是，如果那些本来能够形成的东西却不能正常形成，这就说明我们的生活基础是错误的。另外，我们没有感觉到，正是因为这些本来能够形成却没有形成的东西造成了很多影响，对这一点我们不禁更感到惊讶。

我们在对粪便认识的过程中起用了"脏""羞""垃圾"等的象征作用，而忽视了物体本身重要的倾向性。我们很明白只要有这样的思维，事情就很难办。在这样的意识中，再怎么说环境怎么样，公害怎么样，终究还是与生活不相容的空话而已。

如果把每天早晨流失掉的 150 户粪便，储存在建筑物的地下储存室里进行发酵，可以大大节省公寓住户的天然气费用。其实，粪便发酵过程中产生的沼气会破坏臭氧层，所以不要把那些沼气白白浪费掉，而如果把沼气收集起来就可以得到能源，同时臭氧层也不会被沼气破坏，这不是一举两得的事情吗？何止如此，这样做还可以防止因粪便直接排放到汉江而发生水质污染，也可以节省数十亿用于建设污水处理场的建设费和污水处理费。可此说是一举多得，我想不出不做这等好事的理由。在现有的制度中，因为有享受权利的既得利益层，所以他们对这样的事情会强力抵抗。

我们的生活没有什么特别的。不能从自己身边以及小的东西中寻找生活意义的人怎么能做出大事情呢？先从自己的粪便开始想想吧。要真正懂得粪便，要记住粪便给人们的启示。

第二节　饭就是粪便，粪便就是饭

为了生存而吃饭的不只是人类，生态界的微生物、植物和动物也都是这样。

为了生存而吃饭是能源的循环过程，是物质的循环过程，是维持生态界的普遍现象。如果认为这一生态界最重要的过程就是饭转变为粪便的过程，那么，对饭和粪便的关系以及跟它们有关的物质循环过程就有必要进行更深刻的观察。假如对于饭和粪便都只能单独而论，就无法正确理解我们的生活了。

以人为中心就只考虑饭，以人当中目前最富裕的西洋人为中心考虑的话，谈论的就是"面包"。我们吃的饭是大米，但西洋人吃的饭是面包。

假如对大米有稍微更详细的研究的话就有可能会知道，印尼人吃一种叫"散泊尔"的饭，是用像小鱼酱的辣椒调料拌饭吃。这跟印度人吃"咖喱"差不多。从南亚到东亚人们吃的主要都是拌饭。

亚马孙的 Tupikawahib 印第安人在烧了荒（火田）的山坡地里栽培俗称"漫记奥卡"，这种球茎植物有的有毒，有的没有毒，但为了能食用，要事先进行相当复杂的处理过程。它与一种在越南叫"山"，南太平人叫"塔皮奥卡"，而我们叫"麻"的一种植物差不多。联合国粮食及农业组织（FAO）根本不把这种球茎类植物列为粮食一类，这包含着所谓野蛮人吃的东西不能纳入"人类"吃的粮食分类中的象征意义。连吃的东西都以西洋人为中心调整，这是现在我们生存的这个世界的品级序列。

这是对人家吃什么都要干涉的无言的蔑视。

我喜欢狗，所以吃"狗"。把狗当宠物养的人，狗死了以后把它粉碎按垃圾处理掉。把这个过程掩盖在背后却又说着自己很爱狗，并且把自己包装成"动物爱护家"。这样的行为反倒让人恶心。

虽说拿吃的发牢骚很难看，但是责怪吃的却隐含着反人类、反文化的观点。对于每个人吃什么，别人不应该干涉。把狗当宠物养的人蔑视吃狗肉的人，现在，在吃的问题上，世界依旧充满不平等和歧视。

饭说到底还是属于文化问题，其研究具有普遍的属性。在"吃的"普遍属性里也包含着地域特殊性和文化特殊性的问题。三餐都吃肉并不说明生活得好。因纽特人从来没有顿的概念，什么时候饿什么时候就吃肉。如果以对经常吃肉的爱斯基摩人（对吃生肉的蔑称）的蔑称为前提，那么经常吃肉貌似也不是生活好的表现。但是高官贵爵吃的饭和乞丐吃的饭不可能是同一档次的。鬼神吃的饭和活着的人吃的饭也不是同一档次。饭明显是隐含着阶级性的生活方式。所以，吃饭虽然是人类和生物物种的普遍现象，但它同时也是品级序列不平等的象征。

现代在韩国的文化现象中，可以看出关于饭的更严重的不平等的一面。"你是我的饭"，这是"我是猫，你是老鼠"的意思，也就是"你死在我手里"的意思。用把对方比喻成饭来表示对对方的藐视，这在韩国的语言习惯里经常出现。从这里可以看出把最需要的饭比喻成"最藐视的对象"的韩国人的品性。饭也被染上了阶级性。

但是，排便跟大家吃了什么没有关系，不管吃什么都会排便。排便现象像吃饭一样，在生物学上也是普遍的现象。饭在阶级上显出不平等现象，但至少在排便的事情上阶级是不干涉的。吃的东西经过内脏器官吸收营养后排泄出来的就是粪便。不管你吃的是白饭还是红肉，排出来的都是黄色的粪便。但是如果要分辨东西有没有吃好，其结果要由粪便来审判。

粪便不是跟外部相关联的问题，而是如何治理自己身体内部的问题。自己的身心管理得好与坏的尺度是用粪便来判断的。饭跟钱和权利有关联，但粪便与修身有关系。所以，饭针对着不平等的问题，粪便却针对着平等的问题。这样的主张是不是逻辑的飞跃？

人们都愿意提到饭的事情。我们经常跟朋友打招呼说"吃饭去"或者打招呼的时候问"吃饭了吗"。为了威胁竞争者，其实没有吃饭也说吃了，这也是必要的事情。硬说是吃饭了，这是因权利关系和支配问题而出现的文化反应。但是饭通过内脏转变为粪便的这一过程都是同样的，只是排便的姿势不同罢了，有的人蹲着排便，有的人坐在坐便器上排便。

住在越南湄公河的人们用排出来的粪便喂鱼。但汉朝时期的中国人用人排出来的粪便喂猪。这些可以说是人粪便生物学处理方式的始祖。现在的生物学处理方式跟过去的处理方式的区别在于，分解粪便是使用看得见的生物还是看不见的生物的问题。

过去，人的粪便是鱼和猪的食物。据历史记载，汉朝有五千万人口。这五千万人口排的粪便都成了猪的粮食。但是，猪肉成了中国料理的代名词。

与人内脏构造几乎一样的猪也排便。猪排出来的粪便给田地里生长的作物提供必需的营养。这样循环再利用是不会产生垃圾的。这如实地证明了"所有存在物都是下一阶级为保命所利用的资源"的生态界流通过程，也就是"饭就是粪便，粪便就是饭"的道理。

与其我们盲目地崇拜西方文化而引进这个用科学技术来装饰和处理的粪便，反而利用鱼和猪来处理粪便的传统技艺更加理想。对生态循环过程无知的官僚主义和反人伦的商业主义相勾结酿成了近世纪最大的"杰出"，使八唐水源和汉江变成了粪便江。

以前金善达卖的是干净的水，但现在政府和以科学伪装的卖水人卖的是粪便水。与你我的粪便混在一起的水让我们喝，三千里锦绣江山就这样成为了粪便共同体。忌讳提最重要的问题，继续隐藏的结果之一就是食用粪便水。

十五天不吃饭或许不会死，但十五天不排便，那问题就很严重。"粪便脏"是因为我们自己认为它脏。粪便本身只是一种物质，是含很多有机物的物质。因为粪便含很多有机物不能在水里分解，只有土壤里的微生物才可以分解粪便。粪便与水是相克的，但粪便与土壤是相生的。这是粪便的五行，也是我的粪便哲学。猪和鱼吃人的粪便是一种分解过程。这样成长的猪和鱼能给人们提供高蛋白。粪便和饭就这样形成循环模式。

饭和粪便原来是在一个共同体的框架中相联系的物质。因为人们头脑中的片面的认识把粪便和饭分开，就开始了第一次悲剧。这是认识论的大乱。被认为是脏东西的粪便在科学的名义下、在西方文明的名义下，与水一起混合处理，这是第二次悲剧。生物物理学上来说，这是忘记了"粪便和水不能混在一起"的科学技术和文明造成的生态惨剧。

如果不管你我谁排的粪便都把它们混在一起放在土壤里，我们就可以恢复粪便共同体。我们利用土壤中的微生物吃掉粪便产出的沼气不仅可以做饭，也可以使发电厂的机器运转，剩下的渣滓可以使土壤肥沃，它们是对农作物生长很有益的堆肥。

吃饭的时候只想着吃进嘴里的结果是，现在我们的生活堕落到了如此的地步。如果在吃饭的时候，想一下把饭进入嘴后下一个阶段通过什么样的过程排除体内的粪便，以及之后的事情，就可以防止生态界的大乱。

嘴唇和肛门皮肤的质感是一样的。吃饭的嘴和排便的肛门如此相同，在生物学上可能是因为饭和粪便是属于同一个"组织"的缘故吧。在开始的起点上要思考着结果，就是饭和粪便要一起思考。只有恢复粪便共同体的道路，我们的未来生活才有保障。这是唯一的解决方案。这是一个认识的问题，是每天吃饭生产粪便的每个人的认识和思想上的问题，而不是技术或科学的问题。

我们认为粪便是脏的东西，因而忌讳它，其结果就是把世界弄成现在这样子。在排便的事情上人人平等。不知从什么时候开始我们过着用"拉屎"代替"排便"的生活。只要"拉"这低劣的表现跟粪便黏在一起，就不能说我们的生活正常顺利进行。如果对最基本的、最平等的生活进行低劣的思考，我们就只能被我们的生活背弃了。

即使"排便了吗"或"排便去吧"这样的话语暂时不能成为跟同事之间打

招呼的用语，粪便也应该像饭一样得到尊重。

第三节　转向蚕室和半浦地区的高层生态住宅

大清湖和八塘湖的湖面像铺了绿色地毯一样，人应该喝的清澈的水变成了绿色；南海岸像铺了红色地毯一样，赤潮现象使鱼类和贝类应该生活的大海里笼罩着死亡的阴影。这是否是为了给三千里锦绣江山更增添美丽呢？湖水的绿色和大海的红色都是因浮游生物繁衍引起的富营养化现象，是因为湖水和大海里进入了大量的有机物引起的现象。它的根本原因就是人类随意排入其中的粪便。

想想韩国四千万健康人一天排出去的粪便总量，其中只有30%经过处理，其余的都是随便排放出去的。粪便处理过程中不但消耗设施费用和运营费，还使用对人体有害的化学物质分解粪便。现在这样的处理方式使粪便转来转去最后还是进入我们的嘴里。

《圣经·马太福音》15章17～18节里有关于粪便的内容："岂不知凡入口的，是运到肚子里，又落在茅厕里的吗？"这是对从嘴里进入的东西经过肚子排出去的说明，将排到的茅厕里的粪便该如何处理的严重问题展现在我们面前。我们应该想想，早晨我们排的便现在的命运如何呢？

对于卫天工业园区的设立，大邱和釜山互相闹过纠纷。为了大邱的经济卫天工业园区的建立是很必要的，但这样一来釜山人就再也不能喝洛东江的水了。人们都知道即使再怎么处理好工业废水，在现在的工业经营模式上建造出来的卫天工业园区都会把洛东江变成"洛东（DONG：粪便）江"的。

生活中，我们每个人都是垃圾量产者，制造物品的工厂同时也有着垃圾量产者的身份。这就是我们现在生活的方式。是怎么成为这样的呢？这都是因为消费引起的。所以我对消费这词语非常讨厌。在这个词语的意思中没有缝隙允许我们插入利用和再利用的内容，因为量产者是有"消费掉"概念的消费者。因为那样的消费概念，我们自己走向了作茧自缚的道路。在错误的消费概念的基础上，因为大量生产粪便和垃圾的体制，人们在互相残杀。

假如开始认为环境在出错，那首先出错的就是认为环境不对的那个人，而不是环境。其实这跟环境没有什么关系，是人们错误地认为人的死是环境出错引起的，认为自己的死的原因就是环境出错。环境怎么出错了？其实环境没有出错的地方。因为环境出错之前会先消灭掉叫人的物种，所以现在我们没必要担心环境自己会出错。事实是，正是人自己随便排放粪便和大量生产垃圾使得环境出现了问题。

原来对人最危险的是自毒，这一点对所有的生物都适用。癌也是一种自毒现象，是自身细胞中出现出错的细胞引起的现象。自己身上产生的粪便，以及生活中产生的垃圾是在我们生活中引起自毒的原因。在自然生态界可以再利用的粪便和垃圾，在我们现在的生活中造成了像癌一类的自毒。这都是我们的生活方式引起的。

粪便的比重稍大于1。在水质监测中普通三级水的生化需氧量（biochemical oxygen demand，BOD）是 3.5ppm①，家庭用地下水是 200～300ppm，有很多有机物的白酒（25°）是 30 万 ppm，粪便和小便混在一起时高达 2～3 万 ppm。这说明粪便里有很多有机物，而这些有机物会污染水的质量，所以粪便成为污染水质的主要物质。

有句古话"弃便者，杖百"，意思就是随便丢弃粪便，会受严刑。这不是因为随便丢弃脏的东西而受到惩罚的意思，相反是把重要的东西随便丢弃而受严刑的意思。土壤的三大肥料元素是氮、磷、钾，而粪便里含大量的氮和磷，所以用于农作物施肥是最好的。

八塘湖附近的农民曾有过因粪便用于农田受过处罚的实例。农民认为粪便是作为农用肥料的很贵重的东西，所以就把粪便在粪便池发酵好撒在农地里了。但当时那个区域已设定为水源保护区，田地里施粪便肥触犯了水源保护法，因而相关农民要受到处罚。这成了现代版的"弃便者，杖百"，但在这种情况中，粪便不是贵重的东西，而是变成了脏的东西。

从认为粪便贵重的文化转变为粪便肮脏的文化，发生了文化转化现象。粪便发酵得好，在田地里才能起好肥料的作用，在土壤里也容易分解。严格地说，粪便跟土壤掺在一起没有问题，但跟水掺在一起就会出问题。

在前面也提过，因为粪便是含大量有机物的物质，所以在水里不容易分解，但在土壤里靠微生物却能够进行分解。粪便在土壤里分解的时候给土壤提供氮和磷，使粪便起农业用肥的作用。

为了解救因使用农药和化肥"死亡"的土地而施粪便肥（农家肥）是农民的智慧，但在田地里施了农药和化肥的人没有问题，反而是使用农家肥的农民被拘留了。从生态界的物质循环原理上看，应该得到奖赏的农民却得到了处罚。由此可见，我们种地的方法和有关技术是错误的，文化的转化正朝着折磨人的方向

---

① ppm 是非法定量级，量级为 10^{-6}。

进行。

　　我们有必要对新引进的技术谨慎地思考。新技术不一定都是好的，在短时间内看好像是好的，但长时间观察后可能就会发现它是有害的。新引进的技术应该适合原来的文化，这样的技术我们称其为适应技术（appropriate technology）。

　　因为在地里施了粪便肥而受到惩罚，这给人们的思想观念带来了混乱，让人们认为粪便不是好东西的司法部门的决定使我们的头脑更加混乱。

　　在技术上引起的文化转变会搅乱组织和观念。于是，检讨一个新技术是否适合于原来的文化是很重要的。这不仅在保持传统文化的意义上很重要，而且在保存以传统文化为背景的生态界的意义上也是很重要的。生态界的属性是地域特殊性，文化是适应生态界的现象。

　　粪便里也有五行。粪便与土是相生的，但与水是相克的。科学可以证明这一现象。粪便里有很多有机物在水里不仅不发生分解作用，而且那有机物最终还会破坏水里的氧气。所以，现在发生水污染的主要原因是粪便，而这样就会越加在人们的头脑中留下"粪便不是好物质"的烙印。

　　其实，物质和技术原来没有好坏之分，它们不会拿什么意志折腾人，是人们把那样的技术驱赶到了坏的方向。只看外表的人会把粪便认为是"坏的"物质。事实是，跟土壤掺在一起的粪便是好的物质，但流入水里的粪便是污染水质的罪魁祸首。这是粪便哲学的五行现象，也是粪便科学的自然现象。

　　我们每天早上坐在抽水式马桶上的时候，应该要考虑这抽水式马桶是否适合我们的环境？每当按下抽水按钮的时候，粪便和水混在一起，臭味就会出来，这时，粪便就被人认为是"坏的"的东西。排到外面的不只是粪便，它是跟一定量的水一起排出去的。一次用水量大概13升，有的时候还需要排两遍水。这相当于东非马萨伊族一户人一天的用水量。粪便和水两个资源混在一起的一瞬间，抽水式马桶就应是保护环境的人士要排斥的技术。这不是合理的技术种类，是违背五行和科学道理的技术。不过，要是因为这样而不使用抽水式马桶，那也很难自己亲自处理每天的粪便。我们只能把粪便包好丢到垃圾桶，但粪便不属于再利用范围的物质，所以还是被废弃掉。再说，把粪便装在垃圾袋从11楼坐电梯带下来，想到一起乘电梯下来的人们的眼光更是可怕。

　　假设同住一栋楼的人都认识到问题的严重性，为了防止水质污染同意我的观点把粪便装在垃圾袋坐电梯带下来，先不说那样子多不雅，处理费用也是个难题，而且还会遇到我们个人没有办法解决以及小的区域内无法解决的构造问题。这是环境部部长要出面解决的问题，是国家总统要考虑的粪便处理政策问题。这也是保障环境和未来，关系到生活质量的大问题。

最近，我们最熟悉的话题是"环境的健康持续发展（ESSD）"，把 ESSD 翻译成"持续可能的发展"不仅是无知所致，也是欺骗大众。大家都认为这样就可以解决环境问题。像考虑技术是否适合生活一样，组织和观念也需要按这一方式进行考虑。

ESSD 作为一种理念逐渐被人们所接纳。为了能让这种理念深入人心，有些观点还需要疏理才行。

现在再更进一步会发现持续发展这一语言的横行。但经济发展的可持续只是可持续这一概念的一小部分而已。不关心长期以来慢慢死去的人类，短时间内无论付出什么代价也要让经济复苏的逻辑十分嚣张。随着外来的 ESSD 观念转化为韩国式的 SD，这一观念仍然持续地衬托着经济优先的逻辑，就像外来的民主主义转变为韩国式民主主义仍然折腾人一样。

欧洲人所说的 ESSD 在我们的生活中或第三世界人民的生活中有需要鉴定的部分。要鉴定 ESSD 观念与适用的文化是否适合，以及接受外来的文化是否会有问题。

ESSP 是一种很好的理念。ESSD 听起来已经具备了排水设施，并且把公害产业转移至第三世界国家和发展中国家，ESSD 与只考虑经济发展不排斥外来的公害产业的国家所理解的 ESSD 存在着本质的区别。在后者的情况下，如果强求 ESSD 就会出现环境帝国主义的版图。

在历史上看，我们生活的相当一部分还清晰地残留着从欧洲人那里遭受的痛苦的痕迹。要是没有对那部分的考虑和对策，只强求环境帝国主义，受痛苦的人将会又重新遭受痛苦。处理粪便的抽水式马桶就能很好地说明这一过程。接受西方生活方式的人们根本不考虑自己的粪尿处理文化，从接受外表豪华的西洋式马桶开始，问题的种子就萌芽了。这些人的头脑中植入了只要使用这样的马桶就可以变得像西洋人一样文明的期待。

从接受外来事物引发的问题看，现在存在于人们生活里的被接受的外来事物已经地方化了。在没有具备处理粪便的组织和技术的状况下，在只改变人们观念而不改变生活状况的矛盾中，韩国的经济问题已经慢慢转变为地方化了。

我能要求西欧人创作的 ESSD 经过文化的鉴定转化为 ESCASD（environmentally sound & culturally acceptable sustainable development），环境上无害的文化可持续发展，而 ESSD 也需要接受是否符合文化的承受力这一鉴定过程。

这个转化过程终究是我们的问题，不是别人的问题，是不管外来物质是什么总是不断接受的第三世界国家的问题。西欧人也可能想过在这个过程中要做点什么，因为不做点什么的话，发生问题的大周期里不知什么时候问题就会反馈到他们那里。

我拒绝 ESSD 提倡 ESCASD 的另一个理由是要考虑生活的本质。人们创建的生活文化形式本质上是与环境共同进化的，这是因为人们已经适应了已有的生活环境。可能诞生的环境帝国主义和环境共同进化理论不可能不支持 ESCASD。这是我的观点。

在 ESSD 架构下的粪便处理方式只能是西欧式的马桶处理方法，其实体现的是粪便科学和粪便哲学的方式的不同。认为粪便是贵重物质的韩国农民或者印度农民在观念上可以接受的符合 ESCASD 构思的粪便处理方式是粪便和水不掺在一起。那从环境观念上来讲也是最健康的粪便处理方式，同时从文化上来讲也是可以接受的。

从现在生活的基本状况来看，农业是永远的。为了使农业亲和环境，要考虑取代化学耕作的方法。要是把现在实行的亲和环境的有机农业耕作跟粪便处理方式有机地联系起来，就可以断绝污染水质的根源。

我对蚕室和半浦地区的低层建筑改造为高层建筑的计划很赞成。考虑到韩国城市的土地面积，把低层建筑高层化是很必要的事情。可是有一点，高层化建筑应该是亲和环境的设计，但是现在的粪尿处理还维持着公共住宅的处理方式，这种高层化建筑是跟亲和环境逆行的。这是因为高层建筑使更多的人聚在一起生产更多的污染源，而污染源的规模小才可以有效地分解，要是以目前的粪便处理方式实行高层化，就只能扩大污染源。以我们的传统观念应该把用水处理粪便的方式改变为用土处理粪便的方式，如果这样实行高层化建筑，粪便聚集量也会增大，利用处理后的粪便做肥料的人会得到更大的利益。

应引进不使用水处理粪便的方式，如在公共住宅地下建设收集储存粪便的设施。因为粪便经过一定时间会发酵，只要使用帮助发酵的微生物就会产生沼气，然后可以把沼气供应给各住户使用，经过发酵的粪便则可供应给农民用于有机农业的耕作。

不管是谁的粪便混在一起，都可以生产出无公害的沼气，可以养土壤促进有机农业，也可以减少大气中的沼气从而保护臭氧层，另外，你我的粪便混在一起还可以增加人们的共同体意识。这是算一石几鸟（一举几得）呀。

那么，公共住宅区内有异味怎么办？不愿意闻自己的粪便味，只能选择死。

韩国有句话：不闻自己粪便味，三年就会死。不愿意闻粪便味要么就把肛门缝合掉，要么喝粪便水生活。因为粪便而死去，这样死还是那样死都是一样的。现在已经到了生死抉择的时刻了。

蚕室和半浦既然决定建设新环境高层建筑，那么就引进生态住宅的概念吧，就是在公共住宅区内建设生物高性能成套设备。这会使未来的住宅价格更高。用我们的创意建设世界未来型亲环境现代住宅楼，这项专有技术会成为未来环境产业的基础。这就是 ESCASD 的实践方案。

第十四章　错误的信念

第一节　人鱼与 humpanzee

三十年前曾有人提出过非达尔文进化论的问题，指出了达尔文进化论中有些空洞观点的内容。它反驳进化论，认为现在的状态是最佳完整状态，并提出了最佳完整状态是什么状态的疑问。这是假如两只眼睛不仅长在脸上，后边也长一只就更有效率、更容易适应的丑化内容，像要是手指尖有一只眼睛该多方便的意思一样。它指出把现在的状态看做最佳状态，换句话说，是指出了把现在人类看作最顶级阶段的达尔文进化论的逻辑性问题。

我在这里想提出的问题不是从非达尔文进化论的角度提出的问题，而是想提出进化论本身包含的内容。进化论或许是人类给自身带上的枷锁。

两栖类、哺乳类、灵长类等分类体系是在进化论里完成的科学构思。这科学构思是映射在人们眼睛里的，是对自然界法则的分类法。信奉这一分类法的科学家或科学理论都做了一个共同的假设。或许可以说那不仅是一个假设，同时也是"人类是万物之灵"的一种信念，是人类中心主义的流露。但是，这不过是假设、信念而已。在信奉19世纪创作出的进化论理论的人的信念体系适用的范畴内，人类是万物之灵论受绝对的权利保护。

相信石头的力量和水的力量，要用熊的力气弥补人类短处是人的精神，在万物之灵挥起的"枪、细菌、钢铁"面前屈服的历史是过去几个世纪的人类史。万物之灵又给了另外的万物之灵以痛苦和死亡，自己种族内杀戮只是在人类这个物种里才行得通的逻辑。

进化过程的逻辑正在支配着我们的生活。任何一个物种也不会在自己种族内杀戮，只有人类才做出了以毁灭为目的的杀人和以扼杀种族为目的的集团杀戮。乌龟不杀乌龟，兔子也不杀兔子，"杀龟""杀兔"是不存在的，只存在着"杀人"。

虽然是谬论，但"以人类为中心是人类社会最大的敌人"的逻辑也算是成立的。进化论是用吃掉和被吃掉的物种之间的杀戮来说明的。在物种及其之间通用的进化论，转移到人类的物种内就得到了关于种内杀戮正当性的理论基础。所以，只要指出进化论的虚构，就可以很容易击溃种内杀戮的理论基础。

在猪身上移植人的基因，也能大量培育出具有人的基因的猪。克隆人现在在技术上是没有问题的。复制"我"并使其在不同的时间和空间活动的可能性实际上是可以存在的。引导新的千年虫时代的克隆人类时代，要进入先兆（从物体中散发的力气）神话世界了。对这个过程的忧虑，会成为指出物种之间进化论虚构性的武器。

有这样一种观点，即人的克隆技术提供了可以击倒人与猪等不同物种之间的墙的武器。但人的克隆技术再好"是否可以做出属于猪人或人猪范畴的新物种"才是问题的关键。如果真的可以做成，原来的分类法就会失去物种分类的理论基础。

人和羊之间，人和老鼠之间也是可以克隆的。在我们的认识中，已经存在人和鱼复合的东西。人鱼不再只是神话了，现在依靠生命工程的克隆技术可以使其变成现实。

我学习人类学的过程中，自己造了一个英语单词 humpanzee。它是英语单词人 human 的前部分 hum 与黑猩猩 chimpanzee 的后部分 panzee 的结合。这是从学生的错误答案中得到的启示。一个学生把类人猿写错成了类猿人。类人猿是指大猩猩、黑猩猩等统称猿科，是实际存在的单词，为此也属于人科。当时判卷的时候判为错误答案，可是后来一想人是人，但人也有可能是属于猿科的人。所以，我造了 humpanzee 这个英语单词。

跟人类最相似的类猿人是大猩猩。据生物化学分析，人类与大猩猩的 DNA 只有 1.5% 的不同，与黑猩猩有 2.1% 的不同。在生物化学的构造上，人与大猩猩有 98.5% 的相似度，与黑猩猩有 97.9% 的相似度。人与类猿人、大猩猩和黑猩猩在生物化学上就因为 1% ~2% 的不同而被划分为不同的物种了。其实，彼此之间的差距不是很大。但就因为这点差距，一个就把另一个作为试验品，或者关在动物园的笼子里指指点点地嘲笑它们。

现在狗的种类也有很多。最大的犬是丹麦产的圣伯纳犬，最小的犬在中国，比墨西哥产的小型犬吉娃娃还小。要是这两种犬交配也可以产仔。当然，哪一种犬选为雌性是可以选择的。但是这两种犬之间在生物化学上 DNA 的不同超过了3%。老虎和狮子之间的 DNA 差异也是如此，但已经有了狮虎。如果事实上遗传因子有 97% 的同一性就可以交配产仔的话，我认为 humpanzee 也是可以存在的。喜欢做实验的人或许已经把它做出来了。

那么，humpanzee 是类人猿还是类猿人呢？假如把人与 humpanzee 或黑猩猩放在一起比较，那么物种之间的界限就模棱两可说不清楚了。可以指出，要是人与黑猩猩之间的交配物形成，物种间界限的墙壁就会被击倒。这也就可以证明，立足于 19 世纪进化论的逻辑是虚构的科学。

理论上讲，人鱼也是现实，humpanzee 也是现实。不是假设的现实，而是实际现实。这现实是对迎接新千年虫的人类的新要求。

人类是万物之灵只不过是一个神话而已，是把进化论和资本主义作为两大轴心成立的西欧中心主义做出来的神话。因为这一神话，心里不平静的人比心里平静的人更多。因为这神话使大多数的生物物种处于不利的立场里生活。因为这神话，水、空气、土壤和包括生物的整个生态圈面临了生死存亡的危机。人类万物之灵论最终会迎来作为万物将领的人类也被抛弃的时刻。

我们应该对末日论、进化论及其与资本主义的关系进行细致的分析。把它们之间的关系所做出来的虚构——指出来是造就新千年虫历史的人们要承担的任务。不需要万物之灵的人类，只需要生态圈组成因素和在各物种之间起媒介作用的人类。只有这条道路才是人们可以生存的、别无选择的道路。

按照小乘佛教的说法，人死后就变为别的生物。变成车前的植物，或者变成牛，或者变成蟑螂，或者变成海星。好像并不是所有死者都会到天堂或者到地狱。

看看白骨化为尘土变成蚯蚓的食料这样的循环，人在生态圈内起媒介作用也是事实。抛弃万物之灵论恢复生态圈共同体论的时候，以及对人鱼和 humpanzee（不是神话）的可能性思考的时候，崭新的人类未来才能从末日论的噩梦中摆脱出来。

第二节　在社会生物学的傲慢和文化决定论的夹缝里挣扎的环境

讨论"文化和环境"问题时，首先要解决两个主题。不管喜欢或讨厌这样的讨论，如果我们不正面对待这两个主题，就会很容易陷入自相矛盾或逻辑矛盾之中。因此对环境的探讨要么想方设法避开这两个陷阱，要么很容易陷入这一陷井。所以，我想借这次机会集中讨论这两个主题。

讨论的目的不是追求最终的答案，我们应该对已经敢于面对这一点感到满足才行。其理由是，我们对环境的了解只是部份而已，而不是全部。其实人类对环境的了解微乎其微。

首先，关于看待环境的整个视角应该以是否介入以人类为中心的文化决定的问题来设定。这属于环境的一个要素的人类，由于他们无序的扩张领域而造成环境问题，然后应该引起高度重视的是，应用多样的视角来判断环境问题。模糊了前面所说的 humpanzee 是人类还是黑猩猩的区分标准，那么怎样区别人类和别的灵长类呢？我们对"人类是什么"的本质问题没有总体上的反省是不行的。

如果追踪 humpanzee 的染色体，就只能肯定人与黑猩猩的祖先是一样的。现在的事实是人类的科学和思想把对 DNA 只差 2.1% 的人类和黑猩猩的差距过分的夸大，但却忘记了人类的科学和思想站立的位置只有 2.1% 的幅度。把那个差距最大限度夸大的思想就是万物之灵论，是认为人支配所有和决定所有的宿命论。以这种思想为基础创造出来的西欧思想的代表希腊主义与希伯来主义的结合就是基督教。创造相似于人类的神是存在的，设定万物的造物主是存在的，这是所谓上帝的教理。

不顾生物学上 97.9% ~98.5% 相同的严肃事实，硬是把上帝的旗帜放在征服"原始的自然"和"原始的人类"面前已是过去两千年的西方历史了。但是，不管"原始"是什么，赋予其要征服的对象的意义才是文明论的重点。应该斩钉截铁地说，所谓的殖民主义的祖先是与这个重点有关的。

"要从万物之灵论中感受到养分"是 19 世纪以后人类学者提出来的文化决定论的主张，其重要思想是人类的存在是由文化决定的。如果展开这样的逻辑，就会把人类和黑猩猩共有的 97.5% 的相同之处完全蒸发掉。文化是人创造出来的，人按照自己的意愿创造出来的文化决定论所使用的逻辑是用文化说明的循环论的顶峰。

主张环保的经济学者和法学者认为，目前要解决环境破坏问题只能用法律规定和罚款。这说明他们看待环境的视角是站在循环论的立场上的。在一段时间来看，这一方法或许得到了一定的成效。但是，从描绘具有 98.5% 相同的生物学共有基础和水文学、大气学的自然构图上看，这样的环保方案是还"不够塞牙缝"的措施。规定和罚款只不过是应对没有权势和没有钱的人的方案。那只不过是连人类向自然反省的目的都达不到的应对人类社会内部病理问题的对策方案而已。该方法论是从将环境问题最终还原成人类社会问题的立场出发的。在过去两千多年来，在法律加罚款等措施无法防止的破坏环境事件发生了许多，由此而引发的环境问题我们不应该乎视。对生物学共有基础造成畸形的相应根本措施要进行检讨。

其次是以社会生物学的名义登场的对生物中心主义进行正确理解的课题。进化论对人类世界的影响在 19 世纪以后就已经稳固地扎了根。但是，尽管学界承认进化论发展的贡献，但人类世界一部分人对进化论心存怀疑，也是事实。

不顾以达尔文为中心的生物进化论仅是物种之间的进化过程，而把它还原为与人类这一物种的社会进化论相类似的思想。正是因为这种思想造成了人与人之间很大的矛盾，到现在其影响还进行式地存在着。同时，这种影响的反作用也不小。那些以创造论的名义对进化论进行抵抗的势力威胁着生物学的科学性。这是我们不得不承认的。

要是站在追求严密性的生物学的立场上回忆过去，就能毫不犹豫地指出当初社会生物学的命名本身就存在错误。在生物学的单词前加上根本不相称的"社会"两个字，纯粹是为了引人注目的文字游戏。不管怎么样那也是因为遗传学的发达并且已经取得了成就。事实上，这也为理解人类本身打下了更坚固的基础。

三十年前出现过的社会生物学，现在又重新受到重视是因为基因组（genome）。从解开基因的秘密开始，人们的观点就都倾向于基因结果那一边。追赶时髦的趋势是很强大的，韩国智慧界的风土呈现的就是这样一个令人遗憾的现实。

基因工程使生物学的内容整体地被搅乱了。虽然基因打开了无限的可能性，但是它的反作用也很大。遵从社会生物学的人们在叙述昆虫的社会时比叙述人的社会时更具有温暖的人文主义，即呈现出了"人类不如昆虫"的局面。

看待人的眼光大为改变的时刻已经到来了。人是万物之灵的万物灵长论因社会生物学的出现而走向了枯萎。这更给"人类不如昆虫"论调的抬头创造了充分的条件。从生物学角度上看人类这种动物，既不是万物灵长也不是连昆虫都不如。

被文化决定论所厌烦的"人"，干脆过度缩小文化的意义，生物科学资料中人类创造的文化意义会很容易地埋没在社会生物学的名字下。这就是问题。不是按照以数字方式提供的97%~98%的生物化学上的同等度将两种生物归类为同一领域，而是因为2%~3%的不同将其划分为不同文化领域，这才是在真正意义上追求的科学性。其实我们很有必要再确认这一点。实际上，所谓的科学，其实是在研究自然界中的某些极其微小的差距时诞生的，这样的科学我们开始讨论生物化学或基因的一个工具。要接受"人类"的意思是在微量的差距中发芽的事实，不是说培养人类这个物种的意义就是人类的任务，也不是说对世界上存在的所有东西把自己的意义最大限度地体现出来就是科学方法要追求的目标。

猪是一个物种，它以公母来划分领域并作用为基础繁殖。要是以遗传的信息细分猪的种类不知道可以分到什么程度，但人凭借他们的经验和积累的知识把猪分类为好几种。从猪身上得到大部分蛋白质的南太平洋人对猪进行分类的方法更复杂。中国人根据需要把猪分为好几种，并把那分类的结果用文字的体系传承下来。例如，普遍使用"豕"字组成多个汉字，这些字都可以读出跟家畜有关的文化意义。表示小母猪用"豚"、小猪崽用"豚"、两岁的母猪用"豝"、三岁的猪用"豜"、三个月的猪用"豵"、小猪用"豵"、公猪用"豭"等。相互区分的文化领域为说明人类这个物种的生活过程提供了重要的线索。以上面的的线索为基础有了饮食文化和居住文化。有必要说明的是，文化也具有养育自己的能力。

毫不吝啬地把已经缩小到1.5%～2.1%的人类固有的生物学特性割爱给文化领域的另一个理由是，人类在生物界内具备的作用跟别的物种有着本质的区别。要深知人类自身的问题与立场才是作为科学的文化基础，以及具有改变环境能力的人类生存的威胁。这个认识就是摆在我们面前的未来课题。

在一年365天中设置一个"环境日"，对待环境只是挂在嘴上的告解圣事（天主教用语），这并不能说明人类在为对环境的犯罪史赎罪。最起码365天里除了一个星期以外将剩余的相当于98%的时间设定为告解圣事时间（环境日）是应该的。这是因为从人类存在的本质属性上讲，人在一年的告解圣事痛苦中需要有一个星期的解放期间。也就是说，要是整个一年都做对环境的告解圣事，人类就会产生反抗心理。这点也是需要考虑的。

在济州岛现在也流行着很有意思的美风良俗，这是一个叫做"新旧间"的活动。按节气来看从大寒到立春大概要十多天的活动。可以理解为一年交替的时期即为新旧间，也可以说是神历。在一年当中，人可以随便活动的时间只有这段时间，其余所有的时间都是属于神的。

先从家这个小空间来说吧。神在前院、后院、围墙、酱缸和屋里，只要是人的手能伸到的地方神处处都存在。所以，人们不随意修房子、挖地和搬家。只有在一年一次的新旧间期间神们因为研讨会被玉皇大帝召回暂时不在的时候，人们趁机做修后院、修围墙、搬家等事情。神在的期间不做神厌烦的事情，这是济州岛人的日常生活。

新旧间期间是济州岛搬家公司最赚钱的时期。除了新旧间时期，人们在一年中都要小心地过日子。这就是为照顾环境生活而存在的人类原初生活。

假如允许时间量化，那么在一年中文化决定论发挥作用的时间只有新旧间期间了。这或许是因为在新旧间约束下有可能发生有利于社会生活的事情。与新旧间一样的神力才是创造原始人生活的基础,这些我们在阿兹特克人或者玛雅人,以及毛利人的挂历中都能发现。

要理解在社会生物学傲慢地攻击和文化决定论防御式的挣扎之间疏远的环境现象是我们面临的环境问题的本质。这两者的赛跑不顾两者都各自存在于的环境,只是为各自的赛跑全力以赴,这就造成了"环境是什么"的问题被剥夺问题地位的结果。

在以98.5%相同的力量忽视1.5%不同的少数文化期间,创造文化并生活在其中的人类对自然发挥了抵抗力。从以"为什么把人像昆虫一样看待"的单纯问题为基础出发,人类对自然抵抗的思想最终引来了破坏环境的现象。

从思想史上看,试想如果文化决定论登场是对环境绝对论的反抗,那么就不能忽视环境绝对论会成为文化决定论登场的基础这一事实。我们多数按多数,少数按少数,把现象本身原来的样子接受下来,并且需要对那样的现象抱有谨慎接近的学习态度。

第三节　人口增长和自然保护

以人口问题为主题的文章或讨论人口问题的文章,都异口同声地为托马斯·马尔萨斯(Thoms Malthus, 1766~1834)主张的"人口在以几何级数增长"的内容辩护。如果把马尔萨斯的主张聚焦于人口的主题,强调人口过程的正反馈(positive feedback)倾向,那么马修·黑尔(Mathew Hale, 1609~1676)的推断更贴近于以整个环境人口过程的负反馈(negative feedback)倾向为基础的生态学平衡理论。按照黑尔的主张,公元两千年、三千年、四千年人口会猛增,这样的人口增长会因传染病、饥荒、洪水、战争等抑制因素而自然调整。

在看待人口问题上,跟马尔萨斯的基本观点不同的黑尔不仅将焦点对准人口问题,同时也把自然的、社会文化的环境与人口问题一起考虑。总的来说,黑尔的观点是人口问题应该在与自然环境的密切关系中了解。下面以人口和自然的关系在人类史展开过程中具有两面性为例进行讨论。

在寒冷中紧缩着身子生活的旧石器时代的人们,结束了最后的冰河期(大约一万年前)迎来了接近现在气候条件的时代。在洞穴里生活,以狩猎和采集维持生计的人们,开始了农业和家畜饲养形式的粮食生产活动。也就是说,完全依赖自然环境生存的人们,从以粮食生产为中心的新石器革命起就开始改变自然了。

在自然主义的立场下，是人口增长的压力导致了粮食生产形式的农业生产革命，要么就是像因果论所说的因为气候条件好促进了粮食生产，改善了营养条件，因此增长了人口。对这一点的讨论引起了考古学家、人类学家、农业经济学家和人口学家的关心。人口和自然环境的关系从人类初期到现在和未来，并不局限于特定的哪个领域，它会引起综合性的关心。

在这样的观点上对新石器革命的说明与可分为三个部分的人类对自然环境的适应（依赖、转变、污染）现象中的第二阶段有关联。先保留人口增长压力为先还是气候和营养条件的改善为先的争论把新石器革命作为前提条件（或许成为结果论的说明），毫无疑问气候和营养条件的改善状况是人口增长的主要因素。最终人类是靠自然亲善颜面的恩赐繁衍物种的。

西欧产业革命以后，人类的文明活动背叛自然亲善颜面的行为导致了"环境污染"。我认为这是从人类把"不可破坏"（non-disposable）、"不可再生"（non-recyclable）的垃圾（waste）扣在自然脸上开始的。橡胶、塑料制品、农药、驱虫药、化肥、废油和原子炉的废弃物等各种形态的产业垃圾就是把亲善颜面的自然装扮为邪恶颜面的自然的罪魁祸首。

把人类从各种疾病中解放出来的医疗技术的发展和以国际协约抑制战争的机构的诞生等影响了马尔萨斯人口理论的后盾——"人口几何级数增长"。人口增长的压力自然地带来了人类生存的关键问题，如粮食供给和生活空间的扩大等问题。为了解决人类生存问题，人类不断地努力和积累科学知识其结果，不仅酿成了抹杀环境的亲善面孔，另一方面也使亲善面孔的环境演变成邪恶面孔。从本质上看，就是把亲善颜面的自然变形为邪恶颜面的自然。其结果是，各种"公害"的标准值现在成了威胁人类生存的最大敌人，最终连地球本身需要的氧气总供应量也要担心。另外，还有人主张禁止对亚马孙流域的开发。生态学家主张，如果亚马孙流域以"开发"的名誉被破坏掉，那么因严重的空气污染已经感受到危机的大气氧气量就会亮起红灯。好像钟摆的运动方向现在又开始偏向黑尔的均衡理论了。说人口增长的压力会因巨大的自然运动而倒塌下去这固然是正确的，可是随之而来的担心是人类和个人的牺牲。人类现在为了向转变成邪恶面孔的自然表示赎罪而把"自然保护"的祭物献上去。亲善颜面的自然宽容地对待了为生存而苦苦哀求的人类；但对人类愤怒的自然，对于连谢罪的最后手段——称为"自然保护"的祭物也舍不得提供的人类，被装扮成邪恶颜面的自然是否会忍耐和包容呢？

从目前摆在我们面前的状况来看，虽然人口增长和自然保护这两个命题的相互关联性好象是人类和自然可以结姻缘卦中最坏的状态，但是却强调了自然对于我们还抱有希望。因人类繁殖闯出来的失误，以"垃圾"为媒介，人类和自然结了最坏的姻缘，所以笔者认为人口增长和自然破坏的等式是不成立的。

我们要铭记称为人口增长的自然的、社会的现象酿出来的"不能废弃的垃圾"是自然的最大敌人。应该正视垃圾的处理和解决问题，这也是自然保护的关键问题。现在世界各地正通过文化上可以承受的、与生态学相适应的技术，研究对自然的敌人"垃圾"的处理方法，开展从人类的生活方式中寻找智慧，并将这种智慧移植到生活中去的运动。如果将这样的意志按照这样的方向继续下去，保护环境对我们来说还是有希望的。

第四节　叫做"环境保护"的咒语

大概三十五年前，我跟老师访问过位于黑山群岛末端的可居岛。在灯塔下面的峭壁上我们发现了推断为史前形成的贝冢。委托了专家以简化形式发掘，推断结果是那遗迹可以被断定为是新石器时代人们过捕捞生活时住过的地方。这一结果被收录到很有影响力的考古学报告上。

在这里还发现了大量的大牡蛎壳和贝壳，以及少量的生活在海里的哺乳动物的骨头，但没有找到人的骨头。如果以"那大量的贝壳是当时可居岛居民长期生活的结果"为前提，那么从现在再也看不到的那些大贝壳叠在一起的情形，可以想象，在富饶的自然环境中，居民过着不是那么艰苦的生活的生活情景。

如果假设那里是"最初的富裕社会""可以凑合着住的可居岛"，那么在那里还需要什么利益和敛财？可居岛的人们只捕捞需要量的牡蛎和鱼类，到需要时再捕捞新鲜的尽情地消费。维持了不需要积存、利用在自然状态下活着的方式管理资源的可居岛，不知是从什么时候开始发生了把食物存起来的事情？

依靠把生命寄托给自然的牡蛎和鱼类，人类这个物种就可以维持生命。人死了适当地腐烂，维持了组成生态界的细菌和植物物种的可居岛生活。那它是从什么时候开始重组了以人为中心的生态界秩序？从什么时候开始人类这个物种使物质循环发生了积压现象？不管怎样，因为这样的结果再也不能看到只在贝壳中出现的哺乳动物的骨头了，即使再睁大眼睛也找不到那么大的牡蛎和贝壳了。

生态界的均衡被破坏掉，人类为了生存用所谓的智慧创造出来的概念就是"环境保护"。在没有理解好生态界的概念和在它的均衡动作原理没有被正常理解的状况下施行的环境保护运动又引起了另一个威胁生态界的问题。这好像是今天的现实问题。

如果按照以能源的流动和物质循环为动作原理的生态界体系的要求去依靠人类和以人类为中心的副产物，那么再怎么喊叫环境保护，环境也不会理睬人类的。应该要循环的物质和要流动的能源被逼到了生态界回路中人类位置的一角，甚至处于停止状态。因为人类垄断能源和物质的现象持续发生，所以环境不会原谅人类的行动和其导致的后果。为了维持生态界的自然规则，环境随时可以牺牲掉人类这个物种。

如果认为环境保护是人类在照顾环境，那么就大错特错了。人类只不过是依靠称之为环境的常数而可以随时变化的一个个体罢了，要铭记人类绝对不是可以跟环境对决的另一个个体。人类只不过是环境的一个组成元素，所以顺应支配环境的生态界规则，才是最明智的环境保护。

环境既是无限大的母亲之手又是人类生存之乳汁。所以很早以前的人们（能人和他的后裔）已经有了侍奉自然、顺应自然的信仰。侍奉天地、崇尚星星、祈求于石头、跟小溪水说心愿等人类行为是顺应自然的行为。他们绝不会因为要"只为环境"而过分地胡言乱语，也没有那么愚蠢。但是因为看不到环境的大手，人类在环境里也无可奈何，人类能做的只是装作"不栽苹果树不行"的事情，装成好像是在保护环境的样子。虽然只是与我们犯下的罪相比太过寒酸、太过肤浅的把戏，但是我们只能期待这"环境保护"的符咒发挥作用。认为万事都可以做出来的、犯有各种罪的人类，站在悬崖边上可以自由做的最后的依托是期待对环境认识逻辑的转变，以及期待以树立一丝不苟地学习环境大手规律的姿态扎根环境观。聪明智慧的人类现在把错误的行为和犯错的过程作为生活的镜子。人类在这个世界上能以最大的物种群体生存下来本身就是对我们最大的教训。

现在人类能做到的事情只是把曾经犯的错误当做一面镜子，以虔诚的心期待"大手"，感知那手发出的环境危机信号，解读那信号所含的咒语。还有，像做出开天辟地的事情似的慌慌忙忙行事的人类认识到危机状况后，就营造出停止行事的氛围，最后只能期待着"环境保护"的咒语能发挥那样的作用了。

希望将来能跟老师一起在可居岛的灯塔下听神话，如果到时发生碰见不知名的大海生物的事情，那么就把这当成是"环境保护"咒语让"大手"息怒的情况。

第五节　环境问题其实是人的问题

选举的热风确实很猛烈，可以强烈到"经济正义实践联合会""环境运动联合会"等很有名气的市民运动团体都被这股热风动摇了。领导那样运动的人们最初的想法现在开始露出马脚了，他们要求运动质的变化。在长期被军政统治的民主化热潮中，把没有被制度圈收敛的能源聚在一起选定中心主题，要走与市民运动连接起来的能源发散的道路，前面提到的团体以市民运动的形式取得了很大的成功。但是不能否认在展开市民运动的过程中，领导运动的大部分团体直接或间接地对百货店式经营方式产生了兴趣。直接干预与团体的名称不相符的百货店的事情也数不胜数。这就反映出了为满足政治需求的最初意图。其实也是因为没有不可以那么做的法律和规定。但是发生连希望诚实地守着本分做事的人对这些团体的失望也只是暂时的。公众开始认为"都是预料之中的事情"。这样自我解嘲并在失望中沉寂下去的市民评价当前为市民政治运动，这不会是过分的话吧。

我们的环境运动就好像是处在这样的政治漩涡中，在还没有坚实基础的情况下就出发了。已经到了应该反省这一点的时候了。在对环境认识没有积累的情况下，就在政治运动这一环上盖上环境的外皮，这就是现在开展的环境运动的真实面目。

环境所发生的各种现象以及与其相联系的运动跟政治有着密切关联是理所当然的事情。所以，也要成立环境运动应该是属于政治的逻辑，特别是承认不能排除运动包含政治性这一点。但是，对于以关于环境具体的研究和理解为前提的环境运动和不是在这样的情况下发生的环境运动之间存在的很大的偏离就需要本质的认识。由于基础薄弱，因另一个力学的关系而出现的节外生枝的问题，就只能以本体动摇来解释。对于目前已经展开来的环境问题本身的评价我们要先认清。与环境相关联的政府部门与市民团体之间互相摩擦的政治口角战比发生在我们身边的对环境的理解声音更能发挥作用的理由是什么？为了理解有关环境现象发生的过程就需要镇静地试验和观察，以及运用与此相关的人的知识的积累。但为什么现在就变成了只有叫喊声的状况了呢？

现在市民们熟悉了三三五五聚在一起叫喊环境问题，所以有时候环境运动团体对市民的声音比政府方面更加敏感，这就使环境保护陷入了更加尴尬的境地。为什么会这样呢？在环境问题的立场上，企业以罪人的形象映射出来。企业试探政府的心思也看运动团体的脸色，对市民团体的反映已经到了过敏的程度。这样的现象是否对把环境问题引向正确的方向有帮助呢？通过依靠企业收入生活的人、使用企业做出来的商品生活的人，只要提出环境问题就会毫不犹豫地把企业当成蛋糕奉。稍微过分地讲，政府和运动团体还有市民就像集聚在糖渣上的苍蝇群一样。

要生存的企业为了引诱苍蝇，就要做好掉糖渣的打算。它们还需要为隐蔽这不是糖渣而是真正的大糖块而作战。其实，这样的大糖块不是企业自己闻着味道伸出舌头的问题，而是受到了叫政府的大手和叫多国企业的更大的手，以及接受主导霸权的帝国主义援助的更大的手的摆布。

为了了解环境，用生态学知识来武装是最基本的问题。生态学的观点是以系统性的问题意识为前提的。这点也是最基本的。现在我们熟悉于认识植物的现象和禽类的现象，在实验室根据研究的微生物的结果来谈论环境问题。从环境问题的基本构图上看，到此为止系统地认识和理解没有什么大问题。但是，这样得来的知识在嫁接于人类的行动和思考过程的时候，过半的环境专家在没有经过任何过滤装置的情况下就那么进行了。选择了用不知是叫禽类的还原论还是叫微生物的还原论的知识来吓唬人。人们是被吓住了还是没有被吓住，在这里要介入的因素也很多。所以对于一样的资料结果，一方吵吵着出大事了，而另一方却主张没什么大不了的。况且政策也介入到这里面，使人们陷于混乱之中。

我经常怀疑在连把对自然环境的理解该怎样嫁接于人类的问题都没有正确认识到的状态下，关于环境问题的研究究竟能成功多少。这是因为如果认识到了这个问题，如果环境发生病变了，那么对此采取应对方法的步骤就属于人类认识过程的事情。

在对人类问题的研究没有像环境问题的研究那么彻底的情况下，讨论环境问题就是疏远认识主体或是处于没有设定好认识主体的坐标的状态。如果在这种状态下航行，那船就像在精神不正常的船长的指挥下一样。如果把人类对生态学环境系统地认识当成另一码事，那么前半部的系统性到后半部就会泡汤。系统性是要在包括人类的状态下才能体现极致的。这时人类的问题就是包括人类身心的人类问题。设定对于统称为人的行动和思考的文化时，怎样理解与环境的和谐是把系统性从零的状态引向满分状态要完成的道路。

在环境问题上，要跟人的问题一起考虑的当然性不仅会在系统性中体现出来，而且会在实践的角度上更加发挥出当然性的价值。环境自身是没有任何问题的，只是跟人类接触的部分出现了问题，这点是很清楚的。认为环境出问题的也是人类，而问题的行为原因出自人类。因此，治愈问题的方法也当然得出自人类。结者解之。所以环境问题就是人的问题，并且被选举热风摇摆的环境问题的跛行实践和危局状况最终也只是人的问题。

第六节 我们所谓的"环保"是不是真正意义上的环保呢？

向墨西哥的尤卡坦半岛和危地马拉及包括周边小国在内的玛雅文明看看。在受到西班牙侵略很久之前，玛雅文明沉浸在密林之中，人们对玛雅文明突然没落的历史所进行的解释也都带上了神秘色彩。巨大的石雕金字塔屹立在热带雨林的密林之中的景象可以说是只能出现在神话中。如果看到在加勒比海边港口建造大型灯塔的过程，就不得不对在建造巨大建筑物的过程中所动员的物力和劳力进行思考。

生态考古学者们的说明，给对环境问题关心的我们敲起了警钟：玛雅的问题跟生活在信息时代的我们不是绝对没有关系的。玛雅的统治者在筑造大型建筑物的过程中毁掉了大面积的热带雨林。因为自然环境被大规模地破坏掉，玛雅的环境丧失了养活人口的收容能力，只留下了玛雅文明存在过的痕迹，但维持这一文明的人们却消失于一旦。

有这样的假设说，因为人类的大规模活动引发生态界变化断掉了食物链，为此在被破坏掉秩序的环境中人类得了不可治愈的疾病，引起了大规模的疾病死亡。不管怎样因为那样的文明建设，水和空气不是被污染了，土壤也不是不可使用，但生态界不可容忍人类破坏环境，这点是很清楚的。文明破坏环境的现象可以从玛雅文明消失那里看到。

今天的文明不仅在量上破坏环境，而且在质上也破坏环境。目前文明的化学破坏现象正在进行中。文明是从环境破坏的机理启动的，这在今天得到了合理的说明。也就是说，文明在向公害化转变。

像玛雅人不管是因着自己的意思还是他人的意思离开自己的城市一样，生活在这个时代的消费者可以不理政权和企业恐惧，而演出精神骗局。政权和企业为了搅乱消费者的头脑，乱说组织的、制度的谎言。它们主张生产半导体的企业是亲环境，生产汽车的企业也是亲环境，并且给生产家电的企业颁发环保企业的勋章。现在又有了环保型大楼。

环保概念已经成了商品。因为带"KS"或"品"字（环保标志）的商品可以提高商品的市场竞争力，所以只是为了提高商品价值而贴上"环保"的标签，并不管生产半导体芯片、汽车、家电产品的过程中产生的水污染、土壤污染和空气污染，只要在最后生产出来的产品上加上"环保"一词就行了。

汽车为了成为环保商品，生产和使用过程中就不能污染空气。住宅大楼为了成为环保型大楼不是扩大绿化面积，而是使建筑使用过程中产生的污染尽量最小化。如果刷绿色油漆扩大周边的绿化带就说是环保建筑，这是对环保语言的侮辱，是概念的混乱。结果就会跟生活的混乱直接联系在一起。

只要是贴有"环保"的标志就认为是好的东西而无条件推进的政策酿成了现在的结果。不过这样的效果可能现在正在慢慢的减弱，现在环境以强者的身份登场，在哪里贴上"环保"一词，哪里就会出现一种错误行为。

如果住宅大楼贴上环保的形容词，那么最起码住宅楼里排出的生活用水和污水不要污染河水。为了处理污水，向污水里投放化学药品，这样形成了恶循环的住宅楼，从而不能贴上环保一词。如果想贴上环保词，请听我一言。

对于所有的住宅楼施行建设大粪池法制化，拆除抽水式马桶，自己的粪便自己解决。那粪池作为生产"天然气"的工厂，产出的沼气让住户使用。有异味？闻着自己的粪便味生活的世界会是舒服的世界。不要忘记我们的肚子里装着的粪便。人都是自己带着自己的粪便的。如果拒绝这个就如同是拒绝自己一样。你的粪便、我的粪便都混成了我们的粪便，所以因住宅大楼而消失的共同体也可以恢复。

文明因环境破坏机制的启动，但文化是因环境适应机制的启动。人因文化而生活，不是因文明而生活。

第十五章　错误的遇见

第一节　粪便大海——黄海的未来

填海阔地以增强农业生产力和增加工厂占地面积，国土扩张的开垦事业变成国家的基干产业，未来型 SOC 的现实令人长叹不已。

眼光短浅的愚蠢人类，以土地投机开发方式做出了的毁掉未来的事情，如黄海（中国的东海）沿岸大规模的土地开垦事业。在这过程中，主张技术乐观论的科学技术人员也在随声附和。现在活埋湿地生物，驱散以湿地为根据地的候鸟，连海洋资源赖以生存的地方也消灭掉的罪恶的环境破坏行为就是以政府为主导进行的开垦事业。环境破坏的最大事例是以政府为主导进行的。

认为以色列死海是名胜的观光客，把浮在海上看书当做是乐趣，但当地人却因从死海上刮来的盐风饱受痛苦。数千年来，为了文明建设而在原来有湖的地方从事大规模的农耕活动，减少了淡水的流入，随着水的蒸发量增加，渐渐形成了比海水盐度高的湖。所以说，死海是文明过程中酿成环境破坏的实例。

有向死海发展迹象的另一个盐湖就是阿拉尔海（咸海）。从天山山脉发源经过乌兹别克斯坦和哈萨克斯坦的阿姆河和锡尔河的河水因周边农业耕地的灌溉被掐断，并且生活用水和工厂废也流入了阿拉尔海。这样经过了半个世纪，湖的面积逐渐减少，过去的渔村也显露在了陆地上。湖水的盐度渐渐提高，水被蒸发掉的地方出现了"盐田"。从盐田刮来的盐粉危害当地居民的健康。婴幼儿死亡率和咽喉癌发生率最高的国家就是乌兹别克斯坦。这份世界保健机构的报告与这样的环境变化不是没有关系的。

在日本濑户内海显露出来的变化过程中，环境破坏的主犯也是文明。20 世纪五六十年代经济成长论支配着日本列岛，于是濑户内海被迫变成了死海。正视到这样问题的当局首先把濑户内海的公害产业撤出濑户，现在濑户内海已经可以看到清净的古貌了。而公害企业几乎都转移到了韩国的马山或丽川等开发区，以及中国的沿海工业地区和东南亚。日本在这方面很快地脱了身。

韩国的公害产业也慢慢地在往外转移。不少的工厂转移到了中国。现在正以

"开发西海岸"的名义向黄海沿岸转移。从数十年间的东亚工厂转移的倾向来看，这些工厂大都聚集在黄海周边。朝鲜的开放时钟是从离平壤最远的东海边上开始的，因为考虑到这个实验的安全性，所以转移到离平壤最近的南浦等黄海沿岸的概率很大。

现在不得不担心 21 世纪黄海的命运。东亚的经济越发展，黄海的命运上覆盖着的乌云就越厚。由公害产业排放的污水可以想象到，随着这地区生活水平的提高，所谓的"文明单位"排放的生活废水也会剧增。

中国大陆向黄河和长江排放的生活废水，已经严重污染了水质。设想中国 13 亿人口都用抽水式马桶，最少一个人 1 升的粪便用 7 升的水冲掉，那么流入黄海的粪便水量会是多少呢？朝鲜半岛南北都有这样的现象，最终 21 世纪黄海就会成为粪便之海，变为生态灾难地区。

戈尔巴乔夫执政后认为苏联存在的最严重的问题是阿拉尔海的死海化，其最初颁布的大总统布告令是宣布阿拉尔海为生态灾难地区。假如黄海发生死海化，朝鲜半岛就会因偏西风刮来的盐粉而成为不能生活的地区。预想黄海面积缩小，水蒸气的蒸发量也会随之减少，这就会造成这一带降雨量也随之减少，就会导致朝鲜半岛和周边地区走向沙漠化的道路。这不仅仅是假设，按照公害的时钟，这是完全可能发生的事情。

只想一个始华湖可能发生的问题，就可以看出将来黄海的生态灾难现象，以及可以跟这一带人的灭亡联系在一起的可能性。始华湖是祸患开始的信号。掌握好这信号的意思是要找到应对措施。这是超越民族生存的问题。

我们就这一问题跟中国人深刻地讨论过，准备了在 21 世纪把黄海维持为清净海域的方案。首先中断我们内部兴起的填海造地活动。这个问题是我们应该首先站出来解决的事情，在此之前我们要细致地考虑到国际机构可能给予的强大压力。为了黄海的未来我们还需要建设绿带战略。要清醒地认识到我们会是首先遭受到黄海变化致命打击的国家。

第二节　清扫观光团

十几年前的某一年的年底，在电视上播放日本福井县海岸边浮起朝鲜士兵尸体的画面时，我看到干净的海岸边有了垃圾。从许多垃圾上的韩国文字，可以判断这垃圾大部分都是从韩国飘过去的。

以前为了收集人类学资料访问大马岛的时候，从大马岛北端往釜山望去，近在咫尺的釜山是那么巨大，会让人想到那里就是大陆。

由长长延伸着的两个岛连在一起构成的大马岛西海岸，有很多悬崖峭壁，长长的海边可以说是人工制造的垃圾填埋场。这么说一点都不过分。这里的垃圾99%是韩国产的，从方便面袋、塑料清洁剂桶，到各种废弃的渔具、器材和轮胎上都印有韩文，这些垃圾把大马岛搞得一塌糊涂。

看到福井海岸线的画面，就会想起大马岛的海岸现在也会那样乱糟糟的。那垃圾大部分都是从釜山和庆南海边飘过去的。看到大马岛垃圾的日本人现在会想到什么呢？同意大部分垃圾是从釜山飘过去的人该对釜山人怎样想呢？

人在生活中产生垃圾是必然的，但会依据处理垃圾的方式来评价与垃圾关联的人。认为因生活艰难而把生活中产生的垃圾转嫁给别人的行为是习以为常的事情是可耻的。

晚上从大马岛向釜山望去风景非常美丽。公路上的路灯和大楼的灯光像星星一样闪烁。想想从这么美丽的大陆釜山不断飘下来的垃圾，只能想到釜山是表里不同的。

解铃还需系铃人。按道理来讲应该不管釜山人还是永岛人、东来人，都应该因飘过去的垃圾对生活在大马岛的人表示歉意，而且应该组成垃圾清扫团派往大马岛进行清扫，同时要终止只会喝酒跳舞的观光团，釜山也要派往大马岛以体面的清扫观光团。过去没有国界的时候，东三洞或雅致岛的渔夫跟大马岛的渔夫可能一起捕鱼，也可能互相嫁娶还有可能搬家生活过。这样的考古学痕迹早已有了证明。如果清扫观光团以大马岛为中心往日本西海岸访问，这就不是外交了吗？表面上不是体面的外交，但也可以成为以地方自治居民为中心的实实在在的外交。

清扫本来就是复合现象。清扫观光团不要只派清洁工，要组成复合的自治居民团体，还要让可以研究从我们这里飘过去的是什么样的垃圾的学者参与，那么从对方那里得到的礼仪待遇也会不一样，效果也会更好。

不要只会吵吵闹闹地说要开放大众文化，还要打开大海的大门，我们这一方应该首先要为可以真正地结善好邻友关系营造契机。这些就是釜山市民要做的。不要被人家说成是低俗的日本大众文化前进的基地，要起到通向日本的窗口的作用。这样就可以不用花大钱在文化时代打文化产业的基础和建设基础道路。

第三节　天灾级人灾

三十多年前开始逐渐在亚马孙流域的热带雨林地区建设大规模的牧场。砍伐大量的树木后再放火烧变成草场，然后地主人把牛放入草场。因为牧场的面积实在是太大不能雇佣牛仔放牧，所以利用直升机来放牧。因为这样肉价就很便宜，可以在莱蒂西亚和桑托斯的烤肉店吃廉价的烤肉吃到饱。有钱人经营牧场赚大钱，但亚马孙流域的农夫们却受到严重的洪灾，那是过去没有过的洪灾。

汹涌的洪水将村庄淹没已经成了"例行活动"。因为热带雨林的水储藏能力渐渐消失，所以酿成了这样的水害惨剧。负责开发亚马孙的巴西政府就有了烦恼，意识到这水灾不是天灾，而是因砍伐热带雨林建造牧场所引发的人灾。怎样修复被破坏掉的热带雨林是防止水灾的基本课题。牧场是有钱人的财产，他们是跟政府有着微妙关系的人，他们期待着官员们怎样解决这个问题。

最近，在世界各地频发严重的环境事故。法国在南太平洋进行第六次核试验期间，日本列岛发生了海啸和火山爆发。要是两者有因果关系，就可以判断日本的灾害是天灾还是人祸了。像核试验那样的人工爆破刺激了地球内部，人的行为跟自然的威力相差无几已是事实。我们生活在人灾规模可以比天灾规模大的世界里。

我们习惯上将火山爆发、海啸、洪水和旱灾称为天灾，并认为鉴定为是天灾就可以不用通过寻找爆发灾害的原因来制定应对措施。因为人们怀有是天灾，人对此就毫无办法的念头。在喜欢追求科学合理性的人占多数的这个世界上，还有不少相信宿命论的人。政策决策者们更是毫不犹豫地这么认为，这一问题的严重性，真是令人哑口无言。

几年前，我访问过水灾现场。在文山、链川和铁原的水灾现场，共同的声音就是这次水灾是人灾。这个地区是民间人士禁止出入的军事设施集中地，一般人不可接近，所以保密是最大的问题。在不知道军队是被淹没还是被冲走的抗洪现场，发现军队的爆炸物地雷，这不是人灾是什么。近年来用砌保护墙流失的水泥建成道路，这样的工程不是人灾是什么。

民间人士禁止进入的山上树木茂盛的地区，因山体滑坡露出了黄色的土壤。从那个地方的上面望去，可以看到关于军事的设施和坟墓，还可以看到坡上为了建设送电塔处处挖出来的坑。从这些可以看出开工的时候根本没有考虑到山体滑坡的可能性。滑坡山体下面的农田也被泥石覆盖上了。这不是人灾是什么？

要是看到了文山市被水淹的照片，还说是天灾，那就是严重的近视眼，是回避责任的行为。在原来有农田的低洼地里，在没有加高地势的任何土木工程辅助的情况下就给予建筑许可建设城市的政府部门是灾害主要原因的提供者。看到水灾现场和破裂的大坝，有人提议建设大型大坝。大部分的人工建造物是早晚要垮掉的，这只是时间问题。设想大型大坝建设在城市上流，核发电站建设在海岸线上，这样的想法本身不就是大型事故发生的根本原因吗？

大型事故排队等待治理的时候，政府在预防灾害的事情上还犹豫不决，依旧不能认清近来的灾害是人灾的事实。对灾害进行严正的判断和周全的准备才可以减少民众的不安。要是为了脱身而说是这样那样的水灾，以后会有更大的事故。

不要因为灾害的责任问题，而在人灾和天灾之间自欺欺人。古代人们受了灾害，皇帝对天祈求，甚至献上人身祭祀。因为知道激怒上天，都没有好日子过。而现代人的胆量不小，总是把人灾归结为天灾。要是把不可争辩的人灾扣在上天头上，就真的会有因天灾来临而尝到苦头的时候。

第四节　生态理论是首要理论

年过七十的母亲经常说耳朵里有声音。现在她已经是故去之人，脸色健康怎么耳朵里会经常有声音呢？声音大的时候好像万事都不耐烦的样子，在医院看也没有什么效果，有的大夫说是年纪大的自然现象。或许说的也对，生活在这样嘈杂的世界里哪里没有噪音？

人赖以生存的地球也是有生命的。叫盖亚（Gaia 希腊神话里的大地女神）的生命体就是地球。我们生活的首尔，这就是盖亚的缩小版。为了展开讨论先把首尔叫做"首尔盖亚"。首尔盖亚到处都有噪音，我母亲的耳朵里怎么可能没有噪音呢？

把牛耳岭叫做首尔盖亚的耳朵，不是过分的形容吧？我想对主张在首尔盖亚的耳朵牛耳岭动推土机、抹水泥、挖掉土路铺柏油路的人说一声"把自己耳朵抠一抠吧"。

主张在牛耳岭修公路的人最终的理论是以效率极大化为前提的经济逻辑。计算了因走盘旋道路损失的时间和损失的燃料得出的结果后可以指出，这违背了经济学逻辑。经济逻辑是为了生活在这个时代的人们的福祉服务的，但是我们生活的土地和环境不是只为了哪个特定时代的人而存在的。

祖先把健全的环境留给了我们，于是我们认为接受舒适的环境是理所当然的。要是考虑到未来的时代，现在的环境就是我们从未来的时代借用的。生活在这个时代的人们是租用未来时代盖好的房子在生活的。我们在租住的情况下，随便改造主人家的花坛，建造下水道挖开人家的院子，这无疑是擅自打劫人家财产的犯罪行为。

在锦绣江山上开辟道路、挖隧道好像是正确的行为，但那都是违背以均衡生活为最高价值的生态逻辑的行为。把支撑经济逻辑的极大化的价值与生活的现象对照是很短见的行为。追求效率极大化的生活是难过的，那难过的尽头就是灭亡。我们要走的路是向往生活均衡的、达到最适化价值的符合生态逻辑的道路。

所以，不要动牛耳岭。其实，我们已经意识到了我们并没有对牛耳岭动或不动的发言权。这可能是对环境的良心宣言。我很担心，不管以什么形式把牛耳岭毁坏的那一天，不仅是我的母亲，所有母亲的耳朵都会被噪着折磨。

第五节　绿色地带和塑料地带

我们的祖先不知是从何时开始依靠土地来生活的。那生活的框架现在也依然如故。在那框架上扣上枷锁的是朴正熙时代留下的遗产——"绿色地带"。这不是独裁者为了保护环境用的"绿色"一词。要明白带有最强烈权利味道的那一点，便是把我们的生活最严重歪曲的那一点。迫害土地给予的一切希望和生命的也就是那一点。

我没有做错什么，但有一天我生活的地方就成了我不能随便做事情的地方。因为对我的限制别人相对地享受到了富裕。意想不到的人得到情报成了富裕的地主，这样的事情数不胜数。这样的过程使我们陷入混沌之中。搞经济的人靠权力给没钱没势的人扣上枷锁的事情接二连三地发生。今天"绿色"一词也因过去漫长的军事独裁时代而威力尚存。

过去几年来，我切实感到"绿色地带"内的居民生活在相对多么严重的被剥夺感和贫困之中。看到抑制着心中的怒火，没有丢掉希望顽强生活的人，望着人们渐渐陷入黑暗的深渊。农民的农田转变为高楼大厦，人们摸着虚脱的胸脯，对着在政治的玩笑和政策的名分里像泥鳅一样溜出来侵蚀绿色的人冷笑。

不让修葺倾斜的房子，不让扩展因孩子长大显得狭小的屋子的面积，双眼冒火的公务员拿起相机像对待罪人似的，当地穷人只不过想扩展一下空间来装饰过门儿媳妇的屋子而已，难道这也是犯法吗？世上哪有这样的国家。

每到秋天给人们金色丰收希望的农田，现在都变成了塑料大棚。现在种植蔬菜和花卉的土壤上再也不做农田了。塑料大棚农业是化工药品堆，是制造公害的工厂。这也可以说是农田吗？绿色地带再也不是绿色的了，而是不让土壤呼吸的塑料地带。

塑料大棚正在变成贫穷人的住处。公务员们知道那是违法的，但却不敢怎样。这是一种新的与不平等结合的混沌的源泉。贫穷的年代没有这样的混沌。所以在我们社会的底层，人们更喜欢那贫穷的时代。

虽然军事独裁的遗产消失了，但在短时间内人工造成的贫富差距还存在着，那用语和那精神也照样存在着。它提供的甜头在国民政权里也持续着。人们没有一次提出过要推倒那独裁的想法，因为靠着吮吸贫穷人的血可以好好地生活。搞环境运动的人也在不知不觉中开始赞扬军事独裁政权的遗产了。

清除残留的军事独裁遗产。如果要保护自然，那么树立符合以民主步骤为基础的政策，要从头开始。

第六节　挽救潜水练习场

望着开阔的大海生活的人和不是那样生活的人比较起来，他们的生活方式和世界观是完全不同的。过去是这样，现在也是这样，不能想象未来没有大海的济州岛。在济州岛离开大海，诗画般美丽的观光区进行开发、世界化等都形成时，发展济州岛就会变成怎样深入认识大海。

过去三十年证明，济州岛的地区开发，是在根本没有理睬大海的情况下强制进行的。首先让济州岛富起来的计划就没有考虑到大海，而是完全按照陆地的模式进行的。所以怎样管理好大海的问题，往往只能成为讨论外或附属的对象。其结果是，因海洋污染和资源枯竭，在济州岛再也找不到与"丰鱼"相关的词语。位于大海里的济州岛失去"丰鱼"的称号，说明济州的生存基础发生了畸形变化。这是没有大海概念的陆地式开发方式惹的祸。

用蜜柑施肥的方式也是陆地式，江河管理方式也是陆地式，旅游观光的管理方式跟首尔式和雪岳山式的管理方式也是一样，眼前有没有纯济州的东西呢？继续这么下去济州只能永远以附属于大陆的形象存在了。

在地方化和世界化的波浪一起涌来的今天，发挥济州风格的时刻到来了。在认清最济州的就是世界的情况下，认清大海与陆地的差距，在所有的方面恢复以大海为主的生活方式，就能越过变化的漩涡，得以保持济州的传统。

潜嫂（海女）从婴儿成长为小潜水员的过程是以济州大海为基础的生活过

程。我们对这一过程有必要进行深入研究。潜嫂不是在某一天早上突然诞生的。

在大海边上的岩石上挖出小坑形成潜水练习场（在济州从小训练潜水的地方）玩耍的过程就是训练潜水的第一课。以在潜水练习场熟悉打水玩耍为基础，继而熟练浅海潜水，然后继续往深海潜水。这过程就是从小潜水员到成熟潜水员的过程。

现在在济州岛转转看看，在积有一潭污水的潜水练习场里怎么能诞生小潜水员？与此同时，与潜水有关的报告也减少了，因为这些报告只在想象的基础上形成，实际上对潜水员的生活没有更深的研究，这就是现实。没有潜水练习场的济州潜水是不能想象的。对潜水练习场没有精心管理的情况跟济州大海每况愈下的环境问题有着直接的联系。

在人们的观念里济州潜水也在消失。连潜嫂这一词语也被扔在一边了，代替它的是日语中的"海女"。可以说语言现象是自然现象的反映，但对经历过残酷殖民统治的我来说，济州"潜嫂"变成日语的"海女"并不是自然的变化现象。

语言也被污染，环境也被污染，在整体被污染的情况下，我们能掌握好以济州大海为根据的生活吗？提出拯救潜水练习场就是拯救济州环境的运动口号。拯救潜水练习场是在济州体现地方化的基础，也可以是世界化的约定。这是因为，济州的特点是以大海为根据的，济州的大海就是从潜水练习场开始的。

第七节　限制汉拿山的入山者

济州的气候特点是春天有段时间是雨季，这期间蕨菜生长得特别快，所以有"蕨菜季"的别称。这就是济州独特的原味，可以再生出品尝原味的方法就是正确地理解和建设济州。把"蕨菜季"叫做"蕨菜雨季"，这样现在的人可能更容易理解，但却会失去原味。

在济州的观光活动里有一个采蕨菜的项目，这就是振兴济州的一种创意。以采蕨菜为诱饵，开发观光旅游、增加旅客数量、增加旅游收入这固然是好事，但这里有一个需要深刻考虑的问题。

这是发生在美国的一件事情。一到采蕨菜的季节，在美国的韩国人跟自己的家族或朋友就会一起到国立公园或山上去采蕨菜。他们不仅只采蕨菜，别的野菜也一起采。在美国和加拿大长期生活过的韩国人都做过这样的事情，当然我也不例外。

记得有过这样的一件事情，我跟朋友一起去散步，逛半天采来的蕨菜可以享用一年。但芝加哥等地发生了制止和反对韩国人这样的游乐现象的事情。因为在韩国人长期生活的地方，连蕨菜等山野菜的种子也找不到了。他们对此很忧虑。有着对白白得来的或对健康有益的东西"席卷一空"习惯的韩国人，在美国人眼里不可能是那么顺眼的。

公园管理部门和自然保护团体对韩国人这样的乱采破坏自然的行为给予了法律制止，也有几个人受到了法律的制裁。这是对有效地利用自然的行为和破坏自然的行为的界限文化理解不同的例子。

对关心环境的人，规定限制每天公园入场者的数量。规定好一天的入场人数和车辆数量，超过的一律拒绝入场。公园法有这样的规定，这从制度上保障了自然保护的问题。在韩国也有人主张引用这样的制度，这是很正确的做法。

借此机会，我想对认为因攀登汉拿山来济州旅游的人越多济州旅游收入也会越多的人献上一番话："为了更容易攀登汉拿山而修路、修台阶等设施都是为了人，而不是为了汉拿山的土、石头、草、树木和动物。进入汉拿山和济州的人越来越多，那里的自然破坏得也会越来越严重。这是很明显的道理。还有产生的垃圾也会越来越多。"

如果考虑到未来负责自然还原和处理垃圾的费用，就有必要限制汉拿山入山者的数量。要知道多大量的入山者就会破坏汉拿山的环境，以及自然有多大的承担收容能力不是太难的事情，有关专家可以计算出合适的比率。

采蕨菜、打野鸡等活动一开始便在开发旅游项目中，济州当局和考虑济州未来的人要积极讨论限制进入汉拿山的问题。还要限制济州国际机场的飞机数量和航班数。在自然保护的立场上，我们应该有这样的慧眼。我们要知道，飞机是人类发明的机器中污染最大的机器之一。

第八节　济州环境宣言

去过新西兰或澳大利亚的人，可能有着这样稍不愉快的经历。乘坐的飞机一到机场跑道，气体会慢慢冲向乘机口，这时会有一个空姐逐一打开行李架上的门，后边紧跟随另一个空姐两手拿起喷雾器往行李架上边喷洒药雾边走过去，走过去的时候又往客人的椅子下面喷雾。向行李架喷雾后走过去的时候当然那药水就会落到客人的头上。这是"我们的土地我们保护"的完善的防御措施。

澳大利亚和新西兰已经在一亿年前从亚洲大陆分离出去，形成了独立的大陆。所以植物和动物与其他地区的分布也完全不同。袋鼠的种类代表着动物的特异性。就植物来说，已经在别的大陆消失的称为"PONGA"的蕨菜树在此却形成了树林。

在人类学者中有人曾试图把澳洲的原住民分类为独立的人种范畴。新西兰是几百年前波利尼西亚岛上的人为了躲避自然灾害而逃上的陆地，如今他们的后裔就是毛利人。

自然环境的特异性是在自然环境被很好地保护的状态下的特异性，要是跟毗邻区类似或没有什么区别，那么就会失去特异性。

我们对济州的生态特异性很清楚，将来计划把那个运用在观光旅游上。但是有可以守住济州生态特异性的计划吗？是否认真仔细地测量过一天有几十班次航班对大气造成污染？因为建设国际机场和私家车辆的增加及观光旅游客的增加环境渐渐更加恶化，对此有没有有效的对策？

实行限制搬运济州兰花和火山石的规定已经很长时间了。对这个问题人们都有一定的认识。但不要只限制往外出的，对往内进的恶性公害是否也要有严格的控制？不仅对大气、水和人，对土壤和山也是一样的。

济州具有与大陆迥然不同的生态条件。要保护那些只有声音是不够的，应该有法律的制裁措施。作为地方自治团体的济州有没有准备好？是不是会只为确保地方团体的预算，而只考虑收入的一面？必须明白，现在维持数千万观光旅游客得来的利益，将成为未来的毒汁。

我曾提议过"济州环境宣言"，要制定符合济州特点的以济州为中心的环境营养评价标准。以这样的运动为基础对反环境行为采取有拘束力的措施，才可以把未来济州建设成亲环境的济州。要对进入济州的航路和公路实行彻底的检疫，不但可以保护济州的环境，也可以对济州岛人和进入济州岛的人起到很大的环境教育效果。

这样可以使济州的亲环境运动扬名于世界。对济州岛汽车尾气排放的限制要比陆地上的更严格，对随便丢弃垃圾和污染物的人要像新加坡那样严格处罚。

现在我们生活的济州岛并不是我们的，是从将来生活在这里的我们的后代那里租来的。我们不能给主人什么帮助，但也起码不能让主人受害。

第九节　环境保护跨国协作会议有应对之策吗？

我们生活在复活了19世纪社会进化论的21世纪。世界贸易组织的诞生阐明了新帝国主义的立场，那创意中明显地准备好了吃掉和被吃掉的日程。过去在帝国主义的密室内诞生过弱肉强食的构图，但未来的新帝国主义在强者和弱者的协议下完成了新的弱肉强食的构图。所谓公平竞争，不是按照已经准备好的帝国主义构图参与，对已经失调的强者和弱者关系进行道德指责是行不通的。道德只不过是属于强者的装饰物的冰冷时代将要到来的一个标志。在过去一个世纪以弱者身份生活过来的韩国人要做的是要重视、尊重我们的餐桌背后的内在含义和背后这一重要的文化遗产。

要是连摆在眼前的也不能照顾好，那将来的一个世纪我们还会以弱者的姿态生存，从那以后我们将成为地球上永久的弱者，最后会走向灭亡的道路。要是不想把弱者的悲伤留给后代，那么从现在起就要振作起来勇敢面对摆在我们面前的课题。

1992 年 6 月举行了称为地球峰会的关于经济和发展的联合国会议。在那里通过了《里约热内卢宣言》《21 世纪议程》《生物多样性公约》这些重要的文件，提示着可以决定我们未来命运的力学关系。

《里约热内卢宣言》包括确保环境持续发展的 27 项条款，其中最重要的是发展欲求和环境欲求要合理地满足当代和世世代代的发展与环境的需要（第三项）；环境保护应成为发展进程中的一个组成部分（第四项）；应减少和消除不可持续的生产和消费模式（第八项）；《21 世纪议程》是行动纲领，指出所有国家要以改进生物多样性的养护和生物资源可持续使用的研究为基础，要切实实践这一行动纲领（第十五章）。

峰会期间有 157 个国家加入了《生物多样性公约》，公约从 1993 年 12 月 29日起生效。这一公约的宗旨是保护濒临灭绝的动植物，最大限度地保护地球上的多种多样的生物资源，以造福于当代和子孙后代。不能满足以上条件的国家会受到国际通商会的制裁。可以预测，像韩国这样靠贸易生存的国家以后可能会迎来更大的难关。但是，重要的是要预备好用什么方式做好事前准备，有的国家为了不扣上绿带回合的枷锁，目前正在认真研究谋求应对措施。如果乌拉圭回合的冲击余波是原子弹级的，那么绿带回合的影响就是氢弹级的。这是明若观火的事实。

在乌拉圭回合中挨了一棒子而晕乎乎的韩国，考虑到经济上的问题而加入OECD（经济合作与发展组织）的时候，OECD 成立了以环境为中心的绿带回合。如果韩国在环境问题上不引起高度重视，那么在下一轮谈判的时候会很难看到。OECD 内设有"环境政策委员会"，"环境政策委员会"下属有"关于生物多样性的专家集团"，这集团属下有"经济和环境政策合并集团"。这样的机构具备某种形式的重要条件，发行可以应对绿带回合的专门的研究报告书。

1996 年，OECD 发行了以经济奖励手段为中心主题的"建设养护生物多样性的市场"报告书。澳洲政府在印刷阶段就把这份报告书弄到手了，做完了联邦和地方政府及民间立场上的分析，谋划了各地区的对策方案。把印刷中的报告书弄到手后进行分析，反映出与生物多样性相关联的未来问题是敏感问题，具有不得不马上对待的迫切性。

在韩国对工厂的浓烟举起手掌拍手大笑的 1972 年，这个世界就已经准备好了绿带回合。那年签署的《世界遗产公约》和《国际重要湿地公约》（简称为《拉姆萨公约》）韩国最近才迫不得已接受。

在江原道束草和附近的地方，绅士和文化人之间发生了反对雪岳山纳入世界遗产公约的事情。有候鸟栖息的地区发生了因担心候鸟栖息地划为生态保护区就不能开发而故意捕杀候鸟的事情。

在土壤被污染、水质变腐、空气变浑浊的地方不知道产生了什么样的想法和行为，对迫在眉睫的绿带回合采取隔岸观火的态度不就是在这种地方诞生的吗？

第十六章　唯一的对应方案
——生物多样性和韩国文化论

有句以人类为中心的话这样说道："只顾及人类之间的关系而生存的人类，毁掉了人这物种。"珍岛和下沙渼的人没有把自己生活的村子只用人来装饰。背山临水的村庄必须包括在山和水的自然条件中。人生活的空间是自然中的一部分，这是我们的根本，也是我们的传统。

靠山向南的下沙渼是贫穷的半农半渔村，但具备了人生存的基本条件。从后山上解决烧柴，从山谷流出来的小溪经过新平汇成小河流向大海。从落潮时露出沙滩的水井得到食用的水。大海是当地居民生活的职场也是生存的根据地。

潮落时泥滩也分好几个部分。沙子多的部分可以拣到贝类，泥土多的海边可以抓到鱿鱼和八爪鱼。有月亮的晚上，渔夫们拿起鱼竿鱼线串起诱饵钓章鱼。在月光下闪光的诱饵引诱好奇心强的章鱼咬住。到海水浑浊的时候利用捕捉章鱼的罶（有空的小坛子），利用章鱼好钻的特点在有章鱼的地方设下罶。为了捕获只在海底生活的红鱼和鳐鱼，渔夫在用圆盘形的石头做成的球，并在球上拴上绳子敲击海面，发出"砰"的一声，在被吓到的鱼浮上来时把鱼捞上来。

在坤进河里住着坤进奶奶。家里有病人或要许愿的时候，主妇们清早到坤进河边一边双手慢慢搓着一边向坤进奶奶祈求保佑。想怀胎的女人喝下倒影在坤进河的十五的月亮祈求还愿。正月十五为了距离祭（祈求村子平安的祭）把堂仙（音译，用于祭祀的水井）干干净净的打扫好。祭官把一年内为农田提供水源的堂仙清洗干净，把从女贵山挖来的红色黄土铺在井的边沿，从堂仙到祭厅的路用黄土净化。

裹在草坟（尸体用草裹着的葬礼法）的尸体等着脱肉，每年秋收完，用最干净的稻草装饰草坟的屋顶和屋脊。用黄色稻草装饰的草坟的屋脊上插着松树枝说明这是新装饰的阴宅。古时候，小孩子死后用稻草裹着尸体挂在屋檐下，这叫奥葬其（音译），这就是小孩的坟墓。这里蕴含了从稻草上来（古代韩国妇女在稻草上面分娩），到稻草里去的人生意义。

把铺在出嫁新娘轿子里的娘家用稻草编制的垫子扔在新郎家的草房上面，表示这家住着越三姓（有婆婆和新娘的家住着三种不同的姓氏的人）。这是正月十五讨剩饭的调皮鬼们的目标。

　　轿子垫儿用于分娩，在稻草垫子上出生的孩子，在禁线里受禁线的保护。禁线是用稻草，向左方向搓的稻绳。

　　农家的生活中需要保管吃的容器和工具。从装种子到装稻了，用处最多的是稻草袋子。大米袋子、盐袋子、木炭袋子、鸡蛋筐等都是用稻草做的。

　　收完秋，村子里的人们齐心合力修草屋屋顶。为了堵屋顶窟窿会在和泥的同时搓草绳，对面的草堆上孩子们则在玩耍。把旧的草屋顶拿下来后，人们分为两伙，从搬上去稻草开始就进入竞争式的"战斗"。为妨碍另一方的作业，这一方的人就会把在这边被拆下来的旧屋顶上的稻草往那边的草堆上扔。搬运稻草、搬运和好的泥，就这么忙于修草房的村里人最后会喝着里面掉进稻草的浊酒（米酒）结束作业。

　　拆下来的旧草搬到猪圈。松软的稻草是猪的玩耍场所，猪在稻草上面踩、滚、吃，在上面排便，那稻草就变成了很好的畜肥。

　　圆形的草房屋顶让人感觉到很雅静，这是来自于掺合在一起的松软的稻草所散发的温暖的感觉。堆积起来的松软的稻草堆是男女青年谈恋爱的好场所。

　　圆形状的草房、夏天爬上草屋顶的葫芦、爬上草屋的月亮，这都是充满丰盛意味的黄色的圆。在草屋下面感觉不到压抑的重力感，感觉到的不是压抑的阴冷，而是松软的温暖；不是闷热，而是清凉。

　　草房下面住的不只是人，鸟、壁虎、虫子都住在这里，也是被风刮来的无名草的宝地。这里的温暖和清凉使它成为适合所有生命生存的场所。其实，生态系的适合场所（niche）中，构成生态系统的物种越多才越健康。所谓的生物多样性指的就是这样。

　　生产稻子的农田并不是只为了人类存在的。农田不是大米生产线，农田是多种物种的生存场所。浮萍、蝌蚪、田蜘蛛、田虾、蚯蚓、泥鳅、蚂蚱、鸟、水蛇、水蛭、蚊子还有肉眼见不到的各种生命体生存的场所，以及蜻蜓点水的地方都是农田。农田应该理解为是这所有动植物的适合场所。

　　在"富裕的生活"的前面，是没有人反对的。这是属于人生目的的命题。为达到富裕生活的目的，兴起的是20世纪70年代的新农村建设运动。从依靠粮食援助转化为自给自足的努力，是新农村运动的一个具有很高评价的业绩。对"援助到自给"没有人反对，但达成那个目的的过程中最重要的概念是叫做"绿色革命"的口号，挂出"绿色革命"的牌子，就需要推倒绿色（真正意义上的绿色）的现实。

　　幻想中的绿色发展和现实中的绿色发展的冲突现场就是近代化过程中的韩国农村。新的绿色驱赶旧的绿色的现场也是农村。新的绿色本身不是新农村运动的目的，是为伪装铁锈红色而幻想出来的色彩。把农民生活的色彩转换为"红绿色盲"的其实就是新农村运动的农业行政，而采用的具体的手段就是水稻生产的机械化。

　　所有农村土地都以生产大米为优先，所有的大米生产线上机械化和化学化代替了传统农业生产，其中最成功的是化学耕农。为此，保存生物多样性的土壤生态界受到了致命伤害。化学耕作法把跟大米生产线有直接联系的中间生产部分去掉，被说成是可行的理论。

　　蚂蚱、虫子和杂草使大米生产产量减少，单纯地以此为依据，便使用化学物质除去蚂蚱、虫子和杂草。随着人工制造的物质介入自然环境，生态界发生了时间概念的混乱。这是因为通过使用人类智能节省除去毒性的时间，致使生态界的能源流通和物质循环过程发生了混乱。

　　过程的混乱就是时间的混乱。以时间轴和空间轴组成的生命体的坐标，因时间轴的混乱进入了混乱状态，在这种状态下所有的价值都在动摇。分不清哪个是目的，哪个是手段。发生了手段和目的颠倒的现象，善和恶的标准也动摇了。

　　给人们温暖感的草屋成了铲除对象。消失了草屋的村庄，也消失了齐心协力。热闹的稻草"战争"也消失了，一起在农田里锄草的邻居也消失了，主持虫祭的下沙溪村祭官现在也成了都市难民，靠打零工维持生活。戏弄山神的祭官现在也在建设工地上背着砖头成了钱的奴隶。

　　下沙溪村的人因为成了钱的奴隶而高兴。坤进河再也没有升起月亮。腐烂的水开始流进坤进奶奶的躯体，坤进奶奶的躯体已经有了腐烂的味道。流出脓水的坤进河上再也不能升起月亮了。坤进奶奶只能在那里腐烂死去。现在记住坤进奶奶的人也在消失。一起通宵畅谈的邻居现在是向钱前进的敌手。

　　一到三月三，从坤进河一早打来井华水祈祷的奶奶的手是温暖的。大麦饭拌大酱，从山上摘来的松树叶上串上粘着大酱的大麦饭粒。在稻草屋的檐下稻草上插入串了大麦饭粒的松树叶。这是三月三草屋的造型艺术。吹来的微风里弥漫着大酱香味。到了黄昏，收起串大麦饭粒的松树叶，咬住沾了大酱的大麦饭粒的虫子一串串的，然后整个村庄弥漫起烧蛋白质的味道。

　　向院子中央升起的篝火搓着双手祈求的是教育生命尊严的传世现场。搞新农村运动的人指责有很多虫子的草屋顶是不卫生的。其实，肮脏的是精神而不是物质。脏的只是认为肮脏的人的想法，人们喜欢把不可能肮脏的物质和生命说成是肮脏的。

像虫子一样的人生是好的吗？不如虫子的人类反而把虫子规定为肮脏的，正是因为这样随便的规定，策划拆除了虫子的温床草屋顶。拒绝和虫子一起生活的宣言和新农村运动同是从拆除卓屋顶开始的。

考验人类只能动员科学过程，贴着科学方法的居民住宅是阴凉和生硬的。铁皮屋顶保温效果根本不如草屋屋顶。负债买来有鉴定商标的热效率高的改良锅炉，为了确保热效率还得负债。

下沙渼村朴炳心（音译）老人临终前嘱咐儿子，新平的农地里以后也要继续种燕麦。但是，他们的儿子从懂事起就认为爸爸在最好的农地种不值钱的燕麦是不应该的。人家种收成好的统一稻赚大钱，为什么我们的爸爸偏要种这不好吃又不值钱的燕麦呢？

年过七十的老人，因为要把燕麦的种子保留下来的目的，以及种燕麦可以减少附近农田病虫害的理由而倔强地坚持了下来。农村指导所的人们要用锹毁掉他播种的燕麦时他用身体挡住了，就这样继续种植了下来。老人去世了，下沙渼村的燕麦种子也消失了。虫祭也消失了，化学药品瞬间杀死了虫子，也在慢慢地杀死人类。

时间混沌现象不只是在下沙渼村发生。在附近的犁头村，在江原道的山村，在庆尚道的农地里，生产京畿米的沃土上也都发生了。这种现象我们称之为结构化。铁水的热气化掉了所有后，红色革命赤裸裸的露出了马脚，高举绿色革命的人也都销声匿迹了。在伪装成绿色的红色革命先锋队前被铁水化掉的稻草的命运是目前我们所焦心的环境现实。

担心饮用水，担心大米中的重金属，担心我们呼吸的空气是大部分环境学者谈论的事情。这是借助环境担心人类，很明显不是担心环境。叫人的物种向来只考虑自己的问题，是寻找祭坛需要的牺牲品的奇怪的物种。

从生态界总体来看人是一个奇怪的物种，是信奉以人类为中心的意识形态的生态界的暴徒。生态界赋予人类的运动范围是为了维持生态界总体的秩序而按照必需的法则规定的。物质循环和调节能源流动的热力学法则就是这样的。在允许这样法则的范畴内，人类装作担心环境，其实是担心自己。

人瞄准秩序维持做出来的是基准值的环境论。基准值的基准不是鱼也不是空气，而是人自己。规定以人类的智能为基础，以人类为中心规定基准的同时决定了其他生物种的命运。就像在地图上划出绿色地带，设定基准值的行为是为了谁呢？具有可以想得出是为了谁的逻辑问题能力的人类，把这一能力只为自己使用，这是对生态界总体的叛逆。

从人类和环境的关系来看，其实很容易判断出人类是不能把自己从环境中分割出来而存在的。生态界没有光杆司令，为什么要一意孤行呢?

构成有机体的人类的身体，是环境的外延自然（outer nature），相对应的内在自然（inner nature），也就是由生态界构成的大自然的又一个小自然而已。大自然与构成大自然的无数小自然因无数的连接链条间的连锁作用，形成不断的关系网而相互存在。动物和植物也是如此。

但是人类在那连接链上加上了叫做文化的独特的存在，所以没有文化的人类的进化过程就变得无意义了。文化存在于外延自然和内在自然之间，在外延自然里，属于生物学的存在的身体提高了生存能力。把文化看做媒介过程的人的身体的形态和性质在文化的影响下适应于外延自然。

农业粮食生产适应战略是为了耕地和驯化野生动物，因此人们把牛圈养了起来。这可以理解为，野生动物家畜化在人类身体的延长化战略中是为了适应外延自然。因为称之为外延自然的自然环境作用于人类身体的自然进化过程，同时也作用于相当于外延和内包的连接链文化的构成过程中，所以自然和人类之间形成的关系的精神性复合程度，随着介入自然方面的象征物质性（materiality）的专有过程，可以变得范畴化。这可以理解为专有过程是文化的普遍性，而复合程度是文化的特殊性。

人类的自然专有过程在改变自然的同时也改变了自己，其介入方式的亲和力决定了人类的命运。选择稻草和选择铁水的时候人类的命运是完全不一样的，人类物种未来的命运由选择哪一个方向而决定。前者是在时间秩序中的发展方向，后者是诱发时间概念混沌的预兆。

在时间概念的混沌状态下发生了现在人把未来后代的那份也都用完的现象。适应于时间秩序概念的专有过程保障了后代的生活，但混沌中的专有过程引来了破灭。经验已经证明了这一点。

以高技术和天然燃料武装的铁水经过的地方堆积着垃圾。因铁水的热量连具有垃圾分解能力的生态界的分解者也都被化掉。用生态界构图和热力学的法则来生产铁水的过程存在很大程度的时间混沌状态。把还不到时间露出世界的矿石从地下挖出来，这些矿石要在自然状态下溶解需要很长时间，但我们开发出了使用加入别的物质的方法来缩短时间的技术。我们称之为文明。文明是指混沌的时间状态，混沌的时间过程不仅折磨人类，也在折磨别的物种。没有熟的苦涩柿子，为了让它强制成熟使用一种叫卡巴一特的化学药品，使用后剩下的化学药品就成了不易处理的垃圾。堆积无秩序度（entropy）是必然的。放弃等待自然成熟落地的生活方式是所谓文明化的生活方式。

要顺应生态界的物质循环过程。随着稻草的一生，在稻草一生的每一阶段最大限度地利用稻草的每个状态的生活方式里不需要强制性的能源，也不会产生垃圾，可以保持没有无秩序度的生活。抢夺后代的时间，连邻居的时间也要抢夺的生存文明和铁水的逻辑本身是得到推动力和动力学的临界值。

超过临界值的铁水的逻辑会破灭内在自然的人类身体是必然的归宿，但已经就到了连外延自然的收容能力也会威胁的地步。到这个地步就会发生内在自然的人类吞掉外延自然的环境的突然变异性的专有过程，这样的专有过程的发生始点会是生态系的末日。

怎样才能使恢复时间秩序的稻草逻辑在我们的生活里安家落户呢？现在我们需要的是排斥象征烧毁所有生硬能源的铁水逻辑，恢复温暖、松软的能源——稻草逻辑的运动。这样才能使下沙渼村的坤进奶奶复活，使村民从奴隶的桎梏中摆脱出来，做虫祭祭官的邻居也会回到故乡。鱼、蚂蚱、蚯蚓、燕麦，为了一起生存，也都会归来。

附录 与"粪便"博士——全京秀教授的对话

弃灰者，杖三十；弃粪者，杖五十

翻阅朝鲜时代古史上的记录，守财奴们可以在外边吃饭，但大小便必须在家里解决。相传，19～20世纪初，济州岛的农民在农地里干活时为了要喂猪便跑回家里排便。在韩国曾经发现刻着"弃灰者，杖三十；弃粪者，杖五十"的古代石碑。被打五十杖的人几乎要半死，说明粪便和灰是不可抛弃的珍贵的肥料资源。当时，粪便也是从树上摔下来不能动弹的人或者不能治愈疾病的患者最后的用药。但在轻轻一按就可以解决粪便的抽水式马桶普及的今天，"粪便是财产，粪便可以入药"的故事也只不过是一个有趣的故事而已。但是全京秀教授编写了《粪便是资源》一书，告诉人们粪便在现代社会依然有用。

粪便资源化是社会制度问题

他对粪便特别热爱是因为受到他在老家济州岛生活的影响。在济州岛有着茅厕就是猪圈的独特风俗，他从小看到人的粪便是猪的粮食，猪的粪便是植物的养分，而植物产出粮食成为人的饭，他是在这样的生态界循环中长大的。

"1974年，在韩国兴起新农村运动时，联合国开发计划署（United Nations Development Programme，UNDP）给予援助的其中之一就是森林绿化。把森林绿化搞好才可以储存水，来提供农业和工业用水，但人们为了用于燃料砍伐树木。所以为了制造燃料，当时从泰国沼气项目部得到的方案是在京畿道龙仁引进成套的家用沼气设备。当时我是研究生，跟学部学生到那去实习。凡是需要用粪便做的事情我都跟着去看看。为了产生沼气要做往发酵池填粪尿的繁琐作业。味道很重，而且管道的接触部分和二通阀部分也容易折断。韩国在自然状态下常温低于泰国，所以发酵状态也不好，结果失败了。后来，1984年，从联合国教科文组织得到研究费用，我因为要写论文就去了济州岛松堂里松堂牧场。济州岛有很多牛粪和马粪，那里温度也比陆地高。"

幸亏在龙仁沼气生产失败后，农业振兴厅设立了技术开发部，技术上有了很大的发展，并开发了以前着手研究过的大型沼气生产设备和家用小型设备。这是将圈肥、山野草、稻草等有机物填在发酵池，在常温 25℃，pH 为 7 的条件下产生沼气用作燃料，剩下的残渣作为积肥用于农业生产的设施。主妇们看到不花钱就可以得到的粪尿，还可以产生很强的火焰，感到很稀奇。这是没有烟，燃烧得很干净，并且不用花大钱就可以得到的生物燃气，当然大受主妇们的欢迎。（济州岛式的厨房是跟陆地的厨房不一样，陆地的厨房是和取暖用的灶坑连在一起的，但济州岛的厨房是与取暖用的灶坑分离的。取暖用煤炭，厨房用劈柴，主妇们去厨房做完饭菜出来的时候，因为烟熏，脸经常是黑的。）

但是，又出现了问题。问题的原因是整个能源管理系统不完善和人们对粪尿的认识。燃料应该长期有计划地供应，但是由于政府方面无条件廉价充足的能源供应，他们有了不非得用沼气也可以的想法。还有居民之间传开了"烧粪便做饭"的流言。因为粪便与饭的对照，居民们开始有了混乱。就算在看到粪池和厨房离得很远，是用导管连接到厨房的，并且知道了不是直接烧粪便的事实以后还说"这样的饭不能摆在供祖先的祭祀餐桌上"这样的话。在城市中也同样存在不轻易改变想法，不理解的人。

"以前住在楼房，每次同学聚会时我都说粪便。要是这么多人的粪便就那么排出去，对环境的破坏力会有多大？要是一个人平均一天要排的粪便是一升，那么四口之家一天的粪便量足有四五升。这个量可以喂饱两条狗和一头猪。不仅是这些，如果在居住楼下面建设一个沼气设备，我的粪便就会成为别人家的沼气，别人家的粪便也会成为我家的沼气，用那个沼气做饭，自然互相感到感谢，可以改善邻居关系。尽管这样人们还是都说我疯了。人们只有肮脏的想法和会减低楼价的想法。"

现在他住在位于江南区细谷洞向阳的安静村子里。随处可见的不是大超市而是小商店和很普通的小洋房，以及花卉大棚。在这里他还在苦思冥想粪便的处理方式。说服家人在院子里挖了各自用的坑，但他要做的并不都是可行的，比如围墙太矮没有办法解决大便。自己想做好事，但没有社会全体的支持就很难办得到。

印度的保树运动和沼气

全京秀教授对印度的环境运动和农村开发的综合保树运动很关心。

"印度的农业经济学家把自己国家的贫穷归因于英国的产业革命。英国因产业革命成长为富裕国家，相反，因为突然来的富裕使包括印度在内的英国殖民地变得贫穷。看殖民地的掠夺过程就知道印度为什么还是贫穷。从考古学上来看，摩亨佐·达罗和泰姬·玛哈尔等著名的历史文化遗产告诉人们，殖民地前的印度因为有剩余产品的后盾，经济能力也很充分。殖民地期间破坏了这样的生命维持系统（life support system）。产业革命期间，英国让印度栽培棉花，把棉花运往英国。在印度一直种植粮食作物的农地里种植了棉花，所以破坏了粮食体系。为了运输棉花，建设铁道和港口，破坏了原来的灌溉设施。在为英国的繁荣富裕铺设道路期间，印度渐渐走向贫穷。于是，印度人认识到"我们之所以贫穷，是因为砍伐热带雨林"的结果。于是就开始了"不砍伐树木运动"，这就是保树运动。他们制造沼气系统，用人和牛的排泄物、木头、家庭用有机物生产沼气，代替了作为燃料的木材。（印度女性兴起的环境运动比其他国家早，范达娜·席瓦（Vandana Shiva）通过《生存下来》一书指出："三百年前，三百多名拉贾斯坦邦的比许诺以（音译）共同体成员在 Amrita Devi 妇女领导下，为了挽救神圣的岑树把自己的身体跟树绑在一起献出生命，这就是保树运动的开始。"后来，通过保树运动承接了反对酒精运动组成的组织，使保树运动更加活跃化、组织化了，好多伐木签约也被迫取消了。）

各国特别的茅厕文化

"过去粪便用生物学方法处理。长江以南和朝鲜半岛用猪来处理，长江以南和东南亚一带（马来西亚、印度尼西亚），以及越南等地利用鱼来处理。如今在越南的乡村，到黄昏的时候，村子里的人聚在流水的地方，一面闲谈一面解决大便的传统生活方式还在延续着。茅厕成了互相传递信息的重要场所。在印度尼西亚雅加达荷塘周围有着居民住的房子，人们直接在池塘里解决大便喂鱼。池塘只换一两次水。在越南，湄公河水流到各村庄，水面上放着用稀松编成的竹竿，那就是当地传统的茅厕。解决大小便的地方就是养鱼场。鱼吃人的粪便，人再吃鱼。从 1976 年开始，北欧援助了越南。越南人为了答谢送给北欧他们养的鱼和虾，一直吃得很好的北欧人，后来知道这个养鱼场后，把本来吃得很香的都吐了出来，并嘱咐他们再也别送鱼和虾。以西洋的卫生观念来讲，这是无法理解的事情。"

说出粪便有用的他，讲起来滔滔不绝。

"孟子说，鸡豚狗彘之畜。意思是鸡、猪、狗统称为家畜，但多一个指老母猪的彘，这是因为老母猪活得时间长可以多生产堆肥种好地。在济州岛就用这样的方式利用了猪。在崔世珍编写的《训蒙字会》里有"溷"这个字，是三点水（氵）加上方框"囗"里有一个猪"豕"的形状，是人在猪圈里排便的意思。从人类学来看，茅厕里有着不同的文化。人从出生开始到死亡为止都是跟排便分不开的。"

我们所失去的茅厕文化

我们的茅厕名称很多，如消除忧愁的解忧所、净化人体意思的净房、便所、茅房等。其中常用的便所和茅房意思上有很大的差距。"便所"有"解决大便和小便的地方"的意思。在日本明治维新以后，学习西洋强调卫生茅厕为便所，我们又把它直接使用过来了。但是我们原来的茅厕就是茅房。茅房是人在里面排便、住在里面生活、接收厨房的生活废水从而生产出农业用的堆肥的复合空间。人们尽管同意粪便博士的话，但很难消除"粪便是脏的东西"的想法，可能是因为沉浸在西洋的农业经营方式和便所文化里，而忘记了我们的茅房文化的缘故。

关于人们对粪便的认识他是这样说的："我们忘记了我们每一个人都是粪便的生产者。把粪便看作垃圾的观点就是把我们的身体看作'生产垃圾的消费体'，而把粪便看作资源的观点是把我们的身体看作'生产资源的生产体'，进去多少就得出来多少是正常的。我们把身体作为形成生态界的再生循环的一部分，为维持整个生态界作了大贡献。"

我们普遍认为，划出自己的区域，只把那个区域弄得干净、漂亮就可以了。所以，容易损坏自己领域的，稍微脏的东西都往自己领域以外推。再生利用方面除废铁罐、纸、塑料等以外，有几个人想过粪便也是可以再生利用的呢？大便后怕留有粪便而擦拭一遍又一遍，从自己身上排出去的粪便好像现在与我们无关似的马上用水排出去。需要反省的时刻到了。认为平时不剩饭、垃圾也分类处理好就是模范市民，听到粪便博士的话，我深深地感觉到，在环境保护中我们放弃了离我们最近的再生利用的资源。

粪便问题就是水问题

他的粪便哲学现在已经扩展到了水的问题。他指出，普遍使用抽水式马桶是现在缺水的原因之一。

"一般大便后节水型马桶一次排出去的水是 7 升，但普通抽水式马桶是 13 升。一个四口之家轮流使用一次就得用掉 50 升的水。并且每个人也不是一天只用一次，一次排不净还得用两三回。"

这样想起来，刚见面时打招呼说的话，"大便后放一次水还是两次水?""因为那样，也不能不用马桶，也不能不排便。建成新城市的时候，在担心‘到哪里去弄那么多水？’"总抽地下水，地下水层就会消失，引起地表层下沉的问题。济州岛食用水是涌泉水，就是地下冒出来的水，但是最近开发温泉什么的，过度抽地下水，使淡水河与海水失去了原有的平衡，造成海水往陆地渗入。继续这么下去，济州岛就会成为不能生活的岛。每个问题都有一个解决方法（one problem one solution），但结果会是整个系统"死机"。其实在环境问题中，水问题是最重要的。大草原在旱季几个月不下雨，那里的人们用于漱口和洗脸的水想都不敢想。每天天一亮男的去放牛，妇女和孩子们拿起瓢往外走。那里早晚温差大，他们一个叶子一个叶子地撸草叶上的露珠解决用水问题。他们一家一天用的水不到5升，我们用一次马桶就会用掉13升水。"

最近白纸化的东江坝建设工程计划，假设强行进行下去，通过大坝可以得到三亿六千万吨水，要投入的资金是一兆韩元。而全国各家庭改造节水式马桶才需要八百亿韩元。只比较数字就可以知道后者更节约资金。要是也考虑到跟随而来的水质问题，环境价值是无法比较的。

他最近对大坝的生态颇为关心。

"修大坝，生态界就会从‘河生态界’转变为‘湖生态界’，人们不考虑这些。河生态界是流动的，但湖生态界是贮水的。像银鱼一样在流水中生活的生物，在没有流速的水里是不能生存的。八塘坝的鱼好多变成了外国生态界的种。这样把生态界一个一个转换的是坝，但这里联系着只追求利益的多国企业。要是像印度一样用瓦斯生产电，像多山谷的日本一样搞小水利，那么韩国电力公司和多国企业就会垮台。因为保护大开发的、尖锐的价值对立问题，保护生态界是很难的。我认为，不能保护就不能开发。这个问题是资本主义和世界体系的问题，也是跟多国企业联系的问题。"

我们知道，在动植物渐渐灭绝的自然环境里人类也不能生存，形成生态循环才是最好的。现在人类艰难脱离现有的社会结构去回归到纯自然的生活方式。其实即使这些问题被解决掉，我们也可能没有抛弃便利的勇气。

坚持到最后，"粪便也是资源"

按照意图我们以新的视角看粪便，粪便博士也在粪便里找到了很多意义和哲学。采访他的时候笑了很多。但是听到他认真地说明，那些笑经常是难为情的。在他对粪便的理解上用上哲学的词汇一点也不过分，有逻辑性，很合理。但是他又怎么证明粪便是资源这一主张是正确的呢？现代文明的自私已经渗透到骨髓里的我们，他的主张不是那么容易能反映出来的。像他所说的，不是一两个人要这么做就是可行的，况且我们的社会体系是把自然撇在后面而渐渐发展起来的。但是，回首过去，他的工作让我们有所反省，他也将一辈子持续下去。在不久即将面世的继《粪便是资源》后他的新书《粪便也是资源》里也可以看出他的努力。

參 考 文 献

강득희, 「부정에 대한 인식 및 의료형태에 관한 연구 : 한국 농촌육아과정의 의료인류학적 고찰」, 이화여자대학교 대학원 석사학위 논문, 1982.

강영환, 「삼척이남 동해안지역 전통민가에 관한 연구」, 서울대학교 박사학위 논문, 1989.

─────, 『한국 주거문화의 역사』, 서울 : 지문당, 1991.

건설부·제주도·한국수자원공사, 『濟州道水資源綜合開發計劃樹立報告書』, 1993.

곽성규 외, 『인체조직학』, 서울 : 고려의학, 1992.

김광언, 『한국의 주거민속지』, 서울 : 민음사, 1988.

김덕현, 「傳統村落의 洞藪에 관한 연구」, 『地理學論叢』 13, 1986.

김영돈·문무병·고광민, 『晚農 洪貞杓先生 寫眞集 ─ 제주사람들의 삶』, 제주 : 濟州大學校博物館(이 사진집의 해설문 중 54 번을 인용함), 1993.

김영돈·현용준·현길언, 『濟州說話集成(1)』, 제주 : 제주대학교탐라문화연구소, 1985.

김좌관, 「서울市 糞尿處理計劃을 위한 旣存硏究」, 『環境硏究』 9, 서울대학교 환경대학원 자치회, 1989.

김홍식, 「가옥」, 『한국민속대관』, 서울 : 고려대학교 민족문화연구소.

남기영, 「지하수와 환경」, 『지하수와 환경』(서울대학교 자연대 광물연구소, 대한지질공학회 공동주최 Workshop), 서울 : 한림원, 1993.

徐丙尙, 『最新臨床寄生蟲學』, 서울 : 일조각, 1978.

서준섭, 「강원도 산간지역 구비문학연구」, 『江原文化硏究』 8, 1989.

─────, 「월남전의 화학무기 황색고엽제의 후유증」, 『사회와 사상』 7 월호, 1989.

오성찬, 『제주토속지명사전』, 서울 : 민음사, 1992.

우생윤, 「상징경관의 배치원리와 마음사회의 한마음 의식」(안동대학 민속학과 학사논문), 1985.

유순호·송관철, 「토양과 농업자원」, 『濟州島硏究』 8, 1991.

이기상, 「현대기술의 본질 : 도발과 닦달(1)」, 『과학사상』 2, 1992.

李吉哲, 「농축산폐기물현황과 처리 및 재이용방안」, 『環境保全』 12(22), 1990.

임한종, 「제주도의 풍토병 ─ 유구낭충증을 중심으로(구두발표)」, 제주도연구회 제 18 차 월례발표회, 1983.

장보웅, 『한국의 민가연구』, 서울 : 보진재, 1981.

전경수, 「식민주의와 인류학」, 『오늘의 책』 7, 1985.

──, 「기술도입과 문화변동」, 『두산 김택규박사 회갑기념 문화인류학 논총』, 대구, 1989.

──, 「문명론과 문명비판론의 바새태학」, 『똥이 자원이다』, 서울 : 통나무, 1990.

──, 『똥이 資源이다 : 인류학자의 환경론』, 서울 : 통나무, 1992.

──, 「엔트로피, 不等價交換, 環境主義 ― 文化와 環境의 共進化論」, 『科學思想』 3, 1992.

──, 「ESCASD : 環境帝國主義에 대항하는 이론적인 개념」, 『환경보전』 15(253), 1993.

──, 「乙那神話의 文化傳統과 脫傳統」, 『한국문화론』, 서울 : 일지사, 1994.

정규호, 「환경문제 심화에 따른 생태적 공동체에 대한 연구」, 서울대학교 환경대학원 석사학위 논문, 1994.

조선총독부, 『朝鮮巨樹老樹名木誌』, 日韓印刷所, 1919.

조성기, 「한국 남부지방 민가에 관한 연구」, 영남대학교 박사학위 논문, 1985.

최덕원, 「우실(村垣)의 신앙고」, 『韓國民俗學』 22, 1989.

최순학, 「제주도 지하수 자원의 보존과 개발 방향」, 『제주의 인간과 환경』 심포지엄(제주국제협의회, 제주지구청년회의소, 제주대환경연구소), 1992.

──, 「한국의 지하수 산상과 제주도 지하수의 수리지질학적 특성」, 『지하수와 환경』(Workshop 자료), 1993.

최승순, 「강원도 山祭연구」, 『江原文化研究』 8, 1988.

崔義昭·趙光明, 『環境工學』, 서울 : 淸文閣, 1978.

韓旭東, 「大型 메탄가스施設의 普及 可能性 調査」, 農村振興廳(메탄가스 燃料化 利用에 關한 調査報告), 1979.

洪起容, 「小型 메탄가스施設의 社會經濟的 效果 分析」, 農村振興廳(메탄가스 燃料化 利用에 關한 調査報告), 1979.

羅明典, 「我國古代對土壤肥力的認識」, 『中國古代農學科技』, 北京 : 農學出版社, 1980.

레닌기치, 「나라 생태건전화의 긴급조치에 대하여」, 1989. 12. 6.

──, 「아랄해의 운명은 인민의 운명이다」, 1990. 6. 22.

半坡博物館·陝西省考古研究所·監境懸博物館, 『姜寨』(上), 北京 : 文物出版社, 1988.

西安半坡博物館, 『西安半坡』, 北京 : 文物出版社, 1982.

蕭磻, 「關於兩漢魏晋時期養猪與積肥問題的若干檢討」, 『歷史語言研究所集刊』 57(4), 中央研究院 歷史語言研究所, 1986.

岡崎 敬，「漢代明器泥象과 生活樣式」，『史林』42(2)，1959.

金城朝永，「琉球の厠」，『民俗學』2(4)：54～57，1930.

小野勝年，「漢字의 '溷'과 '厠'에 대하여」，『民族學研究』15(3-4)，1951.

『呂氏春秋』(中華書局聚，珍倣宋版印).

『齊民要術』(中華書局聚，珍倣宋版印).

河姆渡遺址考古隊，「浙江河姆渡遺址第二期發掘的主要收获」，『文物』288，1980.

Albin, Rudger, "Timber in Chile and the Importance of Afforestation as a Source of Commodity Supply", *Natural Resources and Development* 5, 1977.

Alland, Alexander, Jr., *Adaptation in Cultural Evolution : An Approach to Medical Anthropology,* New York : Columbia University Press, 1970.

Anderson, James, "Ecological Anthropology and Anthropological Ecology", *Handbook of Social and Cultural Anthropology,* ed. by J.J. Hongmann, Chicago : Rand McNally, 1973.

Atal, Yogesh, *The Changing Frontiers of Caste,* Delhi : National Publishing House(Second edition), 1979.

Atlantic Books, 1979.

Barkley, Paul W. and David W. Seckler, *Economic Growth and Environmental Decay,* New York : Harcourt Brace Jovanovich, 1972.

Barth, Frederick, "Ecologic Relationships of Ethnic Groups in Swat, North Pakistan", *American Anthropologist* 58, 1956.

————, "On the Study of Social Change", *American Anthropologist* 69, 1967.

Bates, Marston, *The Forest and the Sea,* New York : Vintage Books, 1960.

————, "Human Ecology", *Anthropology Today,* ed. by A.L. Kroeber, Chicago : University of Chicago Press, 1953.

Bennett, John W., "Ecosystems, Environmentalism, Resource Conversation and Anthropological Research", *The Ecosystem Approach in Anthropology,* eds. by Emilio Moran & Ann Arbor : University of Michigan Press, 1990.

————, *Northern Plainsmen,* Chicago : Aldine, 1969.

————, *The Ecological Transition,* Oxford : Pergamon Press, 1976.

Bennett, Kenneth et al., "Biocultural Ecology", *Annual Review of Anthropology* 4, 1975.

Bernard, Russell and Pertti Pelto, *Technology and Social Change,* New York : MacMillan, 1972.

Blackstone, William, "Ethics and Ecology", *Philosophy and Environmental*

Crisis, ed. by William Blackstone, Athens : University of Georgia Press, 1974.

Boserup, Ester, *The Conditions of Agricultural Growth,* Chicago : Aldine, 1965.

Brown, Paula, "New Guinea : Ecology, Society and Culture", *Annual Review of Anthropology* 7, 1978.

Canfield, Robert, "The Ecology of Rural Ethnic Groups and the Spatial Dimensions of Power", *American Anthropologist* 75, 1972.

Chun, Kyung-soo, *Patterns of Reciprocity in a Korean Community : A Contextual Approach,* Unpublished Doctoral Dissertation, University of Minnesota, 1982.

―――, *Reciprocity and Korean Society,* Seoul : Seoul National University Press, 1984.

Cocannouer, Josef, *Water and the Cycle of Life,* New York : The Devin-Adair, 1962.

Condominas, Georges, *We Have Eaten the Forest : The Story of a Montagnard Village in the Central Highlands of Vietnam,* New York : Hill & Wang, 1977(원 불어판은 1957년도에 발행).

Conklin, Harold, "An Ethnoecological Approach to Shifting Agriculture", *Environment and Cultural Behavior : Ecological Studies in Cultural Anthropology,* ed. by Andrew Vayda, New York : Natural History Press, 1969(originally 1954).

Crook, Michael, *A Chinese Biogas Manual,* London : Intermediate Technology Publications, 1979.

Davis, Shelton H., *Victims of the Miracle,* Cambridge : Cambridge Univ. Press, 1977.

Dumond, Don, "Review of Prehistoric Carrying Capacity : A Model", *American Anthropologist* 78, 1976.

Durham, William, *Coevolution : Genes, Cultures and Human Diversity,* Stanford : Stanford University Press, 1991.

Ellis, William S., "The Aral : A Soviet Sea lies Dying", *National Geographic* 177(2), 1990.

Foster, George and Barbara Anderson, *Medical Anthropology,* New York : John Wiley & Sons, 1978.

Fowler, Catherine S., "Ethnoecology", *Ecological Anthropology,* Don Hardesty, New York : John Wiley & Sons, 1977.

Frake, Charles, "Cultural Ecology and Ethnography", *American Anthropologist*

64, 1962.

Freedman, Joel, *Broken Treaty on the Battle Mountain*(film), Narrated by Robert Redford(연도미상).

Friedman, Jonathan, "Marxism, Structuralism and Vulgar Materialism", *Man* 9, 1974.

Geertz, Clifford, *Agricultural Involution,* Berkeley, CA : University of California Press, 1963.

Gerlach, Luther P. and Virginia H. Hine, *Lifeway Leap : The Dynamics of Change in America,* Minneapolis : University of Minnesota Press, 1973.

Godelier, Maurice, *The Mental and the Material,* London : Verso, 1988(원 불어 판은 1984년도 발행).

Goldfarb, William, "Groundwater : The Buried Life", *Ecology, Economics, Ethics : The Broken Circle,* eds. by F. Herbert Bormann & Stephen R. Kellert, New Haven : Yale University Press, 1991.

Goudie, Andrew, *The Human Impact on the Natural Environment,* Cambridge : The MIT Press, 1994.

Gouleke, C.G. and W.J. Oswald, "A Recycling System for Single-Family Farms and Villages", *Energy We Can Live With,* ed. by D. Wallace, Rodale Press, 1976.

Gregerson, Hans M., "People, Trees and Rural Development", *Journal of Forestry* 86(10), 1988.

Hardesty, Donald, *Ecological Anthropology,* New York : John Wiley & Sons, 1977.

Harris, Marvin, "The Cultural Ecology of India's Sacred Cattle", *Current Anthropology* 7, 1966.

Heston, A., "An Approach to the Sacred Cow of India", *Current Anthropology* 12, 1971.

Huntington, E., *Mainspring of Civilization,* New York : John Wiley & Sons, 1945.

Johnson, Allen, "Ethnoecology and Planting Practices in a Swidden Agricultural System", *American Ethnologist* 1, 1974.

Jordan, T.G. and M. Kaups, *Folk Architecture in Cultural and Ecological Context.*

Kaplan, Abraham, *The Conduct of Inquiry,* San Francisco : Chandler, 1964.

Kaplan, David and Robert Manners, *Culture Theory,* Englewood Cliffs : Prentice-Hall, 1972.

Kappler, Charles, "Treaty with the Western Shoshoni, 1863", *Indian Affairs : Laws and Treaties* (5 vols) (연도미상).

Kellert, Stephen and Herbert Bormann, "Closing the Circle : Weaving Strands among Ecology, Economics and Ethics", *Ecology, Economics, Ethics,* eds. by Herbert Bormann & Stephen Kellert, New Haven : Yale University Press, 1991.

Kroeber, Alfred, *Cultural and Natural Areas of Native America,* University of California Publications in American Archaeology and Ethnology, Vol. 38, 1939.

Kuhn, Thomas, *The Structure of Scientific Revolutions,* Chicago : University of Chicago Press, 1962.

Langer, Susanne, *Philosophy in a New Key,* New York : Little and Brown, 1948.

Lévi-Strauss, Claude, "Structuralism and Ecology", *Social Science Information,* Paris : International Social Council, 1973.

Lewallen, John, *Ecology of Devastation : Indochina,* Baltimore : Penguin, 1971.

Little, Michael A. and George E.B. Morren, *Ecology, Energetics and Human Variability,* Dubuque, Iowa : WM. C. Brown, 1976.

Long, Franklin and Alexandra Oleson, *Appropriate Technology and Social Values,* Cambridge, MA : Ballinger, 1980.

Lovins, Amory, *Soft Energy Paths,* New York : Harper Colophon, 1977.

Martinez-Alier, Juan, *Ecological Economics,* Oxford : Basil Blackwell, 1987.

McCabe, Robert H. and R.F. Mines (eds.), *Man and Environment,* Englewood Cliffs : Prentice-Hall, 1974.

McCay, Bonnie J. and James M. Acheson, "Human Ecology of the Commons", *The Question of the Commons : The Culture and Ecology of Communal Resources,* eds. by Bonnie J. McCay & James A. Acheson, Tucson : University of Arizona Press, 1987.

McEroy, Ann and Patricia K. Townsend, *Medical Anthropology in Ecological Perspective,* Belmont, CA : Wadsworth, 1979.

McLaughlin, Andrew, *Regarding Nature : Industrialism and Deep Ecology,* Albany : State University of New York Press, 1993.

Merchant, Carolyn, *The Death of Nature : Women, Ecology and the Scientific Revolution,* San Francisco : HRP, 1980.

Moran, Emilio F., *Human Adaptability : An Introduction to Ecological Anthropology,* North Scituate, MA : Duxbury, 1979.

Nash, June, *We Eat the Mines and the Mines Eat Us,* New York : Columbia

University Press, 1979.

Netting, R. McC., "A Trial Model of Cultural Ecology", *Anthropological Quarterly* 38, 1965.

———, *Hill Farmers of Nigeria : Cultural Ecology of the Kofyar of the Joe Plateau,* Seattle : University of Washington Press, 1968.

———, *The Ecological Approach in Cultural Study,* Addison-Wesley Modular No. 6, Reading, MA : Addison-Wesley, 1971.

———, "Agrarian Ecology", *Annual Review of Anthropology* 3, 1974.

Neumann, Thomas, *Culture, Energy and Subsistence : A Model for Prehistoric Subsistence,* Ann Arbor : Univ. Micro Films International, No. 8006655, 1979.

Odum, Eugene, "The Strategy of Ecosystem Development", *Science* 164, 1969.

Pelto, Pertti, "Research Strategies in the Study of Complex Societies : The 〈Ciudad Industrial〉 Project", *The Anthropology of Urban Environments,* eds. by Thomas Weaver and Douglas White, Boulder, CO : Society for Applied Anthropology, 1972.

Pelto, Pertti J. and Ludger Müller-Wille, "Snowmobiles : Technological Revolution in the Arctic", *Technology and Social Change,* eds. by H. Russell Bernard & Pertti J. Pelto, New York : MacMillan, 1972.

Pepper, David, *The Roots of Modern Environmentalism,* 1984(이명우 외 역, 『현대환경론』, 서울 : 한길사, 1989).

Peters, Pauline E., "Embedded Systems and Rooted Models : The Grazing Lands of Botswana and the Commons Debate", *The Questions of the Commons,* eds. by Bonnie McCay & James Acheson, 1987.

Puleston Dennis and Olga Puleston, "An Ecological Approach to the Origins of Maya Civilization", *Archaeology* 24, 1971.

Rapoport, A., *House Forms and Culture,* 1969(이규목 역, 『주거형태와 문화』, 열화당, 1985).

Rappaport, Roy, *Pigs for the Ancestors,* New Haven : Yale University Press, 1968.

———, *Ecology, Meaning and Religion,* Richmond, CA : North Atlantic Books, 1979.

Richerson, Peter, "Ecology and Human Ecology : A Comparison of Theories in the Biological and Social Science", *American Ethnologist* 4(1), 1977.

Rifkin, Jeremy, *Entropy,* 1980(김건 · 김명자 역, 『엔트로피』, 서울 : 정음사).

Riji, Haliza B.T. Mobo, "Cultural Factors in the Epidemiology of Filariasis Due to *Brugia malayi* in an Endemic Community in Malaysia", *Social and Economic Research in Tropical Diseases,* Denise C. Reynolds & Santasiri Sornmani, eds.(Proceedings of SEAMEO-TROPMED Regional Seminar and National Workshop), Bangkok : SEAMEO Regional Tropical Medicine and Public Health Project, 1983.

Roszak, Theodore, *Where The Wasteland Ends,* Garden City, NY : Anchor Books, 1973.

Sahlins, Marshall, "Culture and Environment : The Study of Cultural Ecology", *Theory in Anthropology,* eds. by Robert Manners and David Kaplan, Chicago : Aldine, 1968.

Sahlins, Marshall and Elman Service, *Evolution and Culture,* 1960.

Schwartz, Mark, "Methane : The Renewable Energy Source", *Energy We Can Live With,* ed. by Daniel Wallace, Emmans, Penn : Rodale Press, 1976.

Scudder, Thayer, *The Ecology of the Gwemba Tonga,* Manchester University Press, 1962.

Sharpe, Grant W., Clare W. Hendee and Shirely W. Allen, *Introduction to Forestry,* New York : McGraw-Hill, 1976.

Spencer, Robert, *The North Alaskan Eskimo : Ecology and Society,* New York : Dover, 1959.

————, 개인 면담(1991. 11. 8)

Spooner, Brian, *The Cultural Ecology of Pastoral Nomads,* Addison-Wesley Module in Anthropology, Modular No. 45, Reading, MA : Addison-Wesley, 1973.

Steinlin, Hansjurg, "The Role of Forestry in Rural Development", *Applied Sciences and Development* 13, 1979.

Steward, Julian, *The Theory of Culture Change,* Urbana, IL : University of Illinois, 1955.

Stocking, George, *Race, Culture and Evolution : Essays in the History of Anthropology,* New York : Free Press, 1968.

Swaney, James A., "Economics, Ecology and Entropy", *Journal of Economic Issues* 14(4), 1985.

Turnbull, Colin, *The Forest People,* New York : Clairon Book, 1961.

UNESCO/UNEP/FAO, *Tropical Forest Ecosystems,* Paris : UNESCO, 1978.

Vayda Andrew and Bonnie McCay, "New Directions in Ecology and Ecological Anthropology", *Annual Review of Anthropology* 4, 1975.

Vayda Andrew and Roy Rappaport, "Ecology : Cultural and Non-Cultural", *Introduction to Cultural Anthropology,* ed. by James Clifton, Boston : Houghton Mifflin, 1968, pp. 477~497.

Voget, Fred, *A History of Ethnology,* New York : Holt, Rinehart & Winston, 1975.

von Bertalanffy, Ludwig, *General System Theory,* Middlesex, U.K. : Penguine, 1968.

von Maydell, Hans-Jurgen, "Possibilities of Incresing the Human-Ecological Carrying Capacity of Semiarid Tropical and Subtropical Mountain Regions by Agroforestry Land-Use Practices", *Applied Geography and Development* 24, 1984.

Wallerstein, Immanuel, *Historical Capitalism,* London : Verso Edition, 1983.

Weyl, Richard, "Forest Destruction and Soil Erosion, a Problem of the Balance of Nature", *Natural Resources and Development* 1, 1975.

White, Leslie, *The Evolution of Culture,* New York : McGraw-Hill, 1959.

Wiebecke, Claus and Wiebke Peters, "Forest Sustention as the Principle of Forestry", *Natural Resources and Development* 20, 1984.

Williams, Michael, "Deforestation : Past and Present", *Progress in Human Geography* 13(2), 1989.

Wolf, Eric, *Europe and the People without History,* Berkeley : University of California Press, 1982.

Wolf, R., "The Clivus Multrum Compsting Flushless Toilet", In Wallace, D. ed., *Energy We Can Live With,* 1976.

Wood, John, "Political Action and the Use of Anthropological Research : Land and Religion at Big Mountain", *Making Our Research Useful,* eds. by John van Willingen, Barbara Rylko-Bauer & Ana McElory, Boulder Co. : Westview, 1989.

Zubrow, Ezra, *Prehistoric Carrying Capacity : A Model,* Menlo Park, CA : Cummings, 1995.